JN441149

NCS기반

판금제관

정준석 著

에듀컨텐츠·휴피아
ECH Educontents·Huepia

에듀컨텐츠·휴피아
ECH Educontents-Huepia

머 리 말

판금 · 제관은 공업기술 분야에서 중요한 기술로서 석유화학, 열교환기, 압력용기, 설비업체, 자동차분야, 건축분야, 항공분야, 원자력분야, 방위산업체 등 그 응용범위가 광범위하다.

이 과목은 판금 · 제관 실기의 모든 것을 국가직무능력표준 (NCS: Nation Competency Standards)과 NCS 학습모듈(NCS의 능력단위를 교육훈련에서 학습할 수 있도록 구성한 교수·학습자료)을 활용하여 집필하였다.

이 책의 구성을 보면,

첫째, 각 단원의 "장"은 NCS의 능력단위를 나타낸다.

능력단위란 특정 직무에서 업무를 성공적으로 수행하기 위하여 요구되는 능력을 교육훈련 및 평가가 가능한 기능 단위로 개발한 것이다.

둘째, 각 장의 "작업과제"는 NCS의 능력단위요소를 나타낸다.

능력단위요소란 해당 능력단위를 구성하는 중요한 핵심 하위능력으로 능력단위 범위 안에서 수행하는 기능을 도출한 것이다.

셋째, 각 장의 "수행평기"는 해당 학습 모듈의 학습 정도를 확인할 수 있는 평가준거, 평가방법을 제시한 것이다.

이 교재를 학습함으로서 판금 · 제관 실기 과정을 이해하고 각급 대학이나 산업현장에서 유능한 판금 · 제관 기술자로서 크게 이바지하기를 바랍니다.

끝으로, 본 교재의 출간까지 큰 도움을 준 이상렬 대표를 비롯한 에듀컨텐츠휴피아 출판사의 임직원 여러분께 감사의 말을 전합니다.

2018년 9월 저자.

저 자 소 개

정준석

한국교통대학교 대학원 신소재공학과 수료

現) 한국폴리텍대학 산업설비자동화과 교수

E-mail: jjoons1003@kopo.ac.kr

차 례

NCS기반

판금제관

정준석 著

에듀컨텐츠·휴피아
ECH Educontents·Huepia

에듀컨텐츠·휴피아
CH

제1장 판금제관 작업계획 수립

1. 도면 검토하기

2. 재료 선택하기

3. 작업공정도 작성하기

작업과제 1. 도면 검토하기

학습 목표

1. 도면상 제품의 기능과 용도를 검토할 수 있다.
2. 도면에서 요구하는 형상과 치수, 사용재료를 검토할 수 있다.
3. 도면에서 요구하는 각 부품에 대한 가공 방법과 조립순서를 검토할 수 있다.
4. 도면에 대한 정면도, 평면도, 측면도, 상세도, 중심선, 절단선, 굽힘선, 상관선을 검토할 수 있다.
5. 도면에서 요구하는 제품제작을 위하여 여러 부품에 대한 결합 방법과 순서를 검토할 수 있다.

수행 내용 / 1-1 도면검토와 분류하기

재료 · 자료

- 설치 관련 도면, 작업 표준서, 측정공구 취급 요령서 및 검 · 교정 필증, 기계 제도서

기기(장비 · 공구)

- 컴퓨터(Autocad 및 Office Software 설치)
- 출력기기
- 측정기류(줄자, 철자, 직각자 , 버니어캘리퍼스 등)
- 개인 보호 장비(안전모, 안전화, 보안경, 안전벨트, 귀마개, 면장갑)

안전 · 유의사항

- 수직 사다리를 이용할 때에는 3점접촉을 준수해야 한다.
- 중량물을 취급할 때에는 취급 규정을 준수해야 한다.
- 측정기류는 반드시 검 · 교정필증이 부착된 기기를 사용해야 한다.

- 혼재 작업이 발생하였을 때에는 우선순위를 정하여 작업한다.
- 측정기류는 사용하기에 편리하도록 정리 정돈하여 사용하고 사용 중 바닥에 떨어뜨리지 않도록 주의해야 한다.
- 운반 장비류는 정기적인 검사를 실시했는지를 확인한 다음에 사용해야 한다.
- 설치 자재의 품질 상태와 공급처의 설치 메뉴얼을 숙지한 다음에 작업해야 한다.

수행 순서

❶ 제품의 기능과 용도를 검토한다.

1. 제품의 모양과 성능을 충분히 이해하고 작도하였는지 확인한다.
2. 부품의 구조는 조립이 가능한지 확인한다.

❷ 도면 작성에 관한 항목을 확인한다.

1. 도면 양식은 KS규격에 준했는지 확인한다(A4, A3, A2, A1, A0).
2. 조립도는 도면을 보고 이해하기 쉽게 나타 내었는지 확인한다.
3. 정면도, 평면도, 측면도 등 3각법에 의한 투상으로 적절히 배치되었는지 확인한다.
4. 부품이나 제품의 형상에 따라 보조 투상도나 특수 투상도의 사용은 적절한지 확인한다.
5. 단면도에서 단면의 표시는 적절하게 나타내었는지 확인한다.
6. 선의 용도에 따른 종류와 굵기는 적절하게 사용했는지 확인한다. (CAD 지정 LAYER 구분)

❸ 치수, 문자 및 각종 기호를 확인한다.

1. 누락된 치수나 중복된 치수, 계산을 해야 하는 치수는 없는지 확인한다.
2. 기계가공에 따른 기준면 치수 기입을 했는지 확인한다.
3. 치수보조선, 치수선, 지시선, 문자는 적절하게 도시했는지 확인한다.
4. 소재 선정이 용이하도록 전체길이, 전체높이, 전체 폭에 관한 치수누락은 없는지 확인한다.
5. 연관 치수는 해독이 쉽도록 한 곳에 모아 쉽게 기입했는지 확인한다.

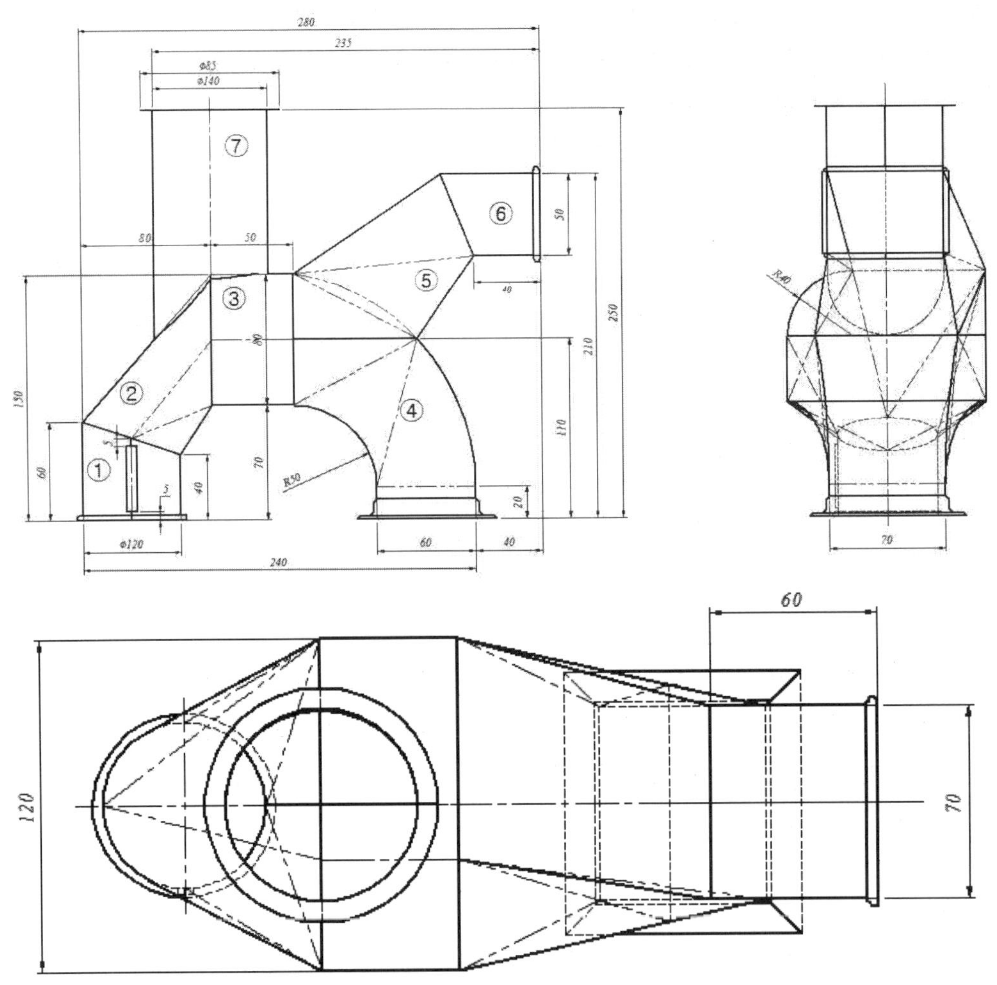

[그림 1-1] 치수, 문자 및 각종 기호 확인하기 수행예제

❸ 일반 주의 사항을 확인한다.

1. 가공이나 조립 및 제작에 필요한 주서 기입 내용이나 지시사항은 적절하고 누락된 것은 없는지 확인한다.
2. 규격품에 대한 호칭 방법은 바른지 확인한다.
3. 표제란에 필요한 내용이 기입되었는지 확인한다. 표제란은 도면의 특정한 사항(도번〈도면 번호〉, 도명〈도면 이름〉, 척도, 투상법, 작성자명 및 일자 등)을 기입하는 곳으로, 그림을 그릴 영역 안의 오른쪽 아래 구석에 위치시킨다. 표제란을 보는 방향은 통상적으로 도면의 방향과 일치하도록 한다.

도 명	SHEET METAL		
도 번	SM01003	소 속	
작성자	홍길동	날 짜	2015.08.15
척 도	1 : 2	투 상	

[그림 1-2] 표제란

4. 부품란에 필요한 내용이 기입되었는지 확인한다.
5. 부품 번호의 부여와 기입이 바른지 확인한다.
6. 구매부품의 경우 정확한 모델사양과 메이커, 수량표기 등은 조립도와 비교해 올바른지 확인한다.

1. 도면검토하기 평가(평가자체크리스트)				
학습 내용	평가 항목	성취수준		
		상	중	하
도면검토와 분류	도면상 제품의 기능과 용도를 검토할 수 있는지 여부			
	도면에서 요구하는 형상과 치수, 사용 재료를 검토할 수 있는지 여부			
	도면에서 요구하는 각 부품에 대한 가공 방법과 조립순서를 검토할 수 있는지 여부			
	도면에 대한 정면도, 평면도, 측면도, 상세도, 중심선, 절단선, 굽힘선, 상관선을 검토할 수 있는지 여부			
	도면에서 요구하는 제품제작을 위하여 여러 부품에 대한 결합 방법과 순서를 검토할 수 있는지 여부			
결과 평가 방법; 평가자체크리스트, 피평가자체크리스트중 택일				

작업과제 2. 재료 선택하기

학습 목표

1. 제품에 대한 기능과 용도에 맞는 재료인지 검토할 수 있다.
2. 도면에서 요구하는 제품 제작을 위하여 가공성이 용이한지 검토하여 선택할 수 있다.
3. 사용 재료의 표면 및 내부 결함이 없는지 검토하여 선택할 수 있다.
4. 제품의 조립을 위한 용접재료 및 나사, 리벳 등의 기타재료의 적합성을 검토하여 선택할 수 있다.

수행 내용 / 2-1 재료의 선택과 결함 확인하기

재료 · 자료

- 설치 관련 도면, 작업 표준서, 측정공구 취급 요령서 및 검 · 교정 필증, 기계제도서, 필기구, 출력용지, 현도지

기기(장비 · 공구)

- 컴퓨터(Autocad 및 Office Software 설치)
- 출력기기
- 측정기류(줄자, 철자, 직각자, 버니어캘리퍼스 등)
- 개인 보호 장비(안전모, 안전화, 보안경, 안전벨트, 귀마개, 면장갑)

안전 · 유의사항

- 수직 사다리를 이용할 때에는 3점접촉을 준수해야 한다.
- 중량물을 취급할 때에는 취급 규정을 준수해야 한다.
- 측정기류는 반드시 검 · 교정필증이 부착된 기기를 사용해야 한다.
- 혼재 작업이 발생하였을 때에는 우선순위를 정하여 작업한다.
- 측정기류는 사용하기에 편리하도록 정리 정돈하여 사용하고 사용 중 바닥에 떨어뜨리지 않도록 주의해야 한다.

- 운반 장비류는 정기적인 검사를 실시했는지를 확인한 후 사용해야 한다.
- 설치 자재의 품질 상태와 공급처의 설치 메뉴얼을 숙지한 다음에 작업해야 한다.

수행 순서

❶ 도면을 검토한다.

1. 도면을 확인하여 제품의 기능과 용도를 검토한다.
2. 도면 작성에 관한 항목을 확인한다.
3. 치수, 문자 및 각종 기호를 확인한다.
4. 일반 주의 사항을 확인한다.

❷ 제품에 대한 기능과 용도에 맞는 재료인지를 검토한다.

1. 물리적 성질 - 밀도, 열전도성, 전기도전율 등을 확인한다.
2. 사용 환경 - 내식성, 고온, 저온, 크리프 등을 확인한다.
3. 기계적 성질 - 내충격성, 내피로성, 내마모성 등을 확인한다.
4. 기타 - 경제성, 상품성 등을 확인한다.

❸ 도면에서 요구하는 제품 제작을 위하여 가공성이 용이한지를 검토한다.
가공성 - 주조, 용접, 절삭 등을 확인한다.

❹ 사용 재료의 표면 및 내부 결함이 없는지 검토한다.

1. 재료의 표면결함 및 변형 여부를 육안으로 확인한다.
2. 결함이 의심되는 부위에 대해 자분탐상, 색조침투 탐상, 초음파 등을 이용하여 비파괴검사를 실시하여 확인한다.

❺ 제품의 조립을 위한 용접재료 및 나사, 리벳 등의 기타재료의 적합성을 검토하여 선택한다.

2. 재료선택하기 평가(평가자체크리스트)				
학습 내용	평가 항목	성취수준		
		상	중	하
판금제관 재료에 대한 이해	제품에 대한 기능과 용도에 맞는 재료 인지에 대한 검토할 수 있는지 여부			
	도면에서 요구하는 제품 제작을 위하여 가공성이 용이한 지 검토하여 선택할 수 있는지 여부			
	사용 재료의 표면 및 내부 결함이 없는지 검토하여 선택할 수 있는지 여부			
	제품의 조립을 위한 용접재료 및 나사, 리벳 등의 기타재료의 적합성을 검토하여 선택할 수 있는지 여부			
결과 평가 방법; 평가자체크리스트, 피평가자체크리스트중 택일				

작업과제 3. 작업공정도 작성하기

학습 목표

1. 작업공정도 상에 공정표, 적산표, 가공방법을 작성할 수 있다.
2. 전체 공정이 원활하도록 인원배치표 및 가공표를 작성할 수 있다.
3. 작업공정도 작성을 통하여 원활한 판금제관작업을 위한 관련 설비를 운용할 수 있다.
4. 작업공정도를 작성 시 공장작업을 주 공정으로 작성하여 현장작업은 최소화할 수 있다.
5. 작업공정도를 작성하여 공정흐름이 원활하지 않을 경우 모듈 작업 등을 이용할 수 있다.

수행 내용 / 3-1 작업 시방서와 공정도 작성하기

재료 · 자료

- 설치 관련 도면, 작업 표준서, 측정공구 취급 요령서 및 검 · 교정 필증, 기계제도서, 필기구, 출력용지, 현도지 등

기기(장비 · 공구)

- 컴퓨터(Autocad 및 Office Software 설치)
- 출력기기
- 측정기류(줄자, 철자, 직각자 , 버니어캘리퍼스 등)
- 개인 보호 장비(안전모, 안전화, 보안경, 안전벨트, 귀마개, 면장갑)

안전 · 유의사항

- 도면 및 각종 자료 등은 정리·정돈해야 한다.
- 수직 사다리를 이용할 때에는 3점접촉을 준수해야 한다.
- 중량물을 취급할 때에는 취급 규정을 준수해야 한다.

- 측정기류는 반드시 검 교정필증이 부착된 기기를 사용해야 한다.
- 혼재 작업이 발생하였을 때에는 우선순위를 정하여 작업한다.
- 측정기류는 사용하기에 편리하도록 정리 정돈하여 사용하고 사용 중 바닥에 떨어뜨리지 않도록 주의해야 한다.
- 운반 장비류는 정기적인 검사를 실시했는지를 확인한 다음에 사용해야 한다.
- 설치 자재의 품질 상태와 공급처의 설치 메뉴얼을 숙지한 다음에 작업해야 한다.

수행 순서

❶ 작업 시방서를 작성한다.

1. 일반사항 작성한다.
   도면 및 시방에 명시되어 있는 제반설비가 충분하고 만족스러운 기능을 발휘하도록 확실하게 시공토록 하는 내용 기입
2. 공정표 및 시공계획서 작성한다.
   수급자가 공사 착공 시 감독관에게 제출할 서류와 승인사항에 관한 내용기입
3. 제작도 및 시공도 작성한다.
   제작도 및 시공도에 대한 감독관의 승인에 관한 내용기입
4. 안전 보건관리 작성한다.
5. 그 밖의 사항 작성한다.

❷ 적산표를 작성한다.

1. 설계도서를 인수한다.
   도면, 시방서, 현장설명서 등
2. 적산조건을 확인한다.
   설계도서(도면, 시방서, 현장설명서 등)검토, 적산기간(제출일), 적산투입 인력확인내역서 작성기준, 수량산출방법, 단가적용기준, 자재업체 일람, 입찰유의서 등, 기타 의뢰인(발주자 또는 견적참여자)이 요청하는 사항
3. 수량산출 및 단가를 조사한다.
   〈건축공정의 경우 예〉
   구조체(가설, 토 및 흙막이, 철근콘크리트, 철골, 조적 등)

마감(내부, 외부, 창호, 유리, 지붕, 기타)
부대시설(포장, 하수, 담장, 출입문, 조경, 정화조, 기타)
단가조사(단가조사, 일위대가표 작성, 외부견적서 의뢰 등)

4. 수량산출을 집계한다.
계산, 검산, 분석, 외부견적서 취합, 일위대가표 검토 등

5. 내역서를 작성한다.
공사별(공종별) 분류, 내역서 작성, 단가적용(일위대가표, 외부견적서, 자재 단가 조사서 등) 공사비전체취합(토목, 건축, 기계, 전기, 조경 등)
적산조건 재확인, 누락여부확인

❸ 작업 공정도를 작성한다.

1. 예비 분석(생산형태, 제품특징, 조사방법 재확인)을 한다.
(1) 공정 분석의 목적, 대상을 확인한다.
(2) 현물견본, 설계도, 부품표, 취급설명서, 순서표 등 제품에 대한 이론적 연구한다.
(3) 공장 배치도를 통해 현장관리자의 설명으로 공정의 개요를 파악한다.

2. 기본 분석을 한다.
(1) 공정 순서에 따라 물류를 보며, 한 공정마다 작업 상황 관찰한다.
(2) 현장관리자로부터 작업방법을 설명 듣고 작업내용 이해, 분석표에 기록한다.

3. 조사결과의 검토를 한다.
(1) 분석표를 정리하면서 현품과 설계도에 따라 가공방법을 재검토한다.
(2) 생산실적의 자료로써 생산량, 작업시간, 불량률을 조사한다.

4. 총괄표를 작성한다.
분석표를 종합하여 각 공정별로 공정표, 시간, 거리를 부가하고 개선안과 비교 검토한다.

〈표 3-8〉 판금제관 적산표 양식

〈판금 제관 적산표〉							
작업명						작성자	
No	품 명	규 격	단위	수량	단가	금액	비 고
1							
2							
3							
4							
5							
6							
7							
8							
9	- 이하여백 -						

〈표 3-9〉 판금제관 공정도 양식 및 예시

공정명	공정도	작업내용	사용설비	공 정 관 리				비고
				관리 항목	관리 방법	담당자	기록 방법	
원부자재	△	자재입고						
	◇	수입검사	줄자 등					
	▽	저 장						
절단 및 성형	○	가 공	절단기	겉모양	자주 관리	작업자		
			절곡기	치수				
	◇	중간검사	버어니어 캐리퍼스					
			하이트 게이지					
			직각자					
	⇒	운 반						
부품가공	○	가 공	줄	겉모양	자주관리	작업자		
			그라인더	치수				
	◇	중간검사	버어니어 캐리퍼스					
			하이트 게이지					
			직각자					
	⇒	운 반						

〈표 3-10〉 작업 시방서 양식

작업시방서(예시)

시공과정에서 요구되는 기술적인 사항을 설명한 문서로서, 구체적으로 사용한 재료의 품질, 작업순서, 마무리정도 등 도면상 기재가 곤란한 기술적 사항을 표시해 놓은 것을 말하며, 기술 시방서의 일반적인 구성과 포함되어야 할 내용은 개략 다음과 같으며 공사의 특성과 설비의 종류에 따라 그 내용이 달라질 수 있다.

1. 시공

(1) 일반사항

도면 및 시방에 명시되어 있는 제반설비가 충분하고 만족스러운 기능을 발휘하도록 확실하게 시공토록 하는 내용

(2) 공정표 및 시공계획서

수급자가 공사 착공 시 감독관에게 제출할 서류와 승인사항에 관한 내용

<표 3-7> 공정표 예시

공정	작업시간	비고
도면검토		
전개도		
마름질		
성형		
부품 용접		
요소 작업		
조립		
치수교정		
마무리		
합계		

(3) 제작도 및 시공도

제작도 및 시공도에 대한 감독관의 승인에 관한 내용

(4) 안전 보건관리

(5) 그 밖의 사항

3. 작업공정도 작성하기 평가(평가자체크리스트)				
학습 내용	평가 항목	성취수준		
		상	중	하
작업시방서 및 공정도 작성	작업공정도 상에 공정표, 적산표, 가공방법의 작성가능여부			
	전체 공정이 원활하도록 인원배치표 및 가공표 작성가능 여부			
	작업공정도 작성을 통하여 원활한 판금제관 작업을 위한 관련 설비를 운용여부			
	작업공정도를 작성 시 공장작업을 주 공정으로 작성하여 현장작업은 최소화할 수 있는지 여부			
	작업공정도를 작성하여 공정흐름이 원활하지 않을 경우 모듈 작업 등을 이용할 수 있는지 여부			
결과 평가 방법; 평가자체크리스트, 피평가자체크리스트, 문제해결 시나리오 중 택일				

에듀컨텐츠·휴피아
CH Educontents Huepia

제2장 판금제관 현도작업

1. 투상도 그리기

2. 전개도 그리기

3. 판뜨기 작업하기

작업과제 1. 투상도 그리기

학습 목표

1. 물체의 척도와 투상면을 분석할 수 있다.
2 투시도와 투상법을 활용하여 제품의 정면, 측면, 평면도를 정확하게 그릴 수 있다.
3 일부 형상, 구조, 조립상태의 변형을 고려해서 치수를 보정할 수 있다.
4 본도면의 치수, 기능, 결합, 검사, 호환성의 문제 등을 분류하여 수정할 수 있다

수행 내용 / 1-1 투상도의 기초 작도 이해하기

재료 · 자료

- 필기구, 용지(출력용지, 전개도지, 현도지 등)

기기(장비 · 공구)

- 컴퓨터 및 출력기기, 삼각자, 디바이더, 각도계, 강철자, 전단기, 제도용 연필, 지우개, 컴퍼스, 각도기, 운영자

안전 · 유의사항

- 도면 및 각종 자료 등의 정리·정돈한다.

수행 순서

❶ 평면 도형을 작도한다.

1. 선과 각을 등분한다.

(1) 주어진 선분 등분한다.

(가) 수직 2등분선을 작도한다.

1) [그림 1-1]의 $\overline{AB}$는 주어진 직선 및 원호를 그린다.

2) 점 A를 중심으로 $\overline{AB}$ 길이의 1/2보다 큰 임의의 반지름 R인 원호를 그린다.
3) 점 B를 중심으로 같은 반지름 R인 원호를 그린다.
4) 두 원호가 서로 만나는 점 C, D를 구한다.
5) 점 C, D를 이으면 구하는 수직선이 되며, 이때 $\overline{AB}$의 직선의 2등분선인 교점 O를 구한다.

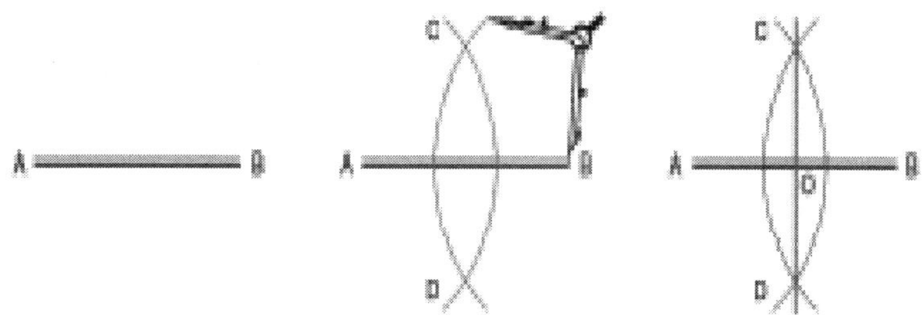

[그림 1-1] 수직 2등분선의 작도

(나) 직선의 한 끝에 수선을 작도한다.
1) [그림 1-2]와 같이 직선의 끝 점 P에서 임의의 반지름 R인 원호를 그리고 직선과의 교점 A를 정한다.
2) 동일 반경으로 점 A에서 점 B를 구하고, 같은 방법으로 점 B에서 점 C를 구한다.
3) 점 B와 C를 중심으로 같은 반지름 R인 원호를 그려 교점 D를 구한다.
4) 점 D와 P를 직선으로 연결하고 AP에 수직한 직선을 구한다.

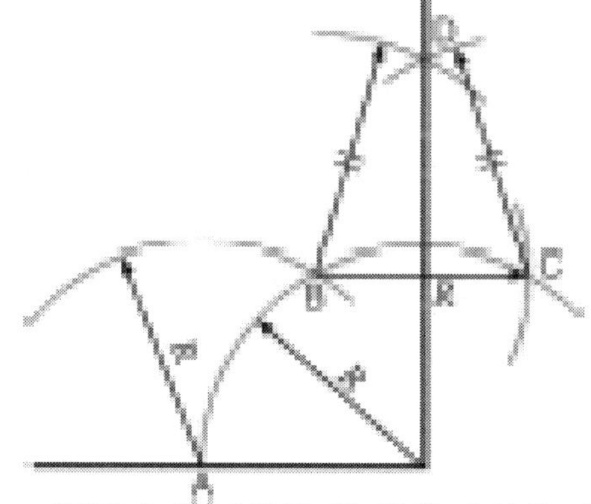

[그림 1-2] 직선의 한 끝에 수선을 작도

(다) 선분을 n(6)등분한다.
1) 주어진 $\overline{AB}$의 점 A에서 60°보다 작은 각도로 임의의 경사진 선을 작

도 한다.

2) 사선에 디바이더를 이용하여 점 A로부터 일정한 간격으로 등분점(여기서는 6개)을 표시한다.

3) 6번째 점과 점 B를 연결하는 직선을 그린다. 이 직선에 평행하게 각 등분점을 지나는 직선을 그려서 $\overline{AB}$를 6등분 한다.

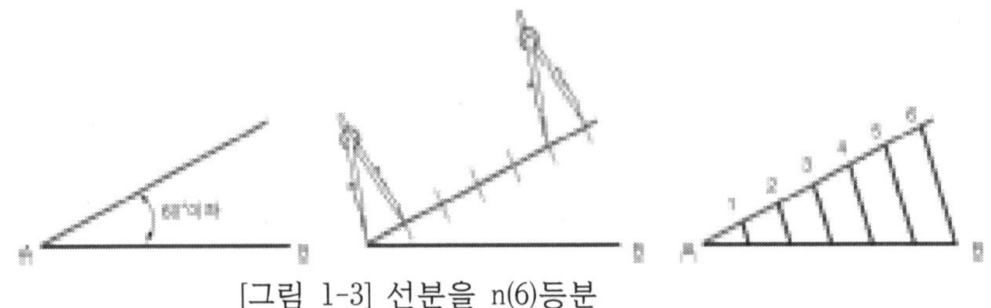

[그림 1-3] 선분을 n(6)등분

(라) 임의의 두 직선의 교점과 정점 P를 지나는 선을 작도한다.

1) [그림 1-4]와 같이 직선 $\overline{AB}$와 $\overline{CD}$에 교차하는 임의의 평행선을 긋고 만나는 점을 각각 E, F, G, H라 한다.

2) 점 P에서 점 G와 점 H에 직선으로 연결한다.

3) $\overline{GP}$와 $\overline{HP}$에 각각 평행하도록 점 E와 점 F에서 직선을 그어 그 교차점을 Q라 한다.

4) 점 P와 Q를 연결한다.

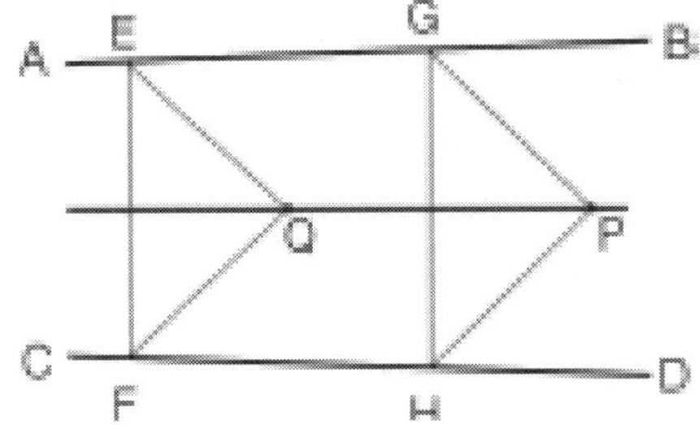

[그림 1-4] 임의의 두 직선의 교점과 정점 P를 지나는 선을 작도

(2) 각 옮기기 및 각을 등분한다.

(가) 각 옮기기를 한다.

1) 주어진 각을 확인한다.

2) 점 O에서 임의의 반지름으로 원호를 그려 두 변과 만나는 점을 각각 점 A와 B라고 한다.

3) 임의의 직선 $\overline{CD}$를 작도한다.
4) $\overline{CD}$에서 점 O′을 잡고, (b)에서 그린 $\overline{OA}$를 반지름으로 하는 원호를 그려 $\overline{CD}$와 만나는 점을 B′이라고 한다.
5) B′를 중심으로 점 A와 점 B사이의 거리를 반지름으로 하는 원호를 작도한다. 두 원호의 교점을 B′이라고 한다.
6) 점 O′와 점 A′을 연결하면 ∠AOB=∠A′O′B′이 된다.

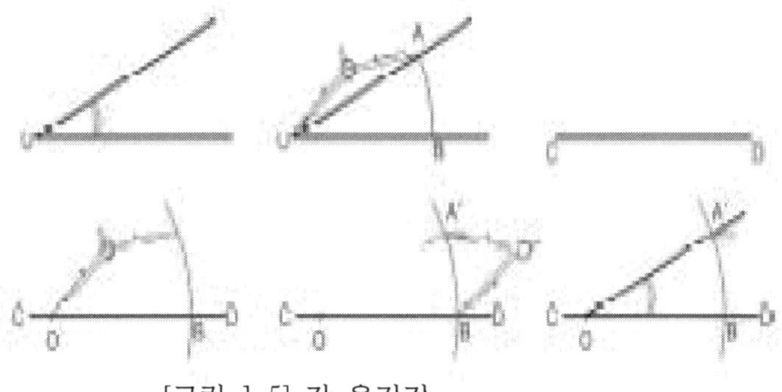

[그림 1-5] 각 옮기기

(나) 주어진 각을 2등분한다.
1) 주어진 각 ∠AOB의 점 O를 중심으로 임의의 반지름으로 원호를 그린다. 이때, 두 변과 만나는 점을 각각 점 C와 점 D라고 한다.
2) 점 C와 점 D를 각각 중심으로 하는 같은 반지름의 원호를 그려 만나는 점을 점 P라고 한다.
3) 점 O와 점 P를 직선으로 연결하여 $\overline{OP}$는 주어진 각 ∠AOB의 2등분선을 작도한다.

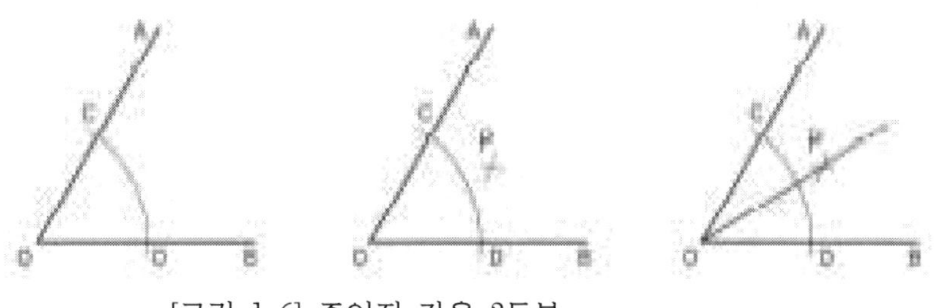

[그림 1-6] 주어진 각을 2등분

(다) 직각을 3등분한다.
1) 주어진 각 ∠AOB의 점 O를 중심으로 임의의 반지름으로 원호를 그린다. 이때, 원호와 $\overline{OA}$, $\overline{OB}$가 만나는 점을 각각 점 C와 점 D라고

한다.

2) 점 C와 점 D를 각각 중심으로 하는 $\overline{OC}$ 또는 $\overline{DO}$를 반지름으로 하여 원호를 그려 점 E와 F를 구한다.

3) 점 O에서 점 E와 F를 지나는 직선을 각각 그려서 직각을 3등분 한다.

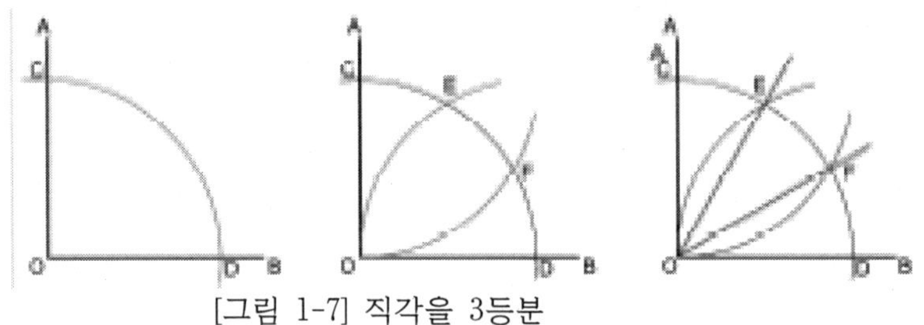

[그림 1-7] 직각을 3등분

(라) 임의의 각을 n(5)등분한다.

1) 주어진 $\angle ABC$를 [그림 1-8]과 같이 평면에서 5등분 할 경우 $\overline{BC}$의 연장선을 긋고 점 B를 중심으로 임의의 원호를 그려 그 교점을 각각 D, A′C′라 한다.

2) 점 C′와 D를 중심으로 하는 $\overline{C'D}$를 반지름으로 하여 원호의 교점 E와 점 AC′를 연결하여 DC′와의 교점 F를 구한다.

3) 선분 $\overline{C'D}$를 구하고자 하는 5등분으로 나누어 그 등분점을 1, 2,⋯5라 한다.

4) 점 E에서 등분점 1, 2,⋯5를 지나 원호와 만나는 점을 1’, 2’,⋯5’라 한다.

5) 점 B에서 점1’, 2’,⋯5’와 연결하는 직선을 그려서 주어진 $\angle ABC$는 5등분한다.

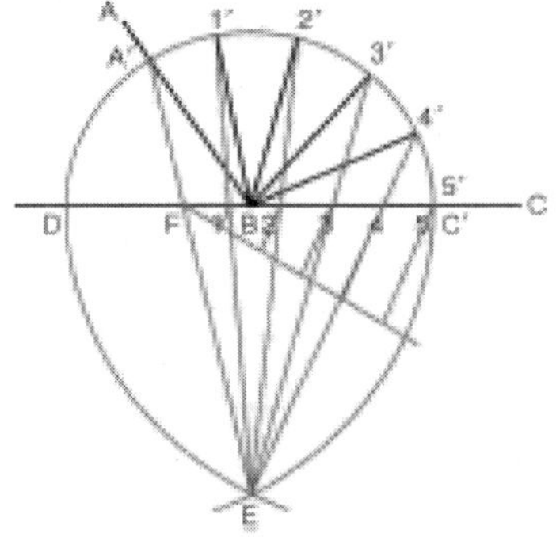

[그림 1-8] 임의의 각을 n(5)등분

2. 다각형을 작도한다.

(1) 주어진 선분을 한 변으로 하는 다각형을 작도한다.

(가) 주어진 선분을 한 변으로 하는 정삼각형을 작도한다.

1) 주어진 $\overline{AB}$의 점 A와 점 B를 중심으로 $\overline{AB}$를 반지름으로 원호를 각각 그리고, 그 교점을 점 C라고 한다.

2) $\overline{AB}$와 $\overline{BC}$를 이어서 정삼각형을 완성한다.

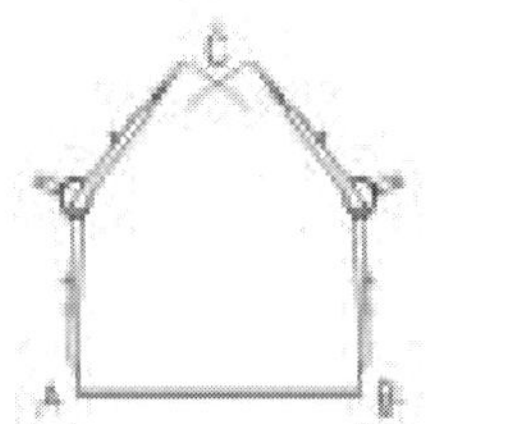

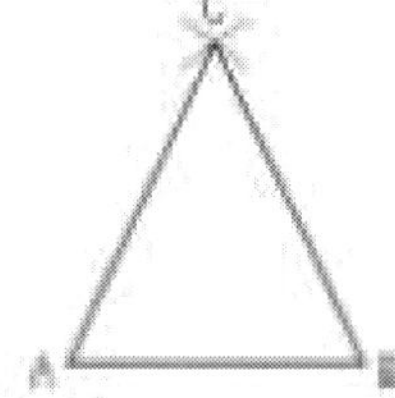

[그림 1-9] 주어진 선분을 한 변으로 하는 정삼각형을 작도

(나) 주어진 선분을 한 변으로 하는 정사각형을 작도한다.

1) 주어진 $\overline{AB}$의 점 A와 점 B를 중심으로 $\overline{AB}$를 반지름으로 원호를 작도한다.

2) 점 A와 점 B로부터 수직선을 그어 원호와 만나는 점 C와 점 D를 구한다.

3) 점 C와 점 D를 이어서 정사각형을 완성한다.

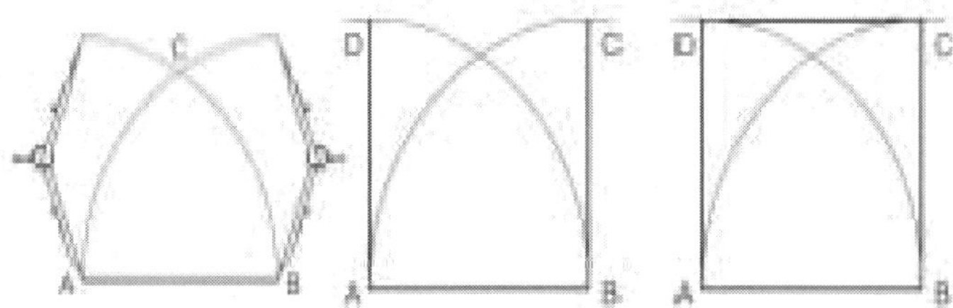

[그림 1-10] 주어진 선분을 한 변으로 하는 정사각형을 작도

(다) 주어진 선분을 한 변으로 하는 정오각형을 작도한다.

1) [그림 1-11]과 같이 $\overline{AB}$를 수직 이등분하고 이등분점을 C라고 한다.

2) $\overline{AB}$의 크기로 점 C에서 수직선상에 점 D를 구한다.

3) A점에서 D점을 통과하는 직선을 긋고 $\overline{AC}$의 크기로 D점에서 E점을 구한다.

4) $\overline{AE}$의 크기로 A점에서 원호를 그려 $\overline{CD}$연장선상과 만나는 F점을 구한다.

5) $\overline{AB}$의 크기로 점 A,B,F에서 원호를 그어 만나는 점을 G, H라 한다.
6) 점 A, G, F, H, B 연결하여 $\overline{AB}$길이의 변을 가진 정오각형을 완성한다.

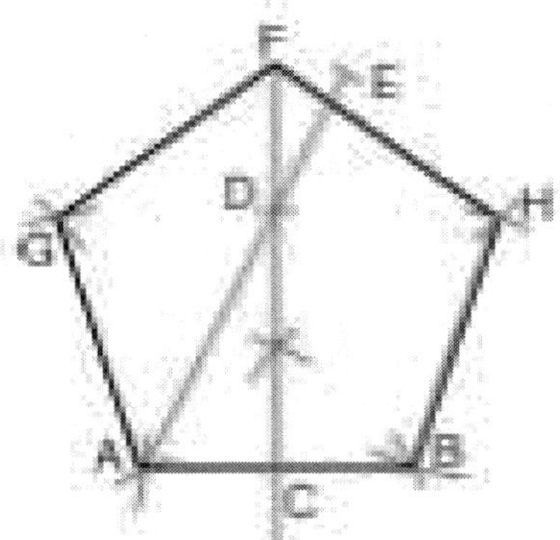

[그림 1-11] 주어진 선분을 한 변으로 하는 정오각형을 작도

(라) 주어진 선분을 한 변으로 하는 정육각형을 작도한다.
1) [그림 1-12]와 같이 주어진 선분 $\overline{AB}$를 각각 중심으로 하여 $\overline{AB}$의 길이를 반지름으로 하는 원호를 그려 점 O를 구한다.
2) 점 O를 중심으로 하여 $\overline{OB}$의 길이를 반지름으로 하는 원을 작도한다.
3) 주어진 한 변 $\overline{AB}$의 길이로 원주를 점 B에서 차례로 나누어 점 C,D,E,F를 구한다.
4) 점 A,B,C,D,E,F를 차례로 연결하여 정육각형을 완성한다.

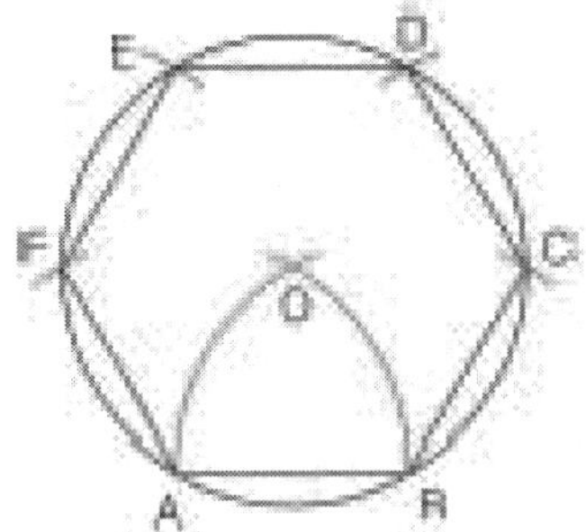

[그림 1-12] 주어진 선분을 한 변으로 하는 정육각형을 작도

(2) 원에 내접하는 다각형을 작도한다.
(가) 원에 내접하는 정삼각형을 작도한다.
1) [그림 1-13]과 같이 중심 O를 지나는 지름 $\overline{AB}$를 작도한다.(이때 중심

이 나타나있지 않을 경우에는 원의 중심부터 먼저 구하여야 한다. 임의의 두 개의 현 $\overline{E'E}$와의 수직 이등분선의 교점 〉를 원의 중심으로 한다.)

2) 점 B를 중심으로 $\overline{OB}$를 반지름을 $\overline{E'F}$로 하는 원호를 그려 원주와의 교점 C,D를 정하여 점 A,C,D를 연결한다.

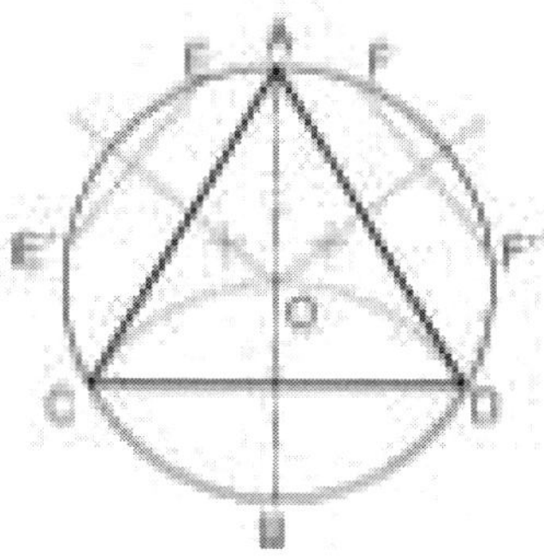

[그림 1-13] 원에 내접하는 정삼각형을 작도

(나) 원에 내접하는 정오각형을 작도한다.

1) [그림 1-14]와 같이 지름 체에 수직선을 그어 원주와 만나는 점을 C,D라 한다.
2) $\overline{OB}$를 수직 이등분한 점을 E라 한다.
3) $\overline{EC}$길이를 반지름으로 하여 점 E를 중심으로 $\overline{AB}$상에 점 F를 구한다.
4) $\overline{CF}$길이를 반지름으로 하여 점 C를 중심으로 원주상에 점 G,J를 구한다.
5) 점 G,J에서 다시 점 H,J를 구하여 각각 연결하여 원에 내접하는 정오각형을 완싱한다.

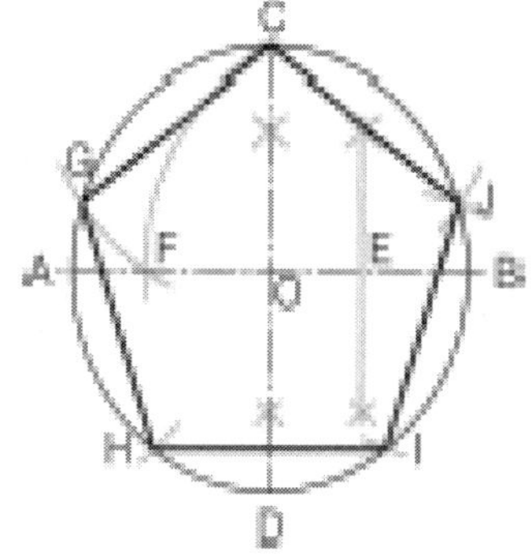

[그림 1-14] 원에 내접하는 정오각형을 작도

(다) 원에 내접하는 정육각형을 작도한다.

1) [그림 1-15]와 같이 주어진 원의 지름 $\overline{AB}$를 작도한다.

2) 점 A,B를 각각 중심으로 하여 원의 반지름으로 원호를 그려 원주와의 만나는 점 C,D,E,F를 구한다.

3) 점 A,D,E,B,F,C를 연결한다.

또 원에 외접하는 정육각형은 T자와 삼각자를 사용하여 원에 접선을 그어서 정육각형을 완성한다.

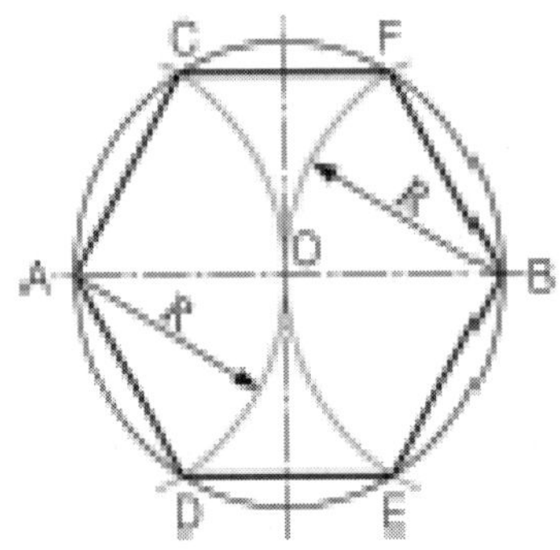

[그림 1-15] 원에 내접하는 정육각형을 작도

3. 원과 타원을 작도한다.

(1) 원을 작도한다.

(가) 삼각형에 내접하는 원을 작도한다.

1) [그림 1-16]과 같이 두 개의 각 ∠A와 ∠B의 이등분선의 교점을 O라 한다.

2) 점 O를 중심으로 한 변에 수직한 거리를 반지름으로 하는 원을 그리면 이 원은 ΔABC에 내접한다.

삼각형에 내접한 원의 중심 O를 삼각형의 내심(內心)이라고 한다.

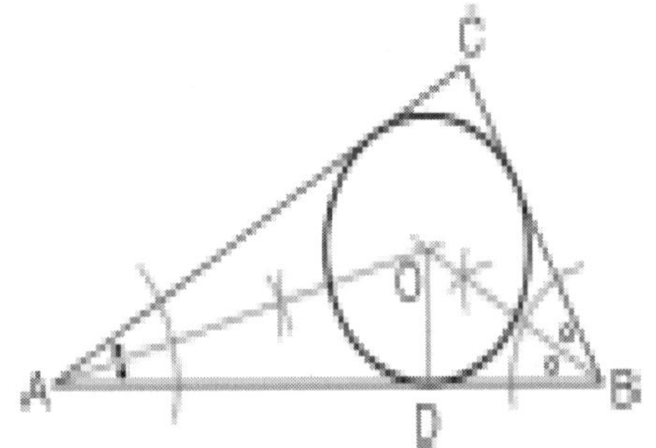

[그림 1-16] 삼각형에 내접하는 원을 작도

(나) 주어진 세 점을 지나는 원을 작도한다.

1) [그림 1-17]과 같이 주어진 세 점 A,B,C에서 점 A와 B, 점 B와 C를 연결한다.

2) 선분 $\overline{AB}$와 $\overline{BC}$에 각각 수직 이등분선을 그어 만나는 점 C를 구한다.

3) 점 C를 중심으로 하여 선분 $\overline{OA}$를 반지름으로 하는 원을 구한다.

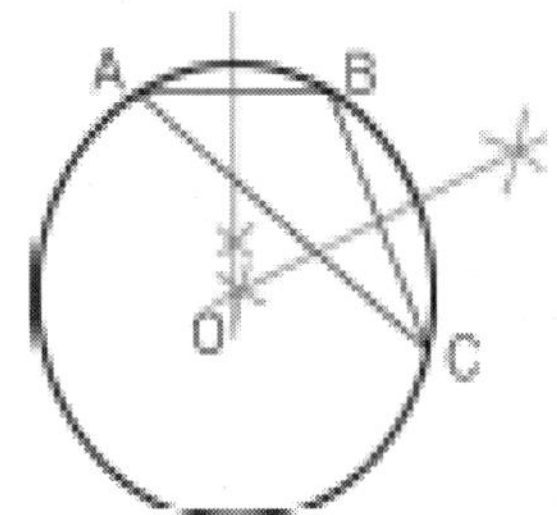

[그림 1-17] 주어진 세 점을 지나는 원을 작도.

(2) 타원을 작도한다.

(가) 장축이 주어진 타원을 작도한다.

1) [그림 1-18] 와 같이 주어진 선분(장축) $\overline{AB}$를 4등분하여 점 O, O'를 구하고 $\overline{CD}$점 O, O'를 중심으로 하여 선분 $\overline{AO}$, $\overline{O'B}$를 반지름으로 하는 원호를 그린다.

2) 점 O. O'를 각각 중심으로 하여 선분 $\overline{O'O}$를 반지름으로 하는 원호를 그려서 이들이 만나는 점 G,H를 구한다.

3) 점 G와 점 O,O'를 이어 원주와 만나는 점 C,D를 구한 다음 점 G를 중심으로 하여 $\overline{GC}$를 반지름으로 하는 원호 $\overline{CD}$를 그려서 근사적 타원을 구한다.

4) 위와 같은 방법으로 점 H를 중심으로 하여 $\overline{HE}$를 반지름으로 하는 원호를 그려서 근사적 타원을 완성한다.

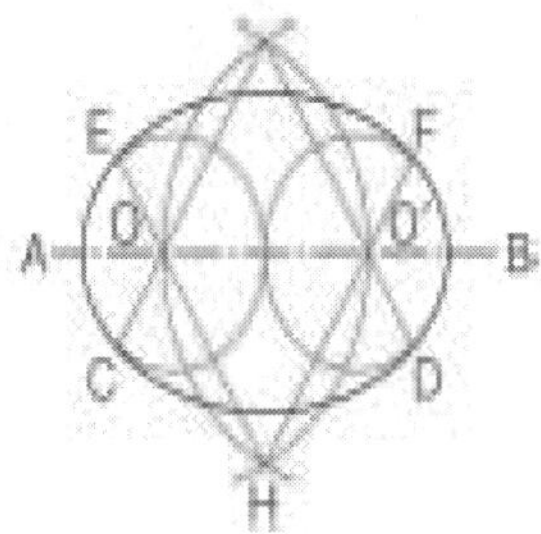

[그림 1-18] 장축이 주어진 타원을 작도

(나) 장축과 단축이 주어진 타원을 작도한다.

1) 컴퍼스와 자로 타원을 작도한다.

① [그림 1-19]와 같이 주어진 장축 $\overline{AB}$를 지름으로 한 원과 단축 $\overline{CD}$를 지름으로 한 원을 작도한다.

② 중심 O를 지나는 임의의 지름을 그리고 교점 P 와 Q를 구한다. 점 P에서 $\overline{AB}$에 평행선을 점 Q에서 $\overline{CD}$에 평행선을 그리고 그 교점 R을 구한다.

③ 이 조각을 되풀이해서 구한 점을 곡선으로 연결하면 장축 $\overline{AB}$, 단축 $\overline{CD}$의 타원을 완성한다.

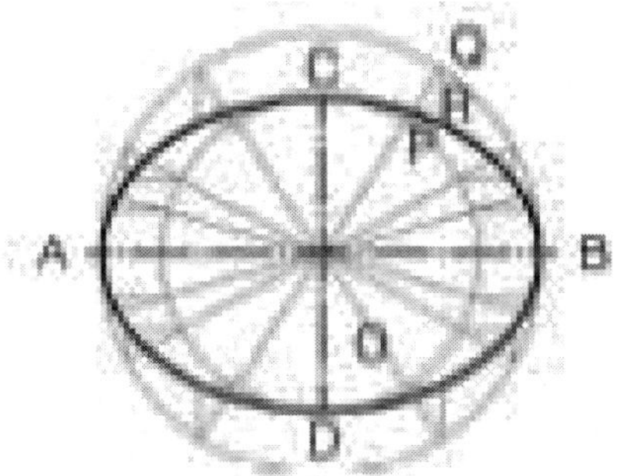

[그림 1-19] 컴퍼스와 자로 타원을 작도

2) 컴퍼스로 타원을 작도한다.

① [그림 1-20]와 같이 장축과 단축의 끝 점 A와 C를 연결하고 점 O를 중심으로 반지름 $\overline{AO}$의 원호를 그려 단축의 연장선과 만난 점 표를 정한다.

② 점 C를 중심으로 반지름 $\overline{CE}$의 원호를 그려 $\overline{AC}$와의 교점을 F라 하고 $\overline{AF}$의 수직 이등분선과 장축과의 교점을 G단축과의 교점을 H라 한다.

③ 점 O를 중심으로 점 G,H의 대칭점 J와 K를 구하면 점 G,H,J,K는 근사 타원의 네 개의 중심을 구한다.

④ 점 G와 H, H와 J, G와K, K와 J를 각각 연결 연장 하여 점 G에서는 $\overline{AG}$를 반지름으로 원호 $\widehat{LM}$을 그리고, 점 H에서는 $\overline{CH}$를 반지름으로 원호 $\widehat{MN}$을 그린다. 점 J와 K에서도 같은 방법으로 완성한다.

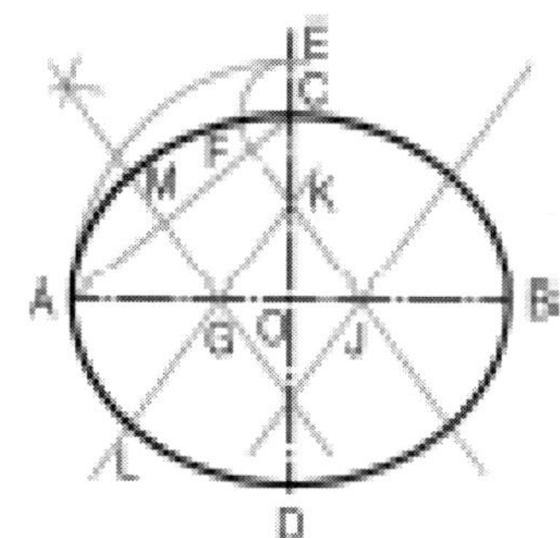

[그림 1-20] 컴퍼스로 타원을 작도

❷ 정투상도를 작도한다.

1. 제도용구를 사용하여 투상도를 작도한다.
   (1) 사각기둥 가)의 정면도 윤곽선과 평면도 윤곽선을 작성한다.
   (2) 사각기둥 나)의 정면도 윤관선과 평면도 윤곽선을 작성한다.
   (3) 평면도에서 a,b,c,d를 찾아 우측면도 쪽으로 투상한다.
   (4) 평면도에서 a,b,c,d를 정면도에 수직선을 내려서 표시한다.
   (5) 정면도의 우측에 사각형을 보조 투상하여 a″,b″,c″,d″를 표시한다.
   (6) 우측면도의 a″,b″,c″,d″에서 수평선을 정면도로 그려서 교점을 구한다.
   (7) 평면도에서 내린 수직선과 우측면도에서 수평선과의 교점을 찾아 a',b',c', d'를 찾고 상관선을 그려서 완성한다.

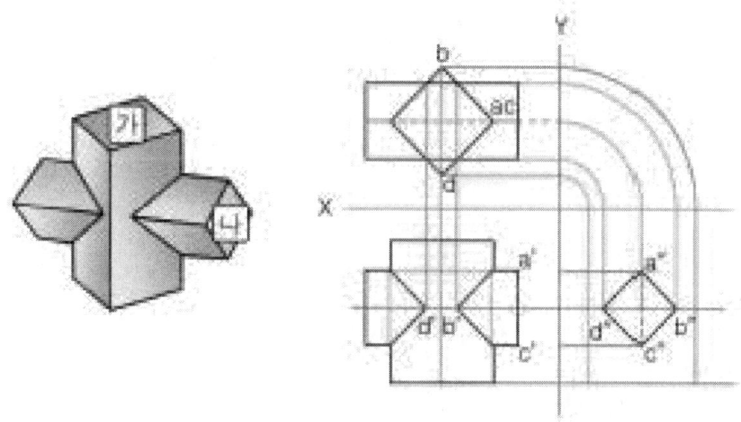

[그림 1-21] 교차하는 사각기둥의 투상도 작도

수행 내용 / 1-2 CAD 프로그램 활용의 이해하기

재료 · 자료

- 필기구, 용지(출력용지, 전개도지, 현도지 등)

기기(장비 · 공구)

- 컴퓨터 및 출력기기

안전 · 유의사항

- 도면 및 각종 자료 등의 정리·정돈을 한다.

수행 순서

❶ CAD 프로그램을 활용한다.

1. CAD 프로그램으로 3D모델링 및 2D 투상도를 작업한다.
   상부 원형 하부 사각형체의 판금제품을 CAD 응용 프로그램인 Inventor 2015를 사용하여 설명하기로 한다.
   (1) 인벤터 새파일 작성에서 Sheet Metal.ipt 메뉴를 선택한다.

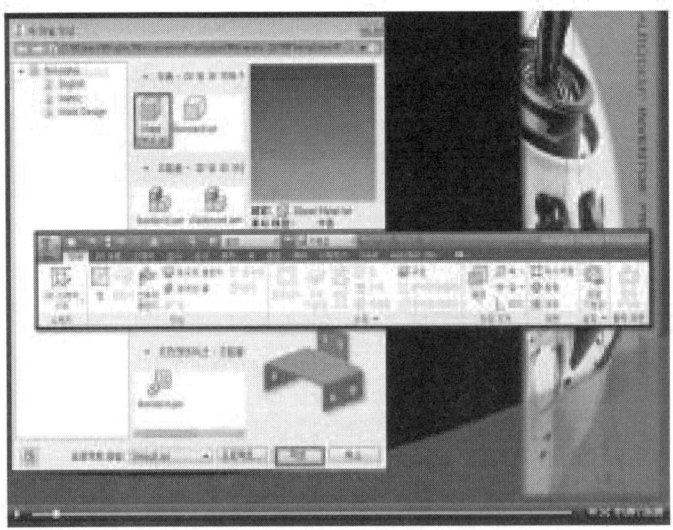

[그림 1-22] 인벤터 화면구성 및 기본메뉴

(2) 판금 작업을 위해서는 판금 기본값 메뉴에서 판재에 대한 기본 값을 미

리 설정해 주어 오류 없는 전개도를 완성한다.

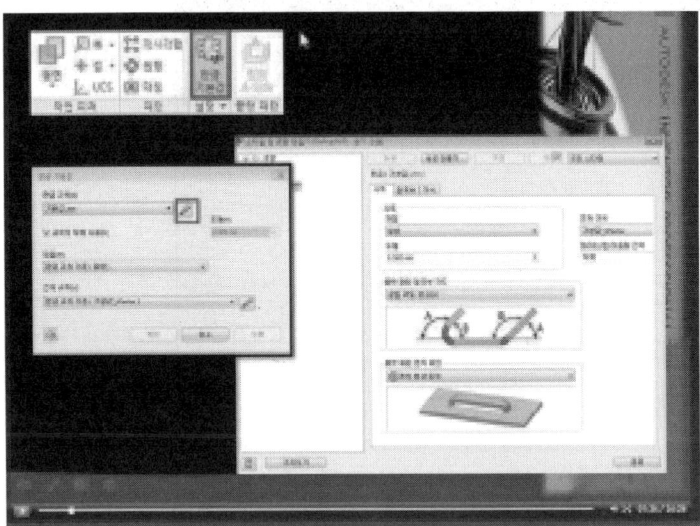

[그림 1-23] 판금 기본값 설정

(3) 하부의 사각 입체형상의 프로파일을 2D 스케치 화면에서 작성한다.

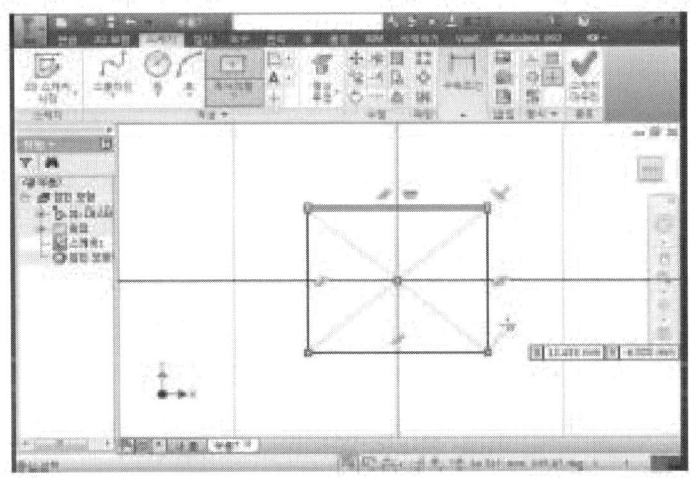

[그림 1-24] 하부의 사각 2D 스케치

(4) 2D 스케치 마무리하고 평면을 추가하여 만들고자하는 입체의 높이만큼 이동하여 평면을 위치시켜 작성한다.

(5) 추가로 생성한 평면에 상부 원형의 프로파일을 2D 스케치에서 작성한다.

(6) 로프트 플랜지 기능을 사용하여 상, 하부 프로파일을 선택하여 3D 모형을 생성한다.

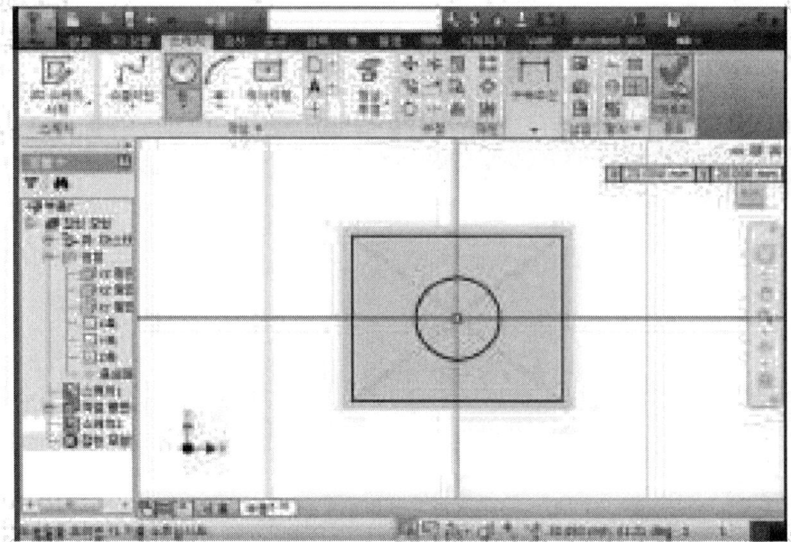
[그림 1-25] 평면 추가 생성

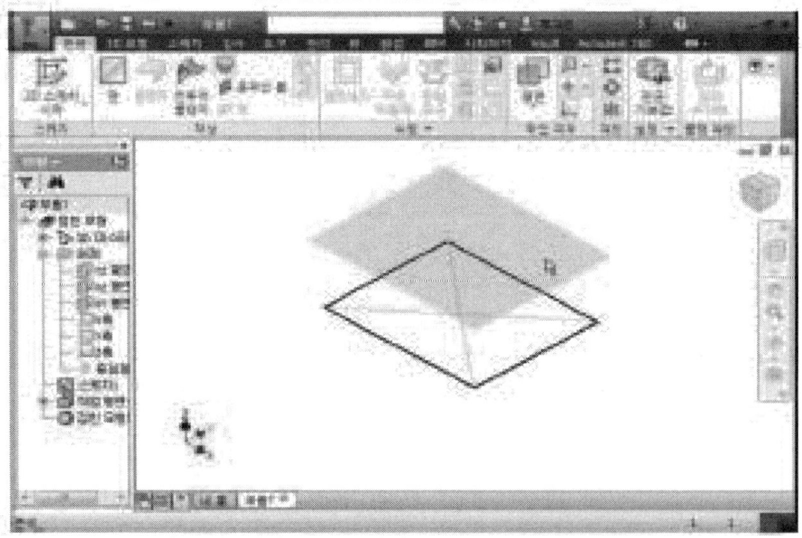
[그림 1-26] 상부의 원형 2D 스케치

(7) 로프트 플랜지 기능의 세부옵션을 조정하여 부드러운 표면의 3D모형을 생성한다.

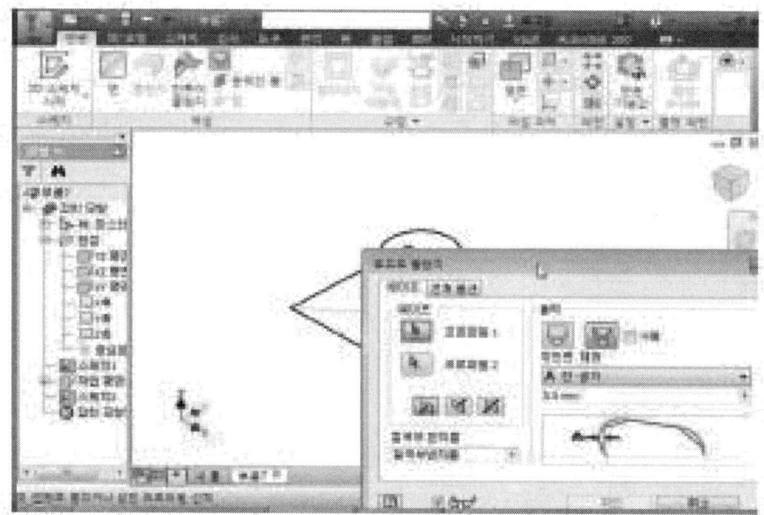
[그림 1-27] 로프트 플랜지 기능으로 3D모형 생성

1. 투상도 그리기 평가(평가자체크리스트)				
학습 내용	평가 항목	성취수준		
		상	중	하
투상도의 기초 작도의 이해	물체의 척도와 투상면에 대한 이해도			
	투시도와 투상법을 활용하여 정면, 측면, 평면도의 이해도			
	일부 형상, 구조, 조립상태의 변형을 고려한 치수 보정의 이해도			
	본도면의 치수, 기능, 결합, 검사, 호환성의 문제 분류 등의 이해도			
CAD 프로그램 활용의 이해	제품의 3D 형상을 작도하여 완성된 2D/3D 도면의 출력 방법의 이해도			
결과 평가 방법; 평가자체크리스트, 평가자질문중 택일				

작업과제 2. 전개도 그리기

학습 목표

1. 원도를 정확히 파악하여 전개도의 형태를 구상할 수 있다.
2. 상관체의 상관선을 작도할 수 있다.

수행 내용 / 2-1 상관체 투상 이해하기

재료 · 자료

- 제도용지, 함석판, 철판

기기(장비 · 공구)

- 삼각자, 제도용 연필, 지우개, 컴퍼스, 디바이더, 각도기

안전 · 유의사항

- 도면 및 각종 자료 등의 정리·정돈한다.

수행 순서

❶ 절단도법을 이해한다.

2개 이상의 입체가 서로 관통하여 하나의 입체로 된 것을 상관체라 하고 상관체에 나타난 부품과 부품의 경계선을 상관선이라 하는데, 일반적으로 전개도를 작도하려면 상관선이 먼저 정확히 작도되어야만 한다. 이 상관선을 작도하는 방법으로 절단도법을 사용하는데 평행 절단, 수직 절단, 경사 절단으로 구분하여 사용한다.

1. 평행 절단한다.

(1) 정사각뿔에 수평으로 붙은 육각기둥을 평행 절단한다.

[그림 2-1]은 정사각뿔에 육각기둥이 접합된 상관체로서 [그림 2-1(a)]와 같이 투상도를 그리고 육각기둥의 면소의 길이를 기준으로 4면의 공통

수평 절단을 작도하므로 상관체의 실제 단면을 나타내도록 한다.

(가) [그림 2-1(b)]에서 2-b기준으로 절단한다.

(나) 육각기둥의 단면은 측면도 $\overline{22}$기폭을 평면도 $\overline{2'2'}$로 정하여 평면도의 중심선과 나란하게 단면을 작성한다.

(다) 정사각뿔의 단면은 정면도 b에서 수선을 세워 평면도에 모서리선과 만난점 b'b'를 단면의 한 변으로 하여 정사각형을 작성한다.

(라) 2개 부품의 단면은 그림에서 빗금 친 부분이며 실제 단면이라고 한다.

(마) 위와 같은 순서로 3-c, 4-d면으로 끊었을 때의 단면을 구하면 같은 면상에서정사각뿔과 육각기둥의 단면이 작도되었을 때 단면과 단면의 교차점을 상관점이라고 한다.

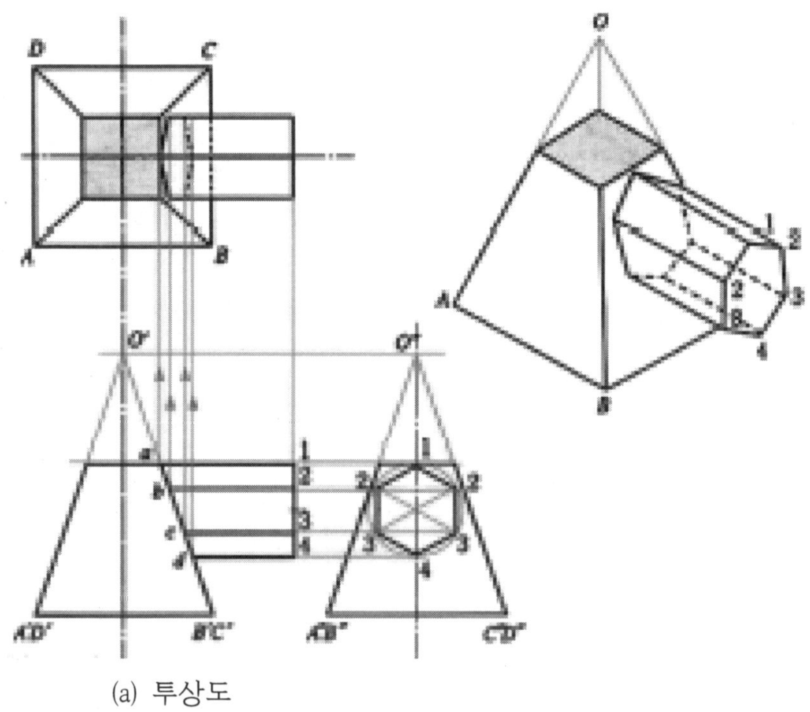

(a) 투상도

(2) 원뿔과 정사각기둥으로 이루어진 상관체를 평행 절단한다.

[그림 2-2]는 상관체를 공통 수평 절단면을 이용하여 단면도를 구하는 방법을 나타낸다. 작도 순서는 다음과 같다.

(가) 평면도상에 사각기둥과 만나는 동심원을 적당한 간격으로 여러 개 작성한다.

(나) 정면도에 평면도에서 그린 동심원을 옮겨 1, 2, 3을 정하고 이 동심원

을 따라 수평절단면으로 한다.

(다) 평면도의 각 수평 절단면과 사각기둥과의 교점을 그림과 같이 a, b, c, d, e라 한다. 이 때 평면도의 사각기둥 단면은 어디를 절단하든 사각으로 나타나고, 실 단면이며, 원뿔의 단면은 각각 크기가 다른 1, 2, 3의 동심원으로 한다.

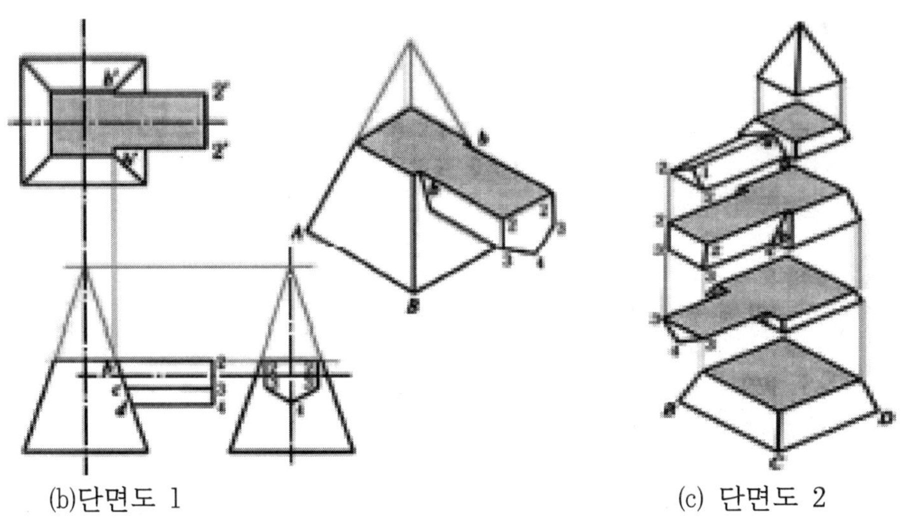

(b)단면도 1 (c) 단면도 2

[그림 2-1] 정사각뿔에 수평으로 붙은 육각기둥을 평행 절단

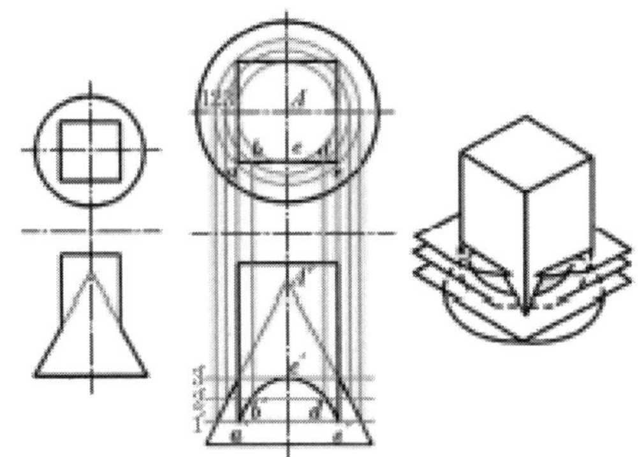

[그림 2-2] 원뿔과 정사각기둥으로 이루어진 상관체를 평행 절단

(3) 기운 육각뿔과 육각기둥으로 이루어진 상관체를 평행 절단한다.

[그림 2-3]은 기운 육각뿔과 수평으로 붙은 육각기둥의 상관체로서 몇 개의 공통 수평 절단면을 이 용하여 실 단면을 그리는 것을 나타낸다. 절단면은 정면도의 육각기둥면소의 길이를 기준하여 7' 8' 9'선으로 끊는다. 작도 순서는 다음과 같다.

(가) 평면도 육각 모서리점을 1, 2,…6점으로 정하고 꼭지점 O와 연결하여

모선을 그린다. 정면도의 모 선도는 평면도의 1, 2,…6점에서 수선을 세워 정면도에 1', 2',…6'점을 정하고 꼭지점 O'와 연결하여 작성한다.

(나) 육각기둥의 8'선을 기준으로 절단면을 정하여 정면도에서 모선과 만난 점 a', b',…d'를 평면도로 수선을 내려 정 육각 단면 a, b, c, d, b, a를 정한다. 이 단면을 기운 육각뿔의 실제 단면이라고 한다.

(다) 8'선을 기준면으로 끊었을 때 육각기둥의 단면 작도는 정면도의 $\overline{8'8'}$ 폭을 평면도 중심선에서부터 8점까지로 잡아 중심선과 나란하게 단면을 작성한다.

(라) 육각뿔의 단면 육각형a, b, c, d, b, a와 육각기둥의 단면인 사각형 8 8, e e간의 교차점 e를 상관점 이라고 한다.

(마) 위와 같은 방법으로 7'와 8'를 기준면으로 각각 공통 수평 절단하여 단면을 그리면 이때의 실제 단면으로 상관점을 구한다.

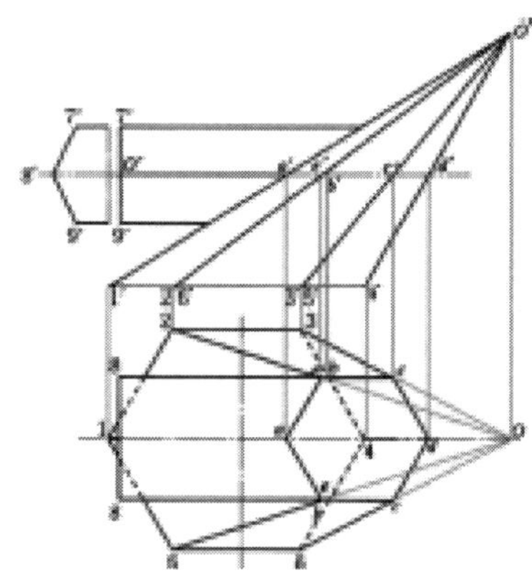

[그림 2-3] 기운 육각뿔과 육각기둥으로 이루어진 상관체를 평행 절단

2. 수직 절단한다.

(1) 정사각뿔과 정사각기둥으로 이루어진 상관체를 수직 절단한다.

(가) [그림 2-4]는 정사각뿔과 정사각기둥이 접합된 상관체로서 B-B 혹은 A-A면으로 끊었을 때의 단면이라고 한다.

(나) 상관점이나 상관선을 구하기 위해서는 공통 절단법을 이용하여 작도한다.

(다) 먼저 B-B면으로 절단하면 절단면은 평면도의 $\overline{23}$폭으로 밑면을 잡고 측면도 밑면 기준선에서 d점까지의 수직 거리를 높이로 하여 사다리꼴 모양의 단면을 그린다. 이때의 단면은 실제 단면이며 단면상의 $\overline{dd}$는 상관선이라고 한다.

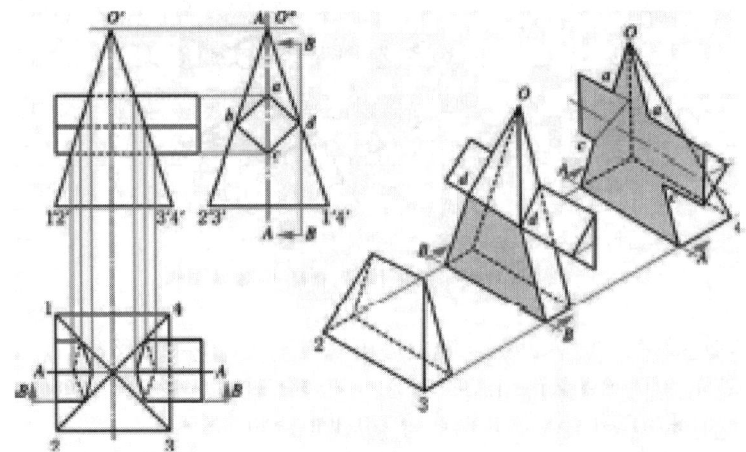

[그림 2-4] 정사각뿔과 정사각기둥으로 이루어진 상관체를 수직 절단

(2) 원뿔과 정사각기둥으로 이루어진 상관체를 수직 절단한다.

(가) [그림 2-15]는 원뿔과 정사각기둥이 접합된 상관체로서 수직 절단면에 의한 단면 작도한다.

(나) 평면도상에 원뿔의 중심축을 지나는 임의의 수직 절단면(0,6), (1,7), (2,8)을 그림과 같이 작도한다.

(다) 평면도상에 사각기둥과 수직 절단면과의 교점을 각각 a, b, c, d, e라 한다.

(라) 평면도상의 원뿔의 모선(A,1), (A,2)···(A,5)를 정면도에 A'1', A'2', ···A'5' 라 한다.

(마) 평면도상의 각 점 a, b, c, d, e를 정면도상에 옮기고 a', b', c', d', e'의 기호를 써놓는다. 이것은 (0,6), (1,7), (2,8)···(5,11)면으로 끊었을 때 사각기둥과 원뿔의 수직단면의 교차점에 의해 정한다.

(바) 정면도에서 c'점은 사각기둥의 단면이 정사각형을 이루고 그 중심이 원뿔의 중심과 일치하므로 그림과 같이 양 모선 A'O', A'6'상의 상관점의 높이와 같은 위치에 구한다.

3. 경사 절단한다.

(1) 수직 원뿔에 경사지게 만나는 원뿔을 경사 절단한다.

(가) [그림 2-6]은 꼭지점 O_2를 중심으로 O_2-X, O_2-Y면 등 몇 개의 면으로 절단하여 상관점을 구하는 것으로 작도 순서는 다음과 같다.

(나) 꼭지점 O_2를 중심으로 O_2-X면으로 절단하여 원뿔의 단면을 구한다. 정면도에서 r폭 만큼을 O_2- X 선에 나란하게 그은 O'_2- XO'선에서 r을 정

하여〉O'$_2$꼭지점과 㿝점을 연결하여 단면을 구한다.

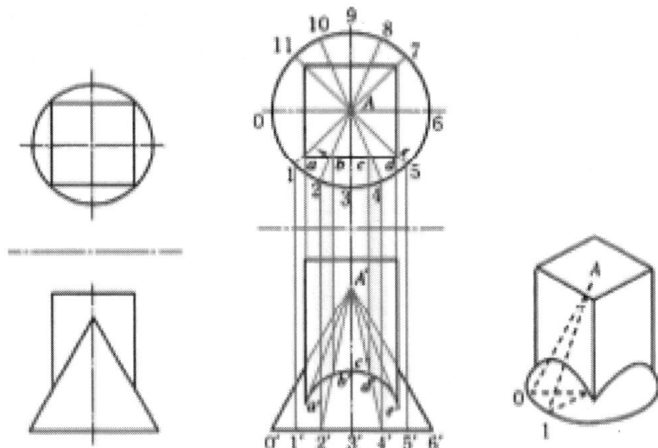

[그림 2-5] 원뿔과 정사각기둥으로 이루어진 상관체를 수직 절단

(다) 정면도의 절단면 O_2- X와 만나는 점을 외형선으로 수평 이동시켜 다시 평면도로 수선을 내려 동심원을 그린다. 이때의 x1, x2폭을 절단면상의 x1, x2로 정하여 타원형의 단면을 구한다.

(라) 절단면상의 만난 점 a, b를 얻고 $\overline{O2X}$선상으로 다시 이동시켜 P점을 구한다.

이때 단면과 단면의 교차점 a b와 정면도상의 상관점 P점을 구한다.

(마) 같은 방법으로 임의의 각 등분점을 지나는 절단면에서 만나는 점을 다시 이동시켜 각각의 점을 구한다(O_2-Y면, O_2-Z면).

(바) 각 점을 원활한 곡선으로 연결한다.

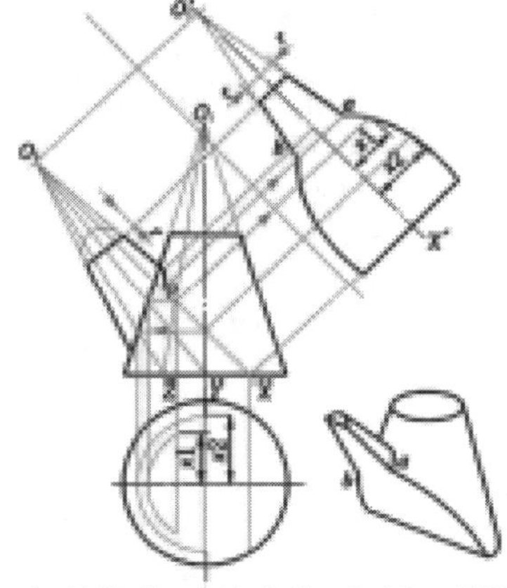

[그림 2-6] 수직 원뿔에 경사지게 만나는 원뿔을 경사 절단

(2) 정육각뿔에 경사로 붙은 육각기둥의 상관체를 경사 절단한다.

(가) [그림 2-7]에서 육각기둥의 모선의 길이 F-G, H-J, K-L, M-N 선상으로 절단면 기준을 정하여 절단한 절단면의 실형을 작도한다.

(나) [그림 2-7]에서와 같이 정면도의 육각뿔과 H-J 절단면과 만난점을 평면도로 수선을 내려 육각뿔의 모선에 만난점을 정한다.

(다) [그림 2-8]에서와 같이 절단면 H-J와 나란하게 중심선을 긋고 여기에 평면도의 육각기둥의 폭과 육각뿔의 절단면 투상 $\overline{op}$, $\overline{mn}$폭을 잡아 절단면 실형 작도의 $\overline{op}$와 $\overline{mn}$으로 정하여 단면을 작도한다.

(라) 같은 방법으로 절단면 K-L에 대한 평면도의 투상과 절단면 실형을 그린다. 이때 육각기둥의 단면 과 육각뿔의 단면이 만나는 점을 상관점이라고 한다.

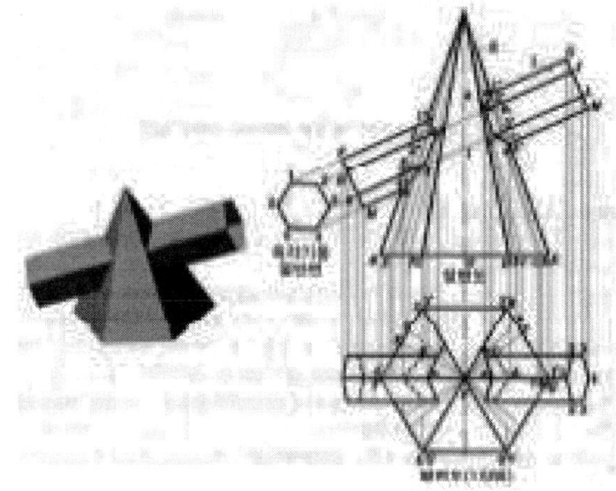

[그림 2-7] 정육각뿔에 경사로 붙은 육각기둥의 상관체를 경사 절단

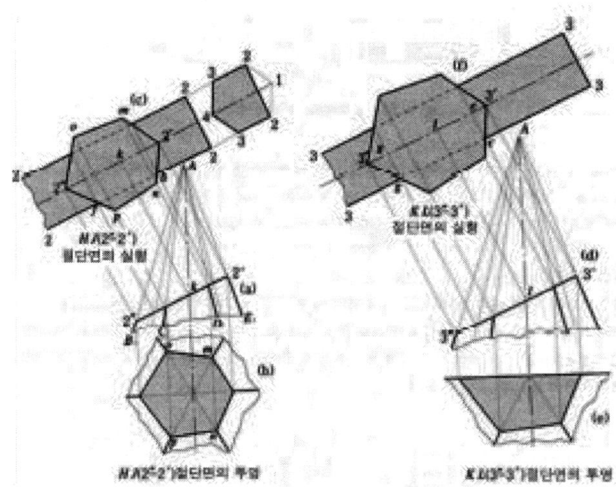

[그림 2-8] 정육각뿔에 경사로 붙은 육각기둥의 상관체의 단면도

❷ 상관선 작도한다.

1. 직선 교점법으로 상관선을 구한다.

(1) 정사각기둥과 수평 삼각기둥의 상관선을 구한다.

[그림 2-9]는 정사각기둥과 수평삼각기둥이 교차된 상관체로서 상관선 작도는 다음과 같다.

(가) 정사각기둥의 면은 평면도에서 정확한 실장 단면으로 나타나고 수평 삼각기둥의 각 모서리가 정 사각기둥을 뚫는 점 1, 2, 3, 4가 평면도에서 즉시 구한다.

(나) 정면도에서 이미 구해진 평면도의 상관점 1, 2, 3, 4점을 수선으로 내려 정면도 상에서 상관점을 구한다.

(다) 정사각기둥의 모서리가 삼각기둥을 뚫는 점 3, 5는 정면도와 평면도만으로는 직접 구할 수 없으나 측면도를 만들면 삼각기둥의 면(상관선)이 모두 나타나게 되어 즉시 정면도에서 상관점을 구한다.

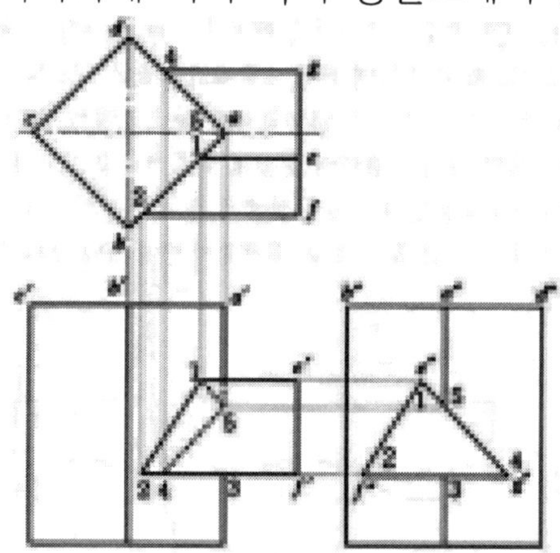

[그림 2-9] 정사각기둥과 수평 삼각기둥의 상관선

(2) 원기둥과 삼각기둥의 상관선을 구한다.

(가) [그림 2-10]은 직립 원기둥과 수평으로 붙은 삼각기둥의 상관체로서 평면도에서 정확한 상관선이 나타나므로 삼각기둥의 모서리가 원기둥 면을 뚫는 점을 구한다.

(나) 원기둥의 직선 면소(그림에서는 원둘레를 12등분)가 삼각기둥을 뚫는 점은 측면도에서 정확히 나타나므로 즉시 구한다.

(다) 평면도에 나타난 12등분점 1, 2, 3…11은 원기둥과 삼각기둥이 교차되는 상관선이다. 또 측면도에서의 1, 2, 3…11도 상관선이다. 그러므로 양 투상도에서 나타난 상관점을 이용하여 정면도의 상관선을 구한다.

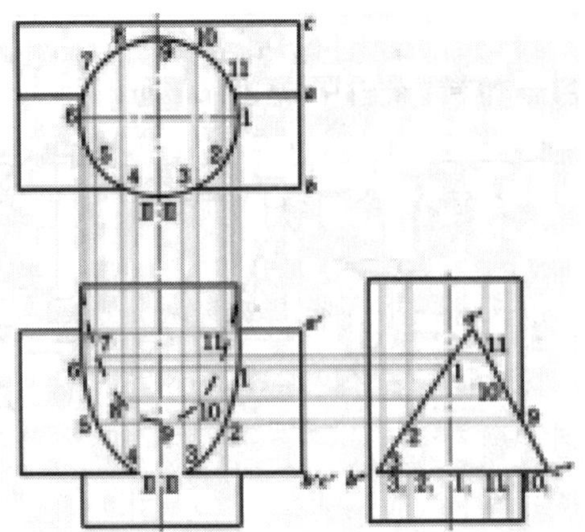

[그림 2-10] 원기둥과 삼각기둥의 상관선

(3) 직경이 다른 T형 원통의 상관선을 구한다.

[그림 2-11]은 직경이 다른 T형 원통관으로서 상관선을 구하는 원리는 다음과 같다.

(가) T형관의 상관선은 정면도 및 측면도에 관한 A물체의 반원을 그린다.

(나) 이 반원둘레를 6등분한 다음 측면도의 반원둘레의 등분점에서 관 A의 중심선에 평행하게 선을 내려 긋고 관 B의 원둘레와 만나는 점에서 정면도에 수평선을 긋는다.

(다) 이들의 수평선과 정면도의 반원둘레의 등분점에서 관 A의 중심선에 평행하게 선을 내려 긋는다.

(라) 이 선들의 만나는 교점 1', 2', 3'를 구하고 곡선으로 연결하면 상관선이 된다.

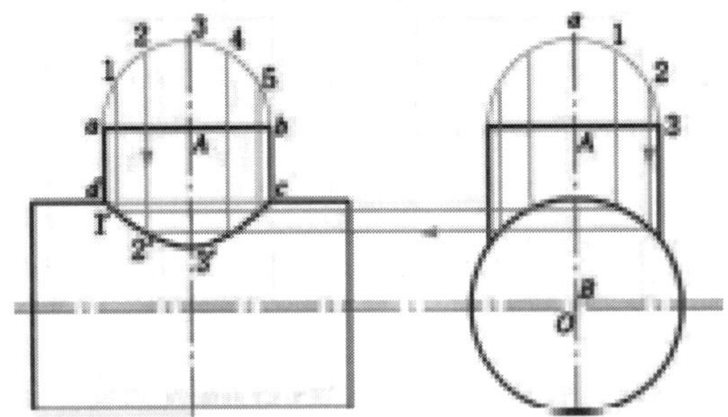

[그림 2-11] 직경이 다른 T형 원통의 상관선

(4) 직경이 다른 경사 T형 원통과의 상관선을 구한다.

(가) [그림 2-12]와 같은 평면도에서 경사 원기둥을 12등분하여 직립 원기둥

으로 연결한 다음 평면도에 각각 이 a, b, c,··· e를 정하면 이것이 평면도에서 접하는 상관선이라고 한다.

(나) [그림 2-12(a)]에서 경사로 붙은 원기둥에 따라 보조 투상도를 그리면 이것에서 나타난 1, 2, ···5점을 따라 이루는 원을 상관선으로 정한다.

(다) 평면도에서 12등분된 점 1, 2, ··· 12를 정면도로 수선을 내려 정면도의 등분점 1', 2', 3', ··· 7'을 정한다.

(라) 정면도의 1', 2', 3' ···를 따라 등분선을 만들고 평면도에 나타난 a, b, c, ··· e점을 정면도로 수선을 세워 교차점을 구하면 정면도에서 상관선을 구한다.

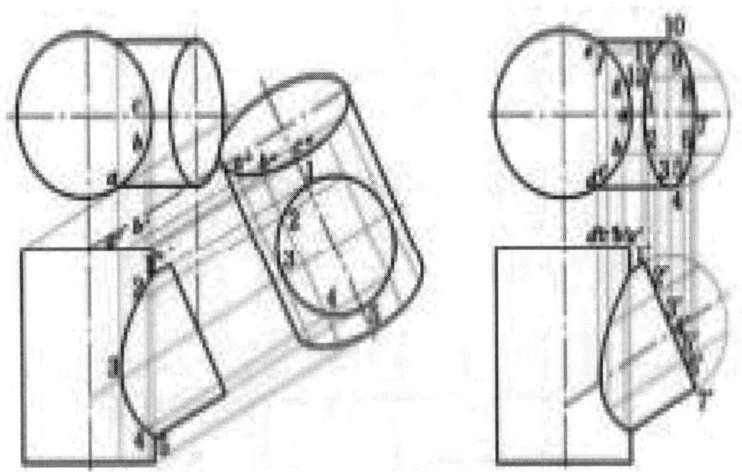

[그림 2-12] 직경이 다른 경사 T형 원통과의 상관선

(5) 2개의 삼각기둥의 상관선을 구한다.

(가) [그림 2-13]과 같이 평면도에서 수평 삼각기둥의 모서리를 나타내는 선을 수직 삼각기둥과 만나도록 연장하고, 그림과 같이 1, 2, 3, ···7을 구한다.

(나) 측면도에서 수직 삼각기둥의 모서리를 나타내는 선을 수평 삼각기둥과 만나도록 연장하고, 평면도 위의 각 점 1, 2, 3, ···7에 상용되는 점에 1", 2', 3", ···7"를 구한다.

(다) 평면도 위의 각 점 1, 2, 3, ···7에서 수직이 되게 내린 선과 측면도 위의 각 상응점1", 2', 3", ···7"에서 수평하게 그은 선과의 교점을 구하여 1', 2', 3', ··· 7'를 써 넣고 상관선을 구한다.

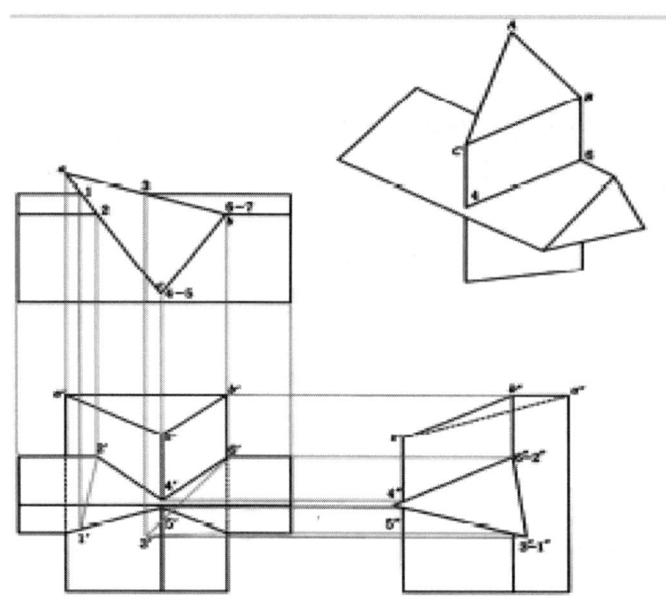

[그림 2-13] 2개의 삼각기둥의 상관선

2. 절단도법으로 상관선을 구한다.

(1) 지름이 다른 T자관의 상관선을 구한다.

[그림 2-14]는 지름이 다른 T관을 수평으로 자른 단면도를 그려서 상관점을 구하는 방법을 나타낸 것이다. 정면도를 X-X선상의 수평으로 자르면 단면의 평면도는 수직으로 놓인 원통의 단면 원과 측면도에서 폭 만큼을 갖는 네모꼴로 되며, 원과 네모꼴과의 만나는 점 a, b, c, d는 상관점이 된다. 절단면 X-X의 위치를 위 아래로 이동하여 원과 네모꼴과 만나는 점을 몇 개 구한 다음 이것을 곡선으로 이어서 상관선을 구한다.

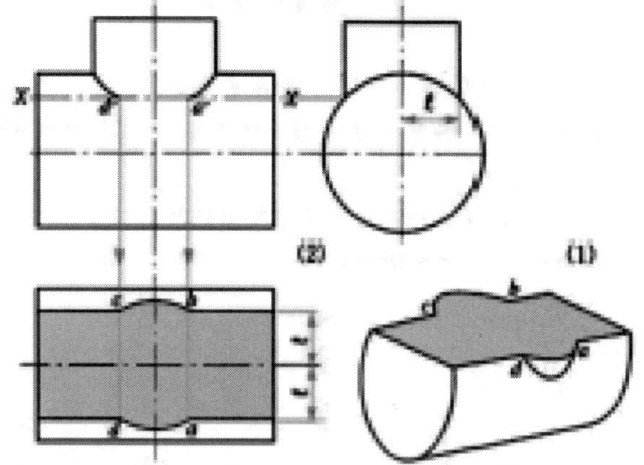

[그림 2-14] 지름이 다른 T자관의 상관선 구하기(1)

또 [그림 2-15]는 지름이 다른 T자관을 세워 세로로 자른 단면도를 그려 상관 점을 구하는 방법을 나타낸 것이다. 측면도를 X-X로 세로를 자르면 단면의 실형은 2개의 네모꼴이 되며, 그 만나는 점 a, b는 상관점이 된다. 이것은 정면도와 측면도만으로도 상관선을 구한다.

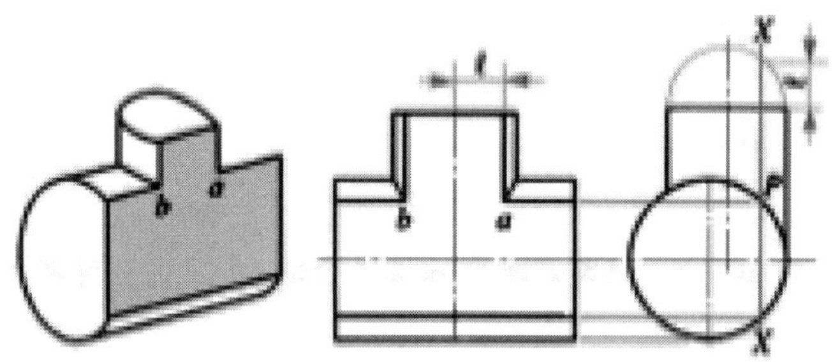

[그림 2-15] 지름이 다른 T자관의 상관선 구하기(2)

(2) 지름이 다른 경사 T자관의 상관선을 구한다.

[그림 2-16]은 경사되어 교차하는 두 원통의 상관 점을 구하는 방법을 나타낸 것이다. 정면도를 기울어진 관의 중심선에 평행한 평면 X-X로 자르면, 단면의 측면도는 원과 네모꼴이 되어 그 교점 값 강는 상관점이 된다. X-X를 평행 이동하여 몇 개의 교점 P를 구한 다음 이러한 점들을 곡선으로 연결하면 상관선을 구한다.

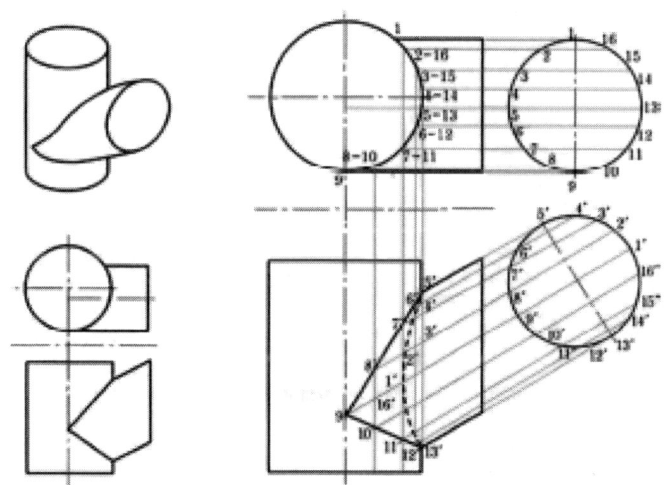

[그림 2-16] 지름이 다른 두 원통의 상관선 구하기

(3) 원통과 원뿔의 상관선을 구한다.

[그림 2-17]은 원통과 원뿔로 이루는 상관체의 상관선을 수평 절단면을

이용하여 구하는 방법을 나타낸 것이다.

(가) 정면도에 수평 원기둥의 단면도를 그리고 그림과 같이 임의의 등분(그림에서는 6등 분)을 한다. 각 등분점에서 수평 원통의 중심선과 나란한 선 1',1', 2',2',… 7',7'를 작도 한다. 이들 선은 상관체를 밑면에 나란한 평면으로 자른 7개의 수평 절단면을 나타나게 한다.

(나) 수평 절단면을 평면도에 그림과 같이 동심원으로 한다.

(다) 평면도에 수평 원통의 반 단면도를 그리고 정면도에서와 같이 임의의 등분(그림에서는 6등분)을 한다. 정면도에서 그린 원통의 단면도에서 점 1'는 가장 높은 점을, 점 7'는 가장 낮은 점을 나타낸다. 그러나 평면도에서 그린 반 단면도에서는 점 1과 점 7은 겹쳐 나타난다. 또, 정면도에 그린 단면도의 점 4'는 상관체의 앞부분에 있는 점이므로, 평면도에서는 아랫부분에 점 4가 오게 한다.

(라) 평면도에 그린 단면도의 각 등분점 1, 2, 3…에서 원통의 중심축과 나란한 선을 긋고, 상응되는 수평 절단면과의 교점을 이으면 평면도상의 상관선을 완성한다.

(마) 평면도에 그려진 상관선의 각 점에서 내린 수직선과 정면도상의 상응되는 수평 절단선과 만나는 점을 이으면 정면도상에 구하는 상관선을 완성한다.

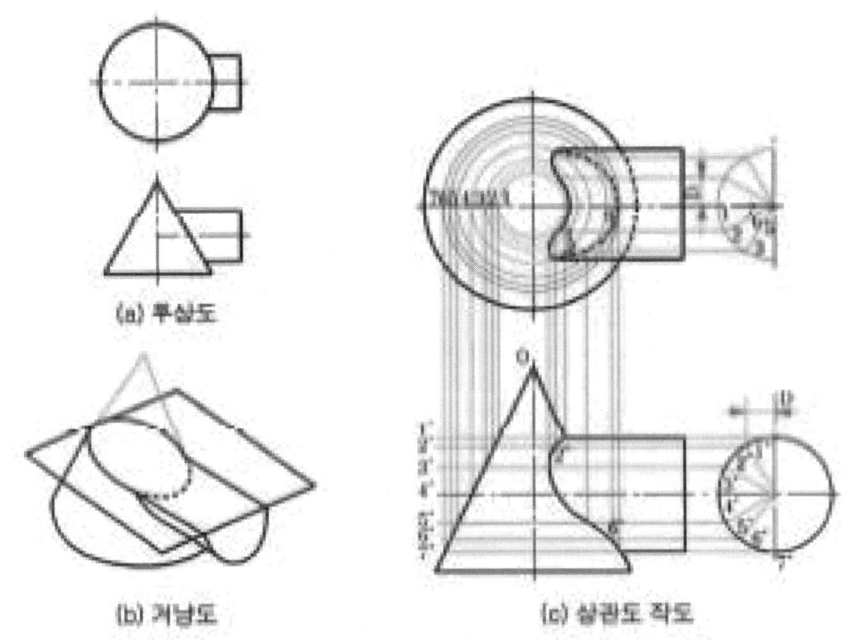

[그림 2-17] 원통과 원뿔의 상관선 구하기

수행 내용 / 2-2 전개도 작도의 이해하기

재료 · 자료

- 제도용지, 함석판, 철판

기기(장비 · 공구)

- 삼각자, 제도용 연필, 지우개, 컴퍼스, 디바이더, 각도기

안전 · 유의사항

- 도면 및 각종 자료 등의 정리·정돈을 한다.

수행 순서

❶ 평행선 전개도를 작도한다.

1. ㄱ형 원통(2편 엘보)을 전개한다.

   ㄱ형 원통은 45°의 방향으로 경사지게 절단한 두 개의 지름이 같은 원기둥을 연결한 [그림 2-18]과 같은 모양이 된다.

   (1) 원기둥의 평면도 및 측면도의 반원주를 6등분하여 각 등분점을 0, 1, 2, …6으로 표시하고 등분점에서 수평 또는 수직 연장선을 그어 원기둥에 12줄의 면소를 그리고 a'→b'의 연장위에 원둘레의 1/12 만큼씩 12개 취하여 $\overline{ABA}$의 길이를 원 둘레와 같게 한다.

   (2) 지름이 서로 같은 두 원기둥이 만나면 직선으로 상관선을 표현한다.

   (3) $\overline{ABA}$의 각 등분점에서 수선을 세우고 0', 1', 2', …6'에서 수평방향으로 그은 평행선과의 각 교점 0", 1", 2", …6"…0"을 구한다.

   (4) 각 교점을 원활하게 이어서 전개도를 완성한다.

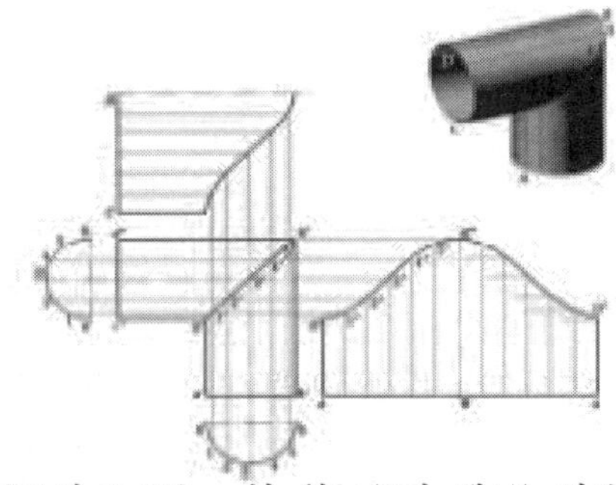

[그림 2-18] ㄱ형 원통(2편 엘보) 전개하기

2. 반원으로 절단된 원기둥을 전개한다.

[그림 2-19]는 윗부분이 반원으로 절단된 원기둥이다.

(1) 평면도의 원둘레를 12등분하여 각 등분점에서 정면도의 $\overline{g'a'}$에 수선을 작도한다.

(2) 이들의 수선이 정면도의 절단선호(반원)와 만나는 점을 0', 1', 2', …6'라 하고, 정면도의 $\overline{g'a'}$에 연장선을 그은 후 원주의 길이(2 R)를 잡고 이것을 12등분한 후 수선을 작도한다.

(3) 정면도의 절단면 0', 1', 2', … 6'에서 수평선으로 그은 평행선과 수선이 대응하여 만나는 점 3, 4, 10, 11, 0, 1, 2, 3을 구한다.

(4) 각 교점을 원활한 곡선으로 연결하여 전개도를 완성한다.

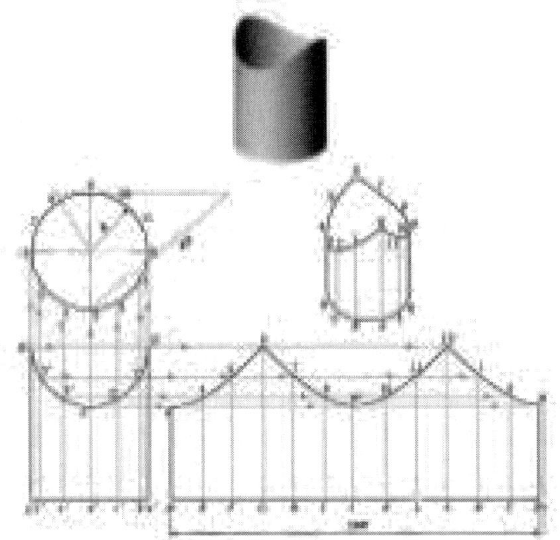

[그림 2-19] 반원으로 절단된 원기둥 전개하기

3. 경사지게 절단한 직원기둥을 전개한다.

[그림 2-20]은 축이 기운(정면 평행) 직원기둥의 상하를 수평 평면으로 절단한 것이다. 축에 평행한 시선에 의한 부평면도를 그리면 축과 면소는 점으로 나타난다.

(1) 보조투상 평면의 원둘레를 12등분하여 0", 1", 2", … 6", 0"라 하고 각 등분점에서 정면도의 축에 평행하게 선을 긋고, 원기둥의 끝단과 만 0'0', 1'1', 2'2', 3'3', 4'4', … 6'6'을 작도한다.

(2) 면소 간격의 실제 길이는 부평면도의 원둘레를 12등분한 길이(0"1")와 같으므로 정면도의 $\overline{0'0'}$와 평행하게 이 간격으로 13개(원둘레 길이)의 평행선을 작도한다.

(3) 다음은 0', 1', 2', … 6'의 각 점을 $\overline{0'0'}$ 수선(직각)으로 작도한다.

(4) 서로 대응하는 평행선과의 만나는 점 1, 2, 3…6…9…0을 구한다.

(5) 이들의 각 점들을 원활한 곡선으로 이어서 전개도를 완성한다.

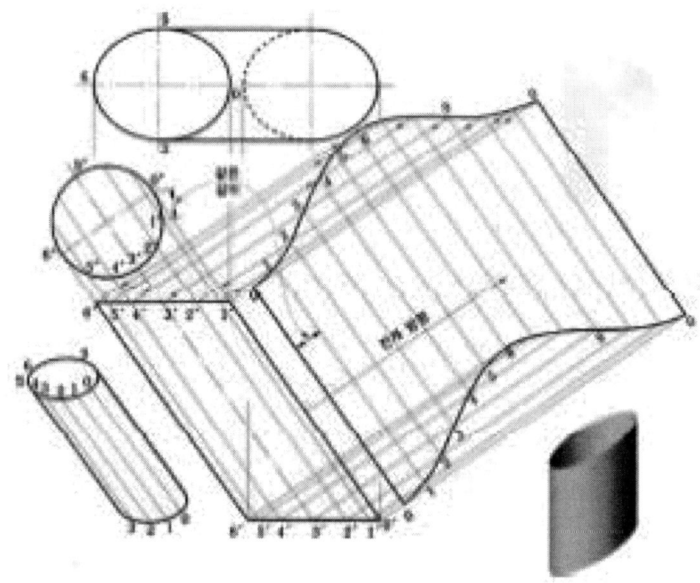

[그림 2-20] 경사지게 절단한 직원기둥 전개하기

4. 경사진 연결관을 전개한다.

[그림 2-21]과 같은 원통은 수평 또는 수직으로 절단하면 단면이 원이 되고, 원통의 중심 수직으로 절단하게 되면 단면이 타원이 되는 물체이다.

(1) 중심선을 수평, 수직으로 긋고 치수에 맞추어 45°경사지게 원통의 중심선을 그리고 2개의 원으로 이어서 기운 원기둥을 작도한다.

(2) 타원의 중심 4'에서 양쪽으로 반원을 8등분하고 수선을 내려 0', 1', 2'… 8'를 정한다.

(3) 정면도의 0'와 0', 1'와 1', 8'와 8'선을 작도한다.

(4) 정면도의 교점 0', 1', 2'… 8'에서 $\overline{0',0'}$에 수직선을 전개방향으로 작도한다.

(5) 원둘레의 1/16등분의 길이 $\widehat{0''2''}=\widehat{1''2''}=\widehat{2''3''}\cdots\widehat{7''8''}$되게 전개해 나간 분활선과의 교점 0, 1, 2, …8을 구한다.

(6) 유의할 점은 $\overline{00}$와 $\overline{11}$사이의 간격, $\overline{77}$와 $\overline{88}$의 간격이 일정하지 것이 원통의 전개와 다른 점에 주의한다.

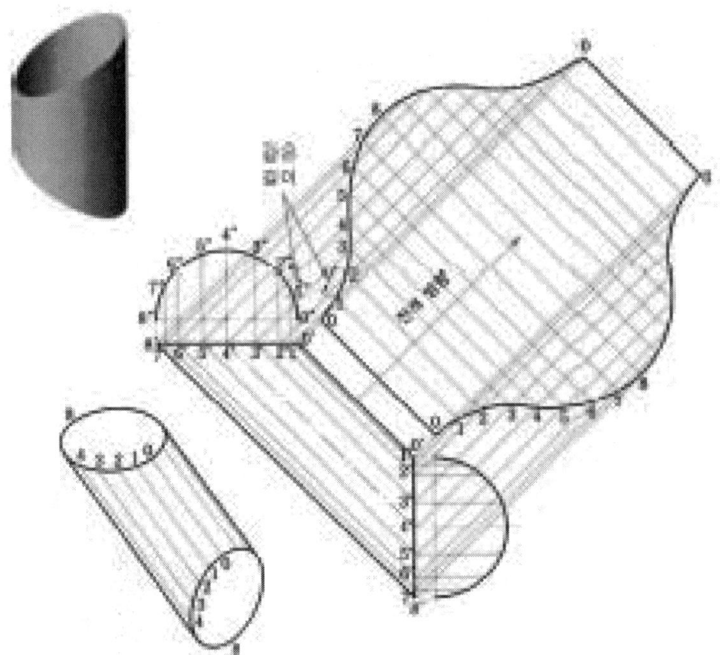

[그림 2-21] 경사진 연결관 전개하기

5. 맞뚫린 구멍이 있는 원기둥을 전개한다.

[그림 2-22]는 맞뚫린 구멍이 있는 원기둥이다

(1) 정면도의 c' →a'를 연장하여 $\overline{AA}$를 면도의 원둘레의 길이(평면도의 파선은 원둘레의 근사치를 구하는 작도법이다. ㉮㉯㉰㉱㉲는 그 작도 순서로 1-1 "마"항 참조)와 같게 잡아 그 길이를 4등분하여 얻는 점을 B, C, D라 정한다.

(2) 정면도의 원을 12등분하여 등분점을 0', 1', 2'…6'라 한다.

(3) 이들의 점을 지나는 면소 c', a' 을 작도한다.

(4) 평면도의 원둘레 위에 그 대응점 0, 1, 2…6을 구한다.

(5) 전개도 점 B를 기준으로 평면도의 $\widehat{01}$, $\widehat{12}$,…$\widehat{56}$과 같은 길이로 0'', 1'', 2'' … 6''를 잡고 수선을 작도한다.

(6) 평면도 0', 1', 2'…6'에서 수평으로 그어 만나는 교점 0''', 1''', 2''', …6'''를 구한다.

(7) 이들의 만나는 점을 원활한 곡선으로 이어서 전개도를 완성한다.

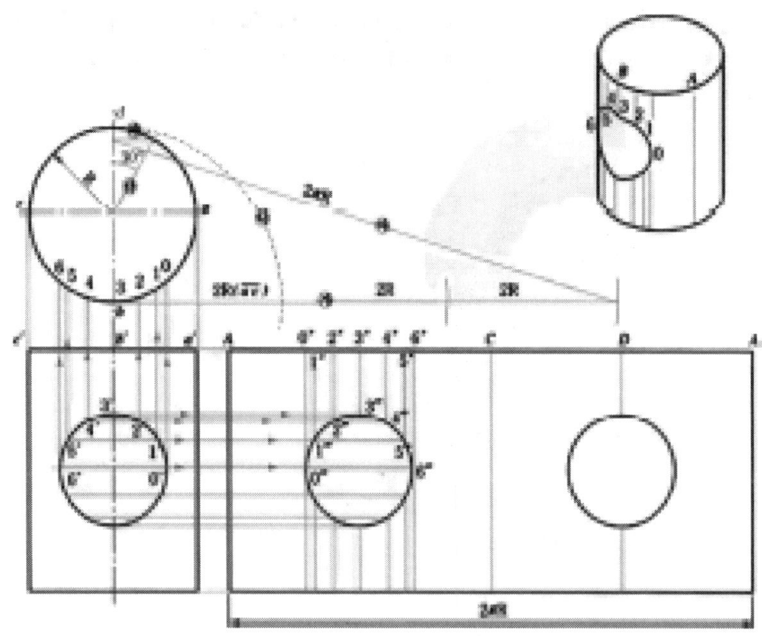

[그림 2-22] 맞뚫린 구멍이 있는 원기둥 전개하기

6. 4편 L형 원통(4편 엘보)을 전개한다.

[그림 2-23]은 4편 L형 원통이다. 보통 도면에는 반지름(R)과 편수(n)가 주어진다.

(1) 원관의 굵기와 휘어진 정도에 의해서 정사각형 OXYZ를 그린다. ∠XOZ {를 6등분하고 그 분활선을 수평에 가까운 것으로부터 ⓐⓑⓒⓓⓔ의 번호를 부여한다.

(2) 원통의 축을 지나는 원호(반지름 $\overline{OT}$), 바깥쪽에 접하는 원호(반지름 $\overline{OX}$), 안쪽에 접하는 원호(반지름 $\overline{OV}$)를 작도한다.

(3) 분활선 ⓑ 및 ⓓ와 원호들과의 교점에서 원호에 접선을 그으면 관[Ⅱ,Ⅲ]의 축선과 외곽선이 되며, 관[Ⅰ]과 [Ⅱ]의 교선을 분활선 ⓐ, 관[Ⅱ]과 [Ⅲ]의 교선은 분활선 ⓒ, 관[Ⅲ]과 [Ⅳ]의 교선은 분활선 ⓔ와 일치한다.

(4) 반원둘레를 6등분하고 각각의 관에 12줄의 면소를 긋고, 관의 교선과 만나는 점을 0', 1', 2'…6'로 한다.

(5) 관 [Ⅱ]의 전개는 분활선 ⓑ의 연장 축선상에 원둘레의 1/12만큼씩 12개 취하여 관[Ⅱ]의 둘레와 길이가 같게 한다. 축선상의 각 등분점에서 수선을 세우고 분활선 ⓐ, ⓒ선상의 각 점 0', 1', 2'…6'에서 분활선 ⓑ와 나

란하게 그은 평행선과의 각 교점 00, 11, 22,…66,…00을 구한다.

(6) 각 교점을 원활하게 이으면 관[Ⅱ]의 전개도를 얻을 수 있으며, 관[Ⅲ]은 같은 방법으로 구한다.

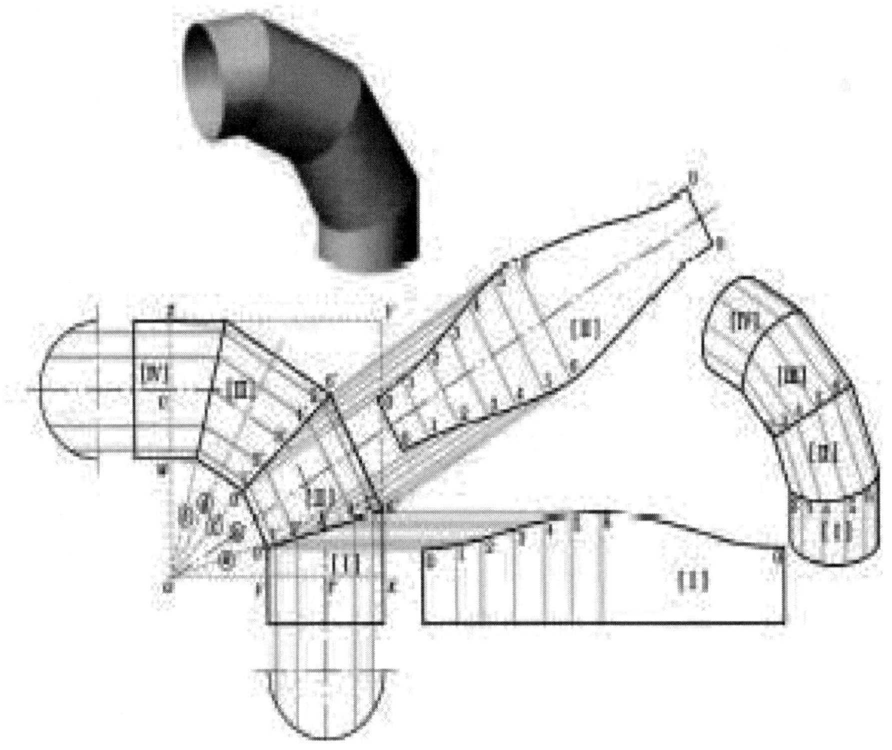

[그림 2-23] 4편 L형 원통(4편 엘보) 전개하기

7. 직교하는 이경 원기둥을 전개한다.

[그림 2-24]는 4편 L형 원통이다. 보통 도면에는 반지름(R)과 편수(n)가 주어진다.

(1) 정면도와 측면도의 두 원통을를 그린 후 반원주 $\widehat{AB}$를 6등분하여 A, 1, 2,…B를 정하고 중심선과 평행선을 작도한다.

(2) 측면도의 반원주 3, 2,…E의 등분점을 중심선과 평행선 수선을 긋고 원호와 만나는 점 3', 2', 1, d'라 한다.

(3) 이들의 점을 D, C에 평행선을 그어 서로 만나는 교점을 연결하여 곡선인 상관선을 구한다.(지름이 같은 두 원통이 수직으로 만나면 상관선은 직선으로 나타난다.)

(4) 전개도(2)를 완성하기 위하여 반원주 $\widehat{MN}$의 길이로 $\overline{M'N'}$를 작도한다.

(5) $\widehat{d1'}$, $\widehat{1'2'}$, $\widehat{2'3'}$각 선의 길이를 전개도(2)의 $\overline{M'N'}$ 등분점 d'를 중심으로

순차적으로 d', 1'', 2'', 3''로 옮긴 후 $\overline{M'N'}$에 대하여 수선을 작도한다.

(6) 반원주 $\widehat{AB}$의 등분점 A, 1, 2,…B점을 $\widehat{AB}$에 수선으로 연장하고 정면도의 수직선과 만나는 점을 구한다(같은 번호).

(7) 동일 번호를 찾아 완만하게 곡선으로 연결하여 완성한다.

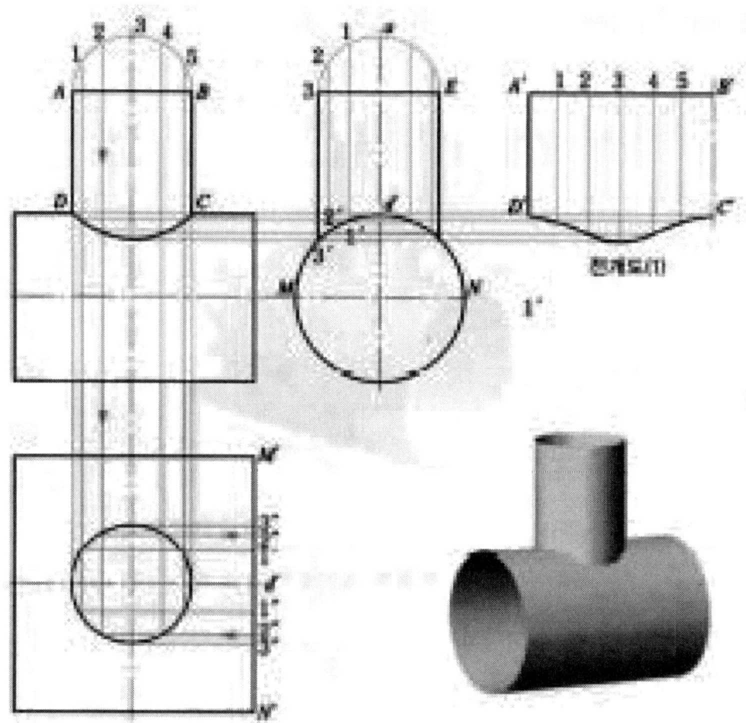

[그림 2-24] 직교하는 이경 원기둥 전개하기

8. 형 분기관(45° · 형관)을 전개한다.

[그림 2-25]는 같은 지름의 직원기둥이 경사지게 만난 분기관이다.

(1) 원통의 지름과 같은 원을 그리고 12등분하여 각 점에서 수선을 작도한다.(이때에도 앞에서 설명한 것과 같이 정면도에서는 상관선이 직선으로 나타난다.)

(2) 양쪽에 12개의 면소를 그어 그것들이 상관선 위에서 만난점을 a', b', c' … g'라 한다.

(3) 기운 원기둥의 끝면 01 …61의 연장 위에 01', 11', 21', …61'을 잡아 그 간격을 원둘레의 1/12의 길이와 같게 한다.

(4) 상관선 위의 점 a', b', c' … g'로부터 전개 방향(기운 원기둥의 축에 수직인 방향)에 평행선을 그어 01', 11', 21', …로부터 전개 방향에 수직(기

운 원기둥의 축에 평행)으로 그은 각 면소와의 만나는 점을 구하고 각 점들을 원활하게 연결하여 분기관의 전개도를 완성한다.

(5) 직립 원기둥에 대해서도 상단 0' …6'의 연장 위에 0, 1, 2 …6을 잡아 그 간격을 원둘레의 1/12의 길이와 같게 한다.

(6) 상관선 위의 점 a', b', c' … g'로부터 전개 방향에 평행선을 그어 0, 1, 2, 3으로부터 수직으로 그은 각 면소와의 만나는 점을 구하고 각점들을 연결하여 직립 원기둥의 전개도를 완성한다.

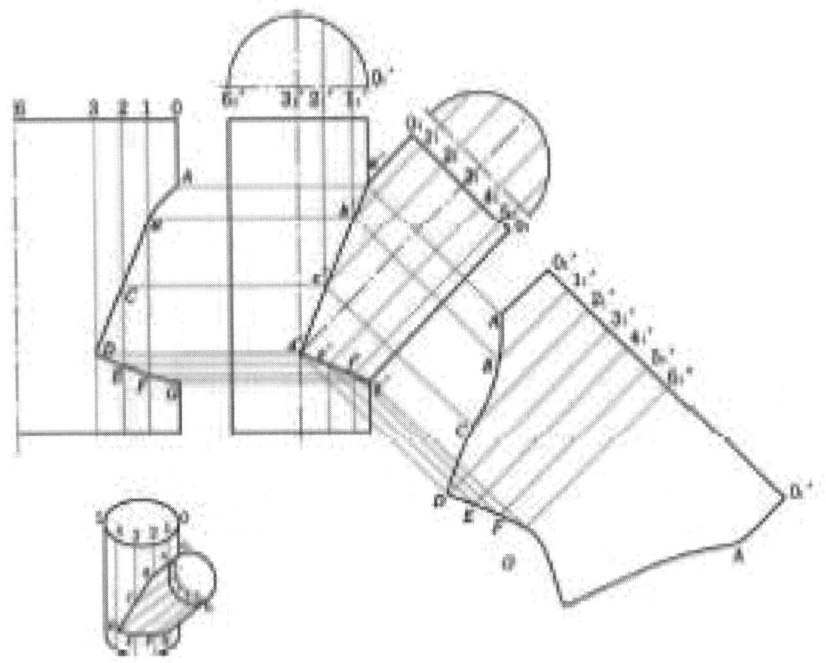

[그림 2-25] 형 분기관(45° 형관) 전개하기

9. 보강편 달린 L형 원통을 전개한다.

[그림 2-26]과 같이 안쪽에 세모진 조각을 가지는 L자 모양을 가진 원통이다.

(1) 보강판 3', 0', 0'을 전개하기 위하여 보강판 위에 그은 간격을 알아야 한다. 그러하기 위해서는 보강판의 면소가 점으로 보이는 투상도를 작도한다.

(2) 보강판은 기둥의 일부로 부투상도에 그 기둥면의 수직 단면을 작도한다.

(3) 보조 투상도를 그리기 위하여, 면소 0'0'에 평행하게 1'1', 2'2', 3'선을 작도한다.

(4) 3'의 연장선 위에 X, Y의 수직선을 세우고, 반원주의 등분점에서 내린 길이(R)를 X, Y축에서 양쪽으로 1"11", 2"10"3"9"로 점을 구하여 이들의 선을 연결하여 보강판의 투상도를 완성한다.

(5) 보강판의 전개 방향은 $\overline{0'0'}$에 수직인 방향으로 점 3', 2' 1' 0'에서 수선으로 한다.

입체도에서 점 3과 $\overline{22}$사이의 간격을 부투상도의 $\widehat{3''2''}$와 같게, $\overline{22}$와 $\overline{11}$사이의 간격을 $\widehat{2''1''}$와 같게 $\overline{11}$과 $\overline{00}$점사이의 간격을 $\widehat{1''0''}$와 같게 구한다.

정면도의 0', 1', 2', 3'로부터 전개 방향에 평행선을 그어 만나는 점을 얻어 각 점을 원활한 선으로 연결한다.

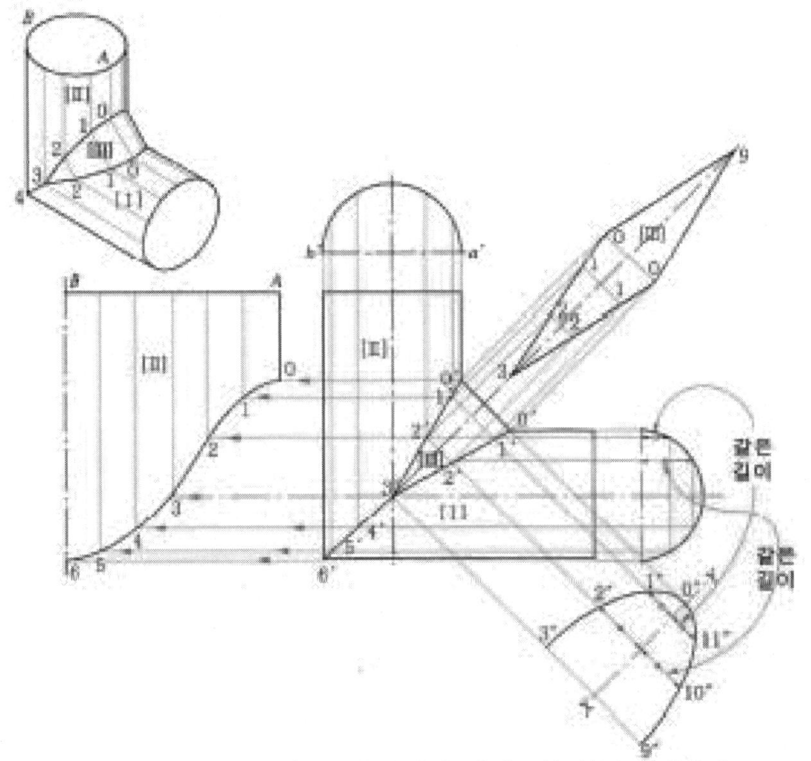

[그림 2-26] 보강편 달린 L형 원통 전개하기

10. 4편 엘보에 경사진 분기관을 전개한다.

[그림 2-27]은 4조각 엘보에 경사진 분기관의 형태이다.

(1) 작도법에 유의하면서 주어진 치수대로 정면도를 작도한다.

(2) 작은 원통의 반원을 6등분하여 중심선을 따라 평행하게 이동시키고, 원통의 반원을 공통절단법에 의해 cp1~cp4를 정하고 중심선을 기준으로

x,y길이를 부여한다.

(3) x와 y의 거리를 큰 원의 원주에서 평행 이동시켜 cp1～cp4의 동일한 공통 절단선을 옮긴 후 원주와 만나는 점을 관의 중심을 따라 평행하게 이동한다.

(4) 절단면 cp1～cp4를 이용하여 분기관과 만나는 1'', 2'', …7''을 찾아서 상관선을 구한다.

(5) 상관점 1'', 2'', …7''을 분기관에 수직 평행선을 긋고 원주와 같은 길이로 12등분하여 만난점을 원활한 곡선으로 연결하여 분기관의 전개도를 완성한다.

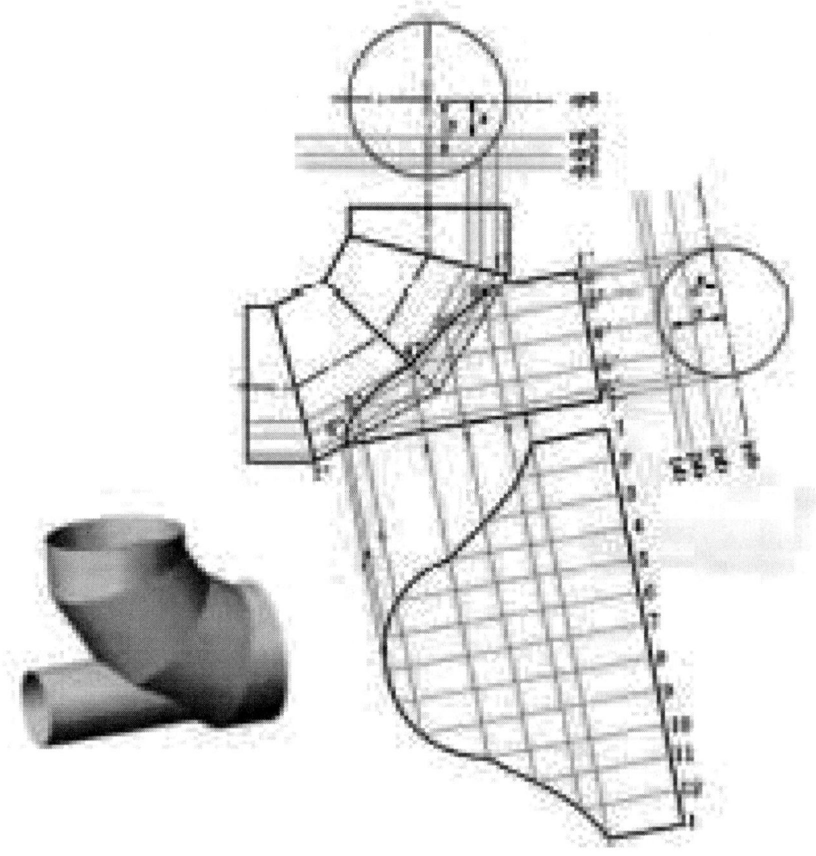

[그림 2-27] 4편 엘보에 경사진 분기관 전개하기

❷ 방사선 전개도를 작도한다.

1. 상단부가 경사지게 잘린 정육각뿔을 전개한다.

[그림 2-28]은 상단부가 경사지게 잘린 정육각뿔이다.

(1) 평면도를 먼저 그려야 한다. 평면도에 표시한 선과 해당되는 기호를 정면도에 그대로 표시한다.

(2) 정면도에서 직선으로 절단했을 때의 형상을 위에서 바라본 대로 그린다. 즉, $\overline{V'c'}$를 통과한 3'를 수직으로 평면도에 옮겨 평면도의 $\overline{Vc}$와 만나는 점 3을 얻는다. 나머지 4',2', 1'도 동일한 방법으로 점 4, 2, 1을 구한다.

(3) $\overline{Va}$가 기선에 평행이므로 V'a'는 실장으로 한다.
또, $\overline{Va}=\overline{Vb}=\overline{Vc}=\overline{Vd}=\overline{Ve}=\overline{Vf}$이므로 정육각뿔의 모든 모서리 실장은 V'a'로 나타난다. 그러므로 $\overline{v3}$, $\overline{v2}$도 $\overline{Va}$로 옮겨서 수직으로 내리서 작도한다.(정면도의 3', 2'를 수평으로 옮긴 것과 같은 효과를 나타낸다.)

(4) 꼭지점 V를 축으로 A'a'의 길이로 원호를 그려 정육각뿔 한 변의 길이 $\overline{ab}$로 분할하고, 절단부는 $\overline{V'2r'}$를 전개도의 $\overline{VB}$선 위의 $\overline{V2}$로 옮기고 다른 점도 동일요령으로 한다. 그리고 각 점들을 직선으로 연결하여 전개도를 완성한다.

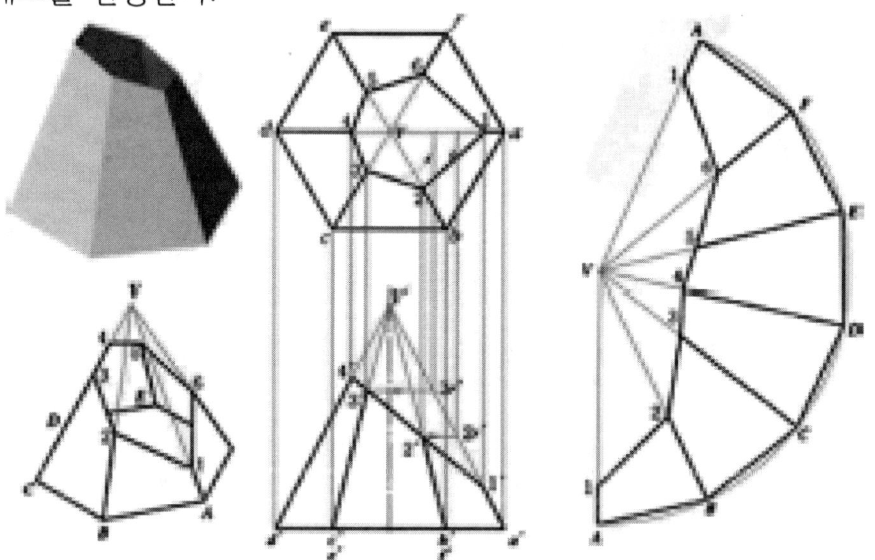

[그림 2-28] 상단부가 경사지게 잘린 정육각뿔 전개하기

2. 상단부가 경사지게 잘린 원뿔을 전개한다.
[그림 2-29]는 머리가 경사지게 절단된 모양의 원뿔이다.

(1) 평면도의 원을 12등분하여 각 점을 정면도의 밑변에 내려 a', b', c', … l'를 정해서 꼭지점, V'로부터 연결하여 절단선과의 교점 0', 1' … 6'을 구한다.

(2) 절단면의 형상을 평면도에 그리는 방법은 0', 1' … 6'로부터 수직선을 세

워 평면도의 대응점을 찾아 0, 1, …11을 구하여 타원형을 그린다. 또, 한 가지 방법은 정면도의 $\overline{0'6'}$의 중점 m'를 지나는 수평면으로 원뿔을 절단하면 절단면의 평면도는 원이 된다.

이 원과 m'를 수직으로 세운 선과의 교점 m, n을 구하여 $\overline{mn}$을 단축, $\overline{06}$을 장축으로 하는 타원을 작도한다.

(3) 절단선의 실장은 0', 1', … 6'를 수평 이동하여 V'a'와 만나는 점들을 구한다.

(4) V"를 축으로 하여 V'a'의 실장으로 원호를 그리고, 1/12등분 길이로 분할하여 A, B, C, …L, A로 하고 이 점들을 꼭지점, V"와 연결하여 원뿔 전체의 전개도를 완성한다.

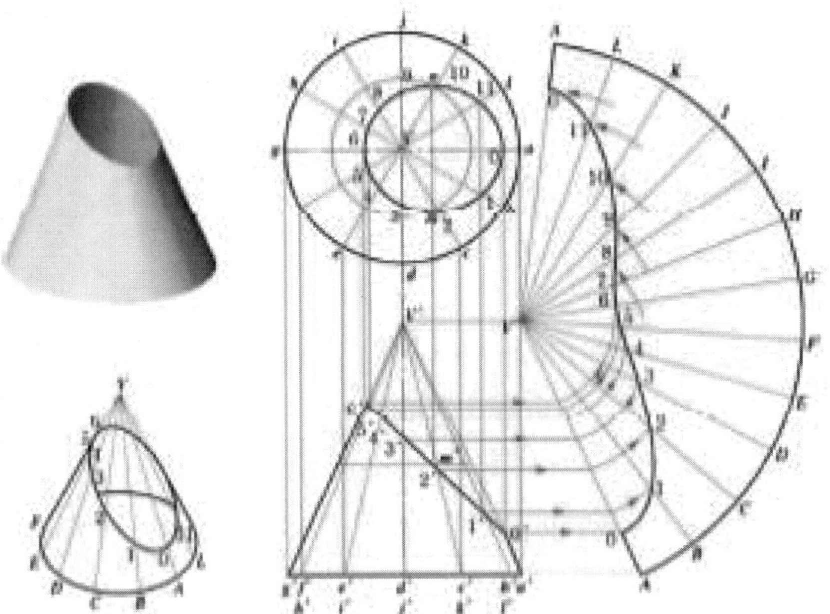

[그림 2-29] 상단부가 경사지게 잘린 원뿔 전개하기

3. 상부 수평 하부 산형으로 잘린 원뿔을 전개한다.

[그림 2-30]은 원뿔의 윗부분은 수평으로, 아래 부분은 산형으로 각각 절단한 형태이다.

(1) 평면도 O를 중심으로 $\overline{OA}$의 가상원을 돌린 후 반원을 6등분하여 만나는 점을 1, 2, … 5라 한다.

(2) 각 등분점을 $\overline{OO'}$에 평행선을 그어 $\overline{A'B'}$와 만나는 점을 얻고 그 점들을 꼭지점 O'와 연결한다.

(3) 절단선과 등분선이 만나는 점을 $\overline{A'B'}$에 평행선을 그어 빗변 $\overline{O'A'}$와 만난점 1', 2', 3'를 구한다(이는 각점에서의 실장 길이이다).
(4) O', C', 3', 2', 1', A'의 크기로 O'', C'', 3'', 2'', 1'', A''를 잡고 각 점을 지나는 원으로 작도한다.
(5) 반지름 O''A''의 원호를 평면도의 가상원 1/12의 크기로 12등분하여 O''와 연결하고 절단선의 등분선 과 같은 번호에서 만난점을 구한다.
(6) 각 점들을 원활한 곡선으로 연결하여 완성한다.

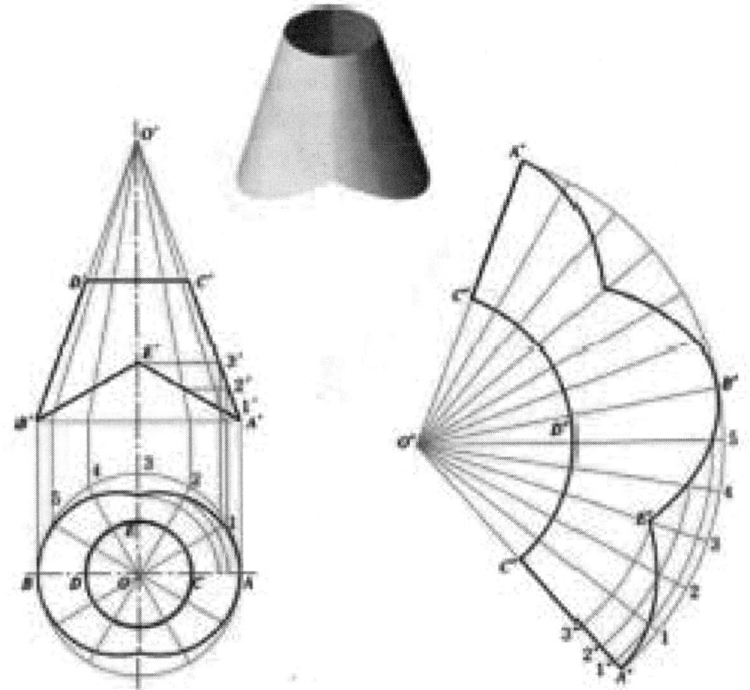

[그림 2-30] 상부 수평 하부 산형으로 잘린 원뿔 전개하기

4. 장타원형 용기를 전개한다.

[그림 2-31]은 직원뿔을 둘로 나누어 그 사이를 직사각형으로 이은 모양의 용기이다.

(1) 정면도와 평면도를 그리고 번호와 기호를 표시한다.
(2) 직원뿔의 실장은 정면도에 나타난 선의 높이가 같고, 평면도에 대응되는 선들의 길이가 같으므로 V2E, V13이 모든 선들의 실장으로 정한다.
(3) EF를 접합선으로 하는 전개는 $V_1 3$ =$V''_1 3''$되게 기준선을 잡고 V''_1 중심으로 $\overline{V''13''}$로 원호를 돌리고 대칭되게 큰 원의 1/12 등분선을 3''에서 2'', 1'', 0'', 또 4'', 5'', 6''를 구한다. (0'1' = 0''1'') V_1에서 0'', 1'', … 6'

‘를 연결하고, V“$_1$에서 V_1d = V“$_1$d“되게 원호를 돌려 a“, b“, … g“를 정한다.

(4) 6“와 g“에서 $\overline{6''g''}$에 수직선을 세우고, 6A=6“A“=g“B“가 되는 선을 그어 A“, B“를 정하고 A“, B“의 연장선에 $3V_1$= A“V“$_2$되게 V“$_2$를 잡고, V“$_2$를 중심으로 A“점과 B“점에서 원호를 돌려 $\widehat{0''3''}$와 같은 원호 길이로 」E“, F“를 정하고 O“와 a“에서도 같은 방법으로 D“, C“를 정하고 $\overline{D''C''}$의 연장선에 V“$_2$를 잡고 V“$_2$중심으로 원호를 돌려서 전개도를 완성한다.

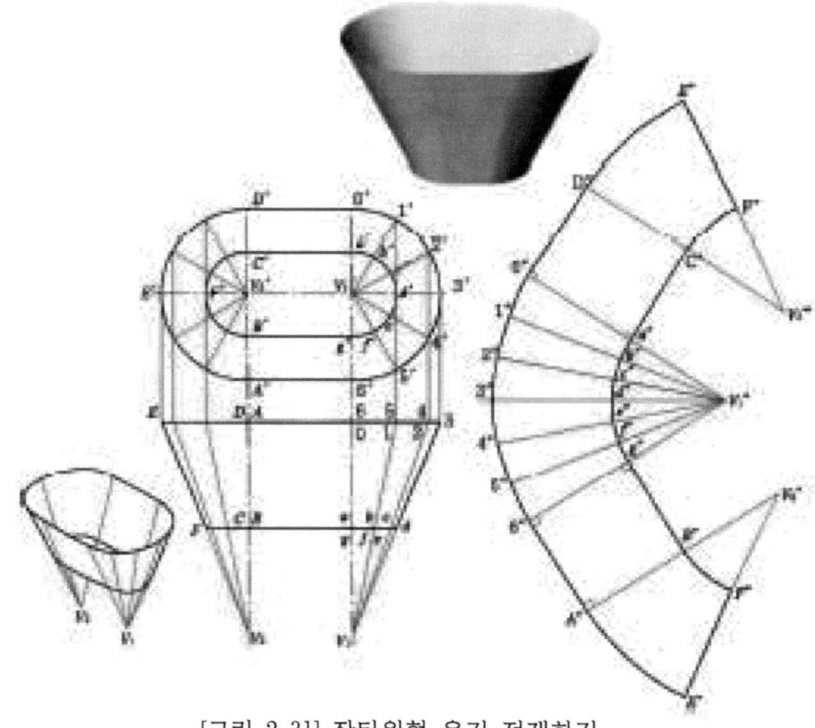

[그림 2-31] 장타원형 용기 전개하기

6. 경사 원뿔 분기관을 전개한다.

[그림 2-32(a)]는 경사 원뿔이 대칭으로 만나는 형태이다. 일명 바지형관이라고도 한다. [그림 2-32(b)]는 이에 대한 전개도이다

(1) 주어진 치수대로 정면도와 평면도를 작도한다.

(2) 평면도의 큰 원을 12등분하여 0', 1', … 6'로 표시하고 각 점에서 정면도에 수선을 내려 원뿔의 밑면 에 0, 1, … 6으로 표시 한다.

(3) 작은 원을 12등분하여 a', b', … g'로 표시하고 정면도에 수선을 내려 a, b, … g로 표시한다.

(4) 정면도의 Oa를 연장하고 6g를 연장하여 꼭지점 V를 찾는다. V에서 1로 이으면 b점을 지나야 정확한 작도라고 할 수 있다. 오차가 발생하기 쉬우므로 정확하게 작도해야 한다.

(5) 평면도의 수평 중심선과 원뿔의 밑면 연장선에서 V에 수선을 세운 VM과의 교점V'를 평면도의 꼭지점으로 정하고, V'에서 큰 원 및 작은 원의 12등분점을 잇는다.
정확하게 작도되면 예를 들어 V'와 b, 1'의 세 점이 일치한다.

(6) 상관선이 직선으로 나타나 있으므로 상관선과 V0와의 교점을 X, V1과의 교점을 Y, V2와의 교점을 Z로 하여 상관점을 정한다. 평면도에서도 상관선을 통과하는 점을 X', Y', Z'로 정한다.

(7) VM을 기준으로 평면도의 각 선을 밑변에 옮겨 ⓪, ①, … ⑥으로 표시하고 각점을 V와 연결하면 실장의 작도가 된다. 또 상관점의 실장은 X, Y, Z에서 수평으로 연장하여 $\overline{V}$⓪선상에 X를 옮겨 ⓧ로 표시하고, V①에 Y를, V②에 Z를 옮겨 ⓨ, ⓩ로 표시하면 ⓧ, Vⓨ, Vⓩ는 V에서 상관점까지의 실장이라 한다.

(8) V를 축으로 하여 각 실장을 원으로 돌리고 O''에서 원뿔 밑면의 1/12등분 길이 (0'1'=1'2' … 등 를 순차적으로 끊어 나가 1'', 2'', … 6''를 정한다.

(9) V와 1'', 2'', … 6''를 잇고 원뿔 윗면의 실장을 원호로 돌려 대응되는 선과의 교점을 a'', b'', … g''로 하면 상관부를 제외한 머리가 잘린 형태의 경사 원뿔의 전개도를 완성한다.

(10) Vⓧ로 원호를 돌려 VO''와의 교점을 x''로 하고 Vⓨ로 돌려 Y''를, Vⓩ로 돌려 Z''구하여 각 점을 원활하게 이어서 전개도를 완성한다.

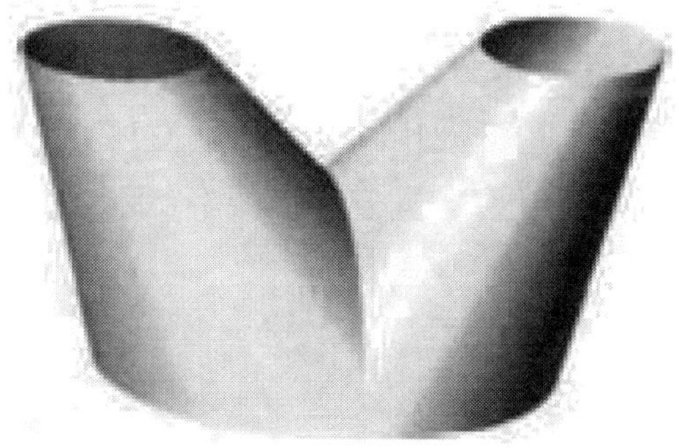

[그림 2-32(a)] 경사 원뿔 분기관 전개하기

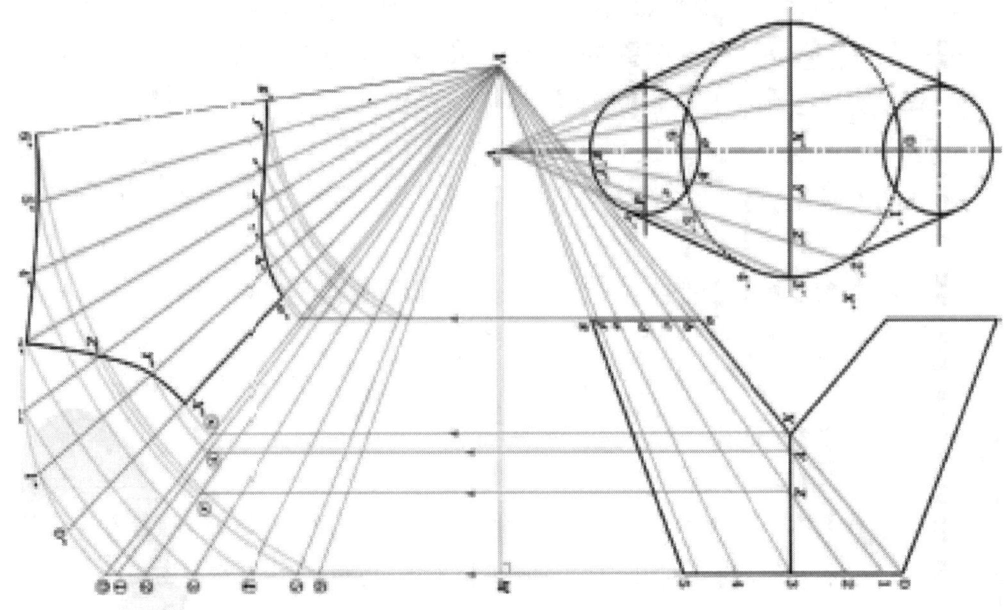

[그림 2-32(b)] 경사 원뿔 분기관 전개하기

7. 원뿔에 수직으로 만나는 원통을 전개한다.

[그림 2-33]은 수직으로 만나는 원통과 원뿔의 전개도이다.

(1) 평면도의 작은 원은 상관선이 되므로 상관선인 원을 12등분하여 상관점으로 정한다.

(2) 정면도의 상관선 찾는 방법은 한 점을 예를 들어 평면도의 꼭지점 V'에서 등분점 3을 지나는 선을 긋고 이 선이 원뿔의 밑면과 만나는 점 d를 수직 이동시켜 정면도의 d_1점을 정하고 $\overline{Vd1}$로 하면, 상관점 3은 틀림없이 $\overline{Vd1}$위에 있게 된다. 그러므로 평면도 3을 수직 이동시켜 $\overline{Vd1}$과의 교점 3'를 구한다.

(3) 원뿔의 구멍 전개는 중심 Va'를 정하고 $\widehat{ab}=\overline{a'b'}$, …'$\overline{ef}=\overline{e'f'}$되게 하여 a', b', … f'를 연결한 후 정면도의 상관점을 수평 이동하여 실장을 얻고 원호로 돌려 대응되는 교점을 연결한다.

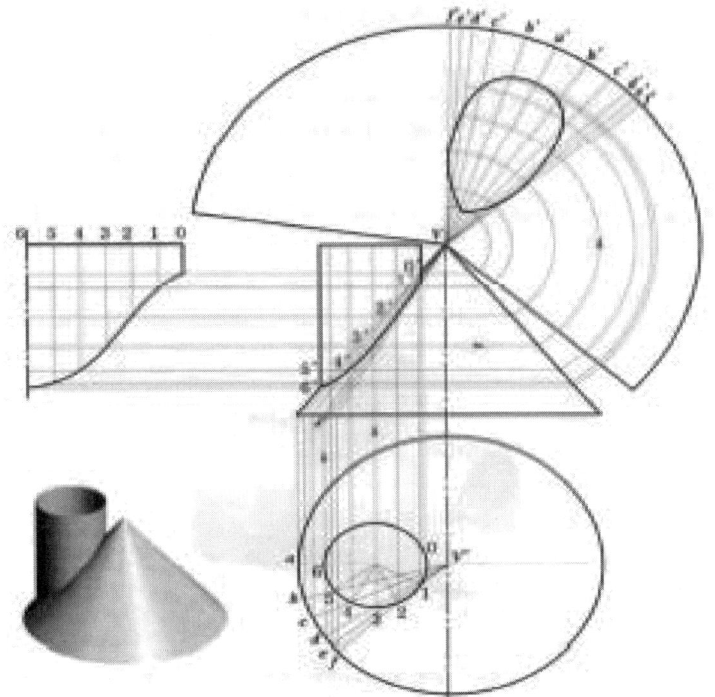

[그림 2-33] 원뿔에 수직으로 만나는 원통 전개하기

8. 경사 원뿔에 만나는 수직 원통을 전개한다.

[그림 2-34]는 경사 원뿔에 수직으로 만나는 원통의 입체도이다.

(1) 평면도의 큰 원을 12등분하여 0, 1, … 6을 표시한다.

(2) 상관선은 평면도의 작은 원으로 나타나므로 상관선을 8등분하여 a', b', c', d', e'로 표시하고, 점 V'에서 각 점을 지나 큰 원과 만나는 점 a_0', b_0', c_0', d_0', e_0'를 잡아 수선을 세운다. 세워진 수선과 정면도 경사 원뿔의 밑면과 만나는 점을 꼭지점 V와 연결하고 원통의 8등분점에서 내린(평면도의 a', b', … e'에서 올린) 선과의 교점을 a, b, c, d로 정하고 각 점을 연결하여 정면도의 상관선을 구한다.

(3) 실장은, 0, 1, … 6에서 원의 중심선에 원호로 돌려 중심선과 만나는 점을 수선으로 올려 작도한다(0_0, 1_0, …6_0를 잡으면 V0_0, V1_0,…V6_0가 실장이 된다.).

상관부의 실장은 정면도 상관점까지의 수직 높이를 축으로 이동하고 평면도의 상관점까지의 길이, 즉, e_0e', d_0d', c_0c', b_0b'등을 밑면으로 하는 삼각형을 이루고 그 빗변 e_0e, d_0d, c_0c, b_0b를 실장으로 한다.

(4) 경사원뿔의 전개를 한다.

구해진 실장으로 V를 중심으로 원호를 그리고 V0'를 기준선으로 하여 0'에서 큰 원의 1/12등분 길이 $\widehat{01}=\widehat{12}\cdots$를 옮겨 1'를 잡고 1'에서 '$\widehat{01}=\widehat{1'2'}$' 되게 2'를 잡아 6'까지 구하여 부드럽게 연결하여 1/2 전개도를 한다.

(5) 상관선 부분의 구멍을 전개한다.

평면도의 $\overline{a0d0}$를 전개도의 a_0'에서 끊어 d_0'점을 정하고, a_0b_0= a_0'b_0', a_0c_0= a_0'c_0'되게 b_0'c_0를 잡고 V와 연결한다. 구해진 실장 a_0a, (=6_0a)로 전개도의 a_0'에서 끊어 a"를 잡고, b_0'에서 b_0b로 원호를 돌려 b"를 구한다. c_0c=c_0c", d_0d= d_0d"(=6_0e)=e_0'e"로 구멍을 전개하여 전개도를 완성한다. (그림은 1/2전개도이다). 원통은 평행 전개법으로 전개한다(전개도 생략).

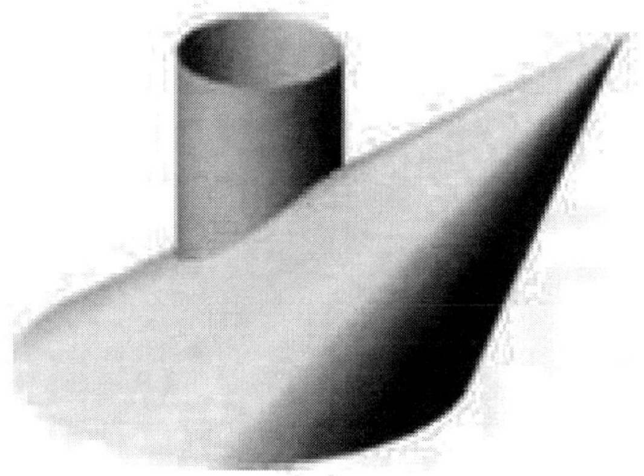

[그림 2-34] 경사 원뿔에 만나는 수직 원통 전개하기

❸ 삼각형 전개도를 작도한다.

1. 편심 원뿔대를 전개한다.

원의 중심이 서로 다르고 꼭지점을 지면내에서 찾을 수 없을 경우, 꼭지점을 찾아도 실장이 너무 길어 큰 컴퍼스가 없을 때, 3변이 주어지면 형체가 변하지 않는 삼각형의 성질을 이용하여 전개하는 방법을 나타낸 것이다.

(1) 위 · 아래원의 반원둘레를 8등분하여 등분점을 순서대로 이어 사변형으로 보고, 점선과 같이 대각선을 그어 삼각형을 형성한다.

(2) 정면도의 높이로 X, Y를 정하고, X, Y를 기준선으로 히여 평면도의 실선과 은선의 길이를 밑변으로 옮겨 직각 삼각형을 이루면 삼각형 빗변의 실장을 구한다.

(3) 8i의 실장은 정면도에 나타나 있으므로 전개도에 8"i"로 옮겨 기준선으로 하고 대각선 8h의 실장 $Y8_0$를 8"를 기점으로 원호를 그리고 큰 원의

1/16등분점 i'h'로 원호를 그려서 교점 h"를 정한다. 다시 h7의 실장 Xh_0 로 h"를 기점으로 원호를 그리고 작은 원의 1/16등분점 8' 7'로 원호를 그려서 교점 7"를 정한다. 이와 같은 방법으로 계속 펼쳐 전개도를 완성 한다(그림은 1/2전개도이다.).

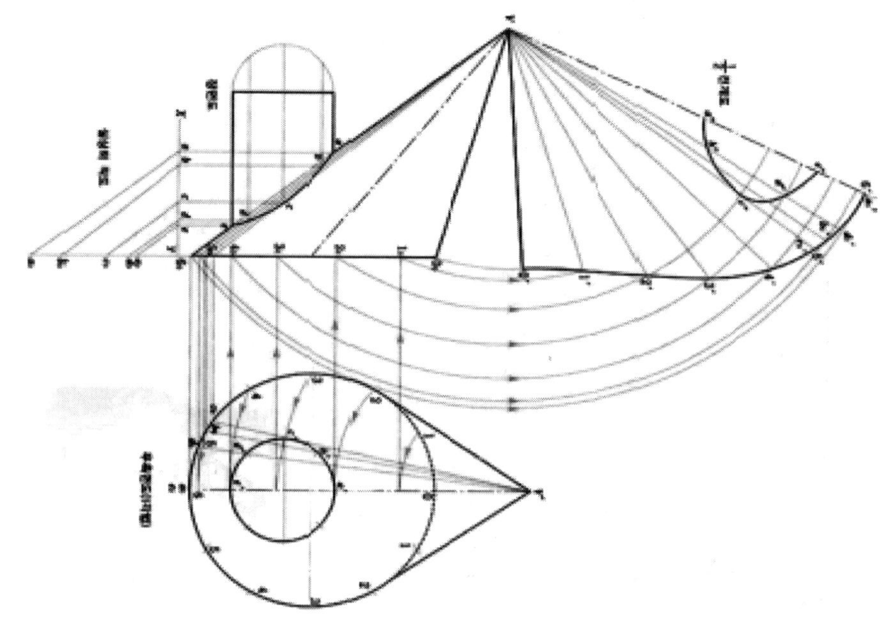

[그림 2-35] 편심 원뿔대 전개하기

2. 상부 원형 하부 사각형체를 전개한다.

[그림 2-36]은 윗부분은 원형이고, 아랫부분의 단면은 정사각형이다.

(1) 평면도의 사각형을 A', B', C', D'로 표시하고 1/4원주를 3등분하고 0', 1', 2', 3'로 표시한다. 또 정면도에 같은 점을 A, B, C, D와 0, 1, 2. 3을 표시 한다.

(2) 실장의 작도는 정면도의 높이를 X Y축에 옮기고 평면도의 길이 A'0', A'1'를 X점의 수평 연장선 위에 잡아 삼각형을 이루면 그 빗변 $Y1_0$, $Y0_0$ 의 실장을 구한다.

(3) A0의 실장 $Y0_0$를 전개도의 A"0"와 같이 그려서 기준을 잡고 A"를 기점 으로 $Y1_0$로 원호를 그리고 0"에서는 원의 1/12 길이로 원호를 돌려 교점 1"를 정하고 1"를 기점으로 다시 원호를 돌려 2"를 구한다.

A"0"의 길이로 이미 그려진 원호 위에 2"를 기점으로 1/12등분 길이로

3"를 정하면 곡면부의 전개가 완성되고, A"3"의 길이와 AB의 길이로 기점 A", 3"에서 각 각 원호를 돌려 교점 B"를 잡고 평면부의 전개도를 완성한다.

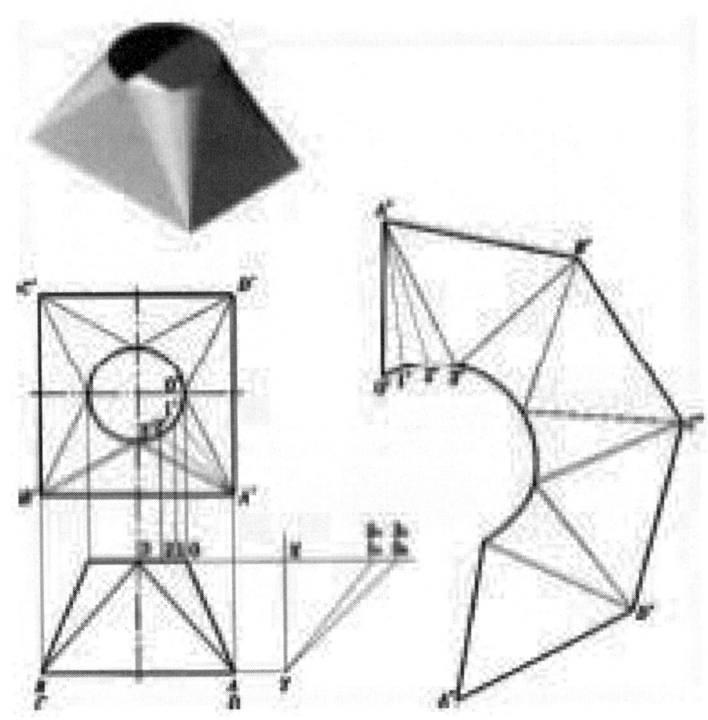

[그림 2-36] 상부 원형 하부 사각형체 전개하기

3. 상부 원형 하부 경사진 사각형체를 전개한다.

[그림 2-37]은 아랫부분이 경사면에 놓여 있는 사각형체로 윗부분은 원형이다.

(1) 평면도의 반원주를 6등분하여 0', 1', … 6'로 하고 대응되는 점을 정면도에 내려 0, 1, 2, … 6으로 한다. 또, 사각부는 평면도에 A', B', C', D'로 하고 정면도에 A, B, C, D로 표시한다.

(2) 실장의 작도는 정면도의 각 선의 수직 높이를 X, Y, Z로 옮기고, 평면도에 나타난 각선의 길이를 그림과 같이 옮긴다. 즉, 예를 들면 A'0'=$X0_0$ 되게 옮기면 A0의 실장 $Y0_0$를 구할 수 있다. 또, B'3' = $X3_0$되게 옮겨 B3의 실장 $Z3_0$를 구한다.

(3) 평면도의 $\overline{PM}$을 중심으로 대칭형이므로 한 쪽만 설명한다.

O'M을 이음선으로 하는 전개는 B'C' = B"C"되게 기준선을 잡고 B'6'의

실장 $Z6_0$로 B''와 C''에서 원호를 돌려 교점 6''를 정한다.

또 B5의 실장 $Z5_0$와 원의 1/12 등분 길이 $\widehat{6'5'}$로 원호를 돌려 그 교점 5''를 잡는다.

같은 방법으로 3''까지 곡면부의 전개를 펼치고 A'B'의 실장이 정면도 AB로 나타나므로 AB = A''B''되게, B''를 기점으로 원호를 돌리고 A3의 실장 $Y3_0$로 3''에서 원호를 돌려 A''를 구한다.

A''에서 $Y2_0$ = A''2'', $Y1_0$ = A''1'', $Y0_0$ = A''0''되게 돌리고 각 원호를 1/12원주 길이로 차례로 등분해 나가면 2'', 1'', 0''점을 구한다.

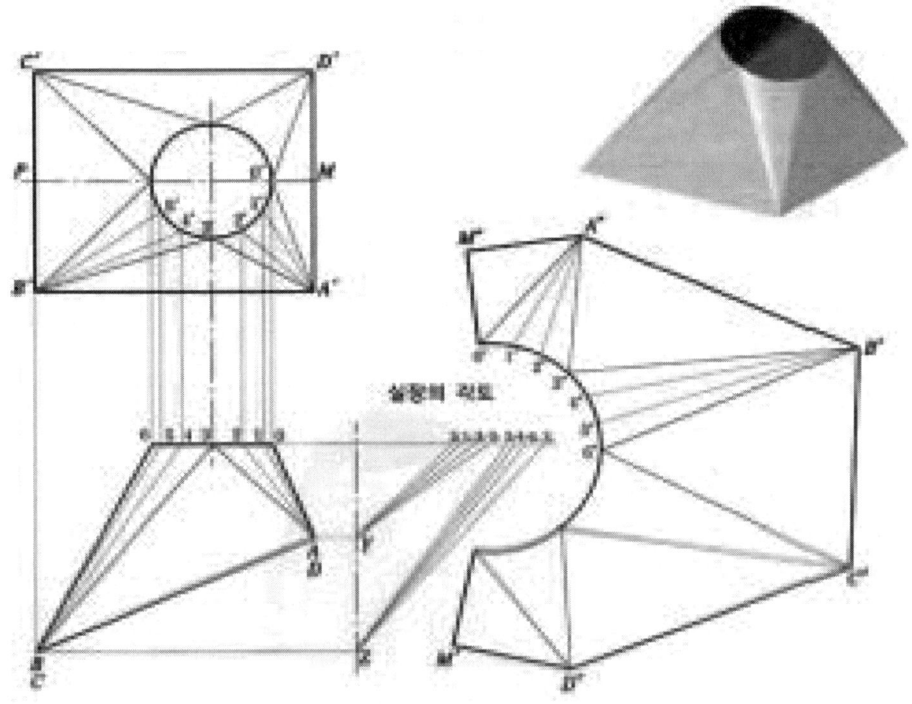

[그림 2-37] 상부 원형 하부 경사진 사각형체 전개하기

4. 상부 원형 하부 둥글고 모난 혼합형체를 전개한다.

[그림 2-38(a)]는 윗부분은 원형이고, 아랫부분은 둥근 모서리와 각이 진 모서리가 혼합된 형태의 입체도이며, [그림 2-38(b)]는 이에 대한 전개도이다.

① 중심선을 긋고 평면도의 원을 그리고 12등분하여 0, 1, … 6으로 표시한다.

② 사각과 R부를 그리고 평면과 R부를 구분하는 선을 작도한다.

평면도에서 P, Q, R, S는 면을 나타낸다. P와 R은 정면도에도 나타나고, 정면도에는 선으로 보이는 Q면이 평면도에 보인다. 그러나 S면은 정면도와 평면도에 모두 선으로 보일 뿐이다. 한 면이 직각으로 서 있을 때 나타나는 현상이다. 그렇지만 b'b'를 밑면으로 하고 $\overline{a0}$을 중심 높이로 하는 이등변 삼각형임을 짐작할 수 있다. 밑면의 R부를(1/4원주) 3등분하여 c', d', e', f'로 정하고 윗면 원통의 3', 4', 5', 6'와 연결하고 보조선으로 대각선을 점선으로 표시한다. 또 이와 대응되는 선을 정면도에도 잡고 c, d, e, f로 표시한다.

③ 실장을 구한다.

모든 선이 정면도의 수직 높이로 나타나므로 XY축을 정면도의 높이와 같게 수선을 세우고 X와 Y에 수직되는 연장선을 위와 아래에 긋는다. 평면도에 각선의 길이를 연장선 위에 옮기면 옮겨진 점과 X, 또는 Y점과 연결한 선을 실장으로 한다. 예를 들면 점선 e6의 실장은 XY의 높이와 평면도의 e'6'를 X의 연장선에 옮긴 $X6_0$를 밑면으로 하는 삼각형 6_0 XY를 생각한다. 이 직각삼각형 에서 빗변 6_0Y를 실장으로 한다.

④ 평면도의 6'g'의 실장은 정면도의 6g로 나타나므로 6g = 6''g''되게 기준선을 잡고 g''에서 g'f' = g''f''로 f''를 정하여 Q면의 전개도를 완성한다.

6''에서 6_0Y로 원호를 돌리고 f''에서 f' e'로 원호를 돌려 e''를 정하고, e''에서 Xe_0로 6''에서 6'5'로 돌려 교점 5''를 구한다. 같은 방법으로 c'', 3''까지 펼치고 c''에서 c'b'로, 3''에서 $Y3_0$로 원호를 돌려 교점 b''를 잡아서 P면의 전개도를 완성한다. b''에서 $Y2_0$, $Y1_0$, $Y0_0$의 원호를 돌리고, 3''에서 윗면 원의 1/12등분선으로 2'', 1'', 0''를 잡아서 곡면부의 전개를 완성한다. B''에서 B'A'로 원호를 돌리고, 0''에서 정면도의 $\overline{0a}$로 돌려 a''를 정한다(반쪽의 S면의 전개가 되면서 전체의 전개도가 완성된다.).

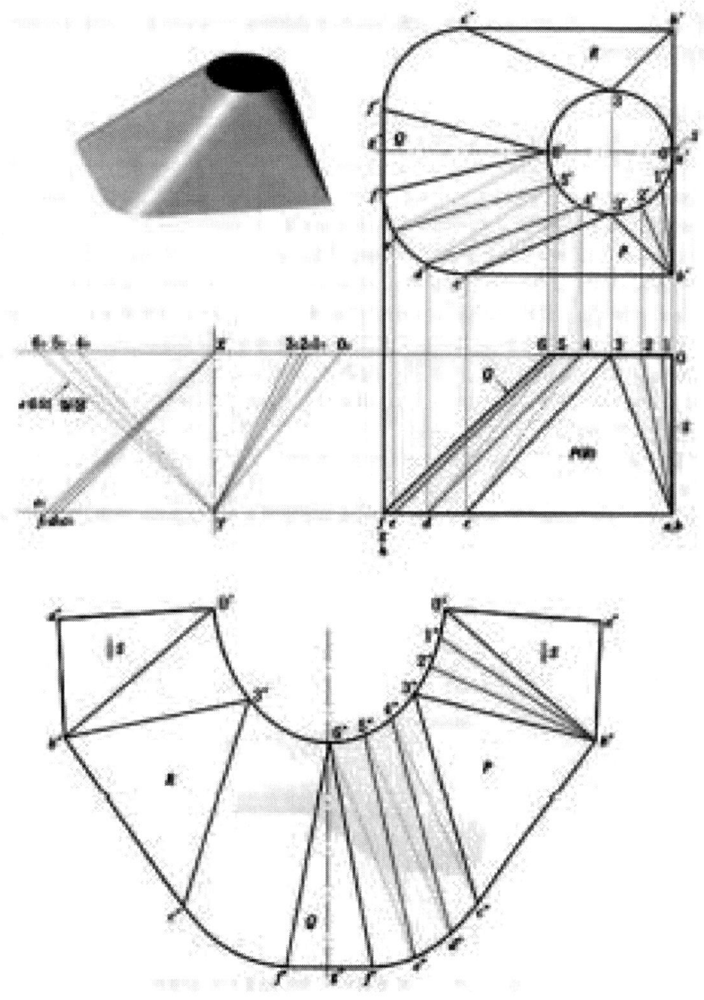

[그림 2-38] 상부 원형 하부 둥글고 모난 혼합형체 전개하기

❹ 판두께를 고려하여 전개한다.

1. 평행선 전개도를 작도한다.

[1] 경사로 절단된 원통을 전개한다.

[그림 2-39]는 경사지게 절단된 원통을 나타낸 것으로 두께를 고려하여 전개할 때에는 평면도에서 각 등분점의 외경, 내경에서 각각 평면도에 수선을 긋고 외경이나 내경 중 상대측에 먼저 접하는 쪽, 즉 짧은 쪽을 사용한다.

(1) 평면도에 판 두께의 내경, 외경 및 중립선을 그려서 12등분한다.

(2) 외경 등분점 1, 2, … 7로부터 수선을 세워 $\overline{TS}$와의 교점 1', 2', … 7'를

정한다.

(3) 전개도를 $\overline{AB}$의 연장선에 $\widehat{12}$, $\widehat{23}$ … $\widehat{21}$의 중립선의 길이를 취하여 각각의 점 1_0, 2_0 … 1_0로 수선을 작도한다.

(4) TS선상의 각 교점으로부터 $\overline{AB}$와 평행선을 길게 긋고 1_0, 2_0 … 1_0의 수선과의 교점을 구한 다음, 각 교점을 곡선으로 연결하여 전개도를 완성한다.

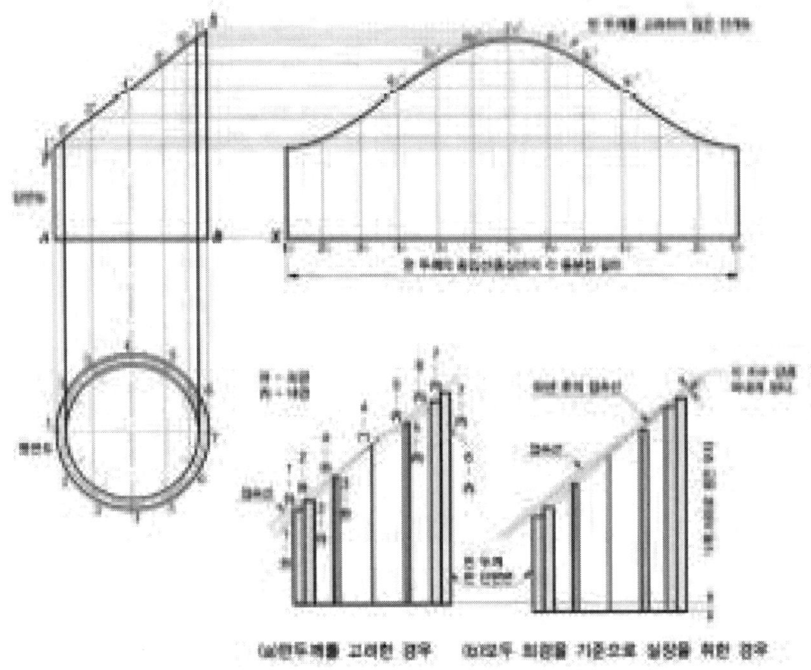

[그림 2-39] 경사로 절단된 원통의 전개하기

[2] 3편 90°원통 엘보를 전개한다.

[그림 2-40]은 세 조각으로 연결된 90°원통 엘보로서 평면도에서 나타난 것과 같이 판 두께 외경, 내경 및 중립선에 따라 두께를 고려한 전개와 일반적 외측 치수를 기준해서 전개한다. 우측그림에 판 두께의 단면도에 나타난 그림에서 보듯이 원통의 내경이나 혹은 외경 중 먼저 상대측에 접촉되는 쪽을 사용하여 전개한다.

(1) 평면도에 판 두께의 외경, 내경, 중립선을 그리고 반 원둘레를 6등분한다.

(2) 외경, 등분점 1, 2, 3, 4와 내경등분점 5, 6, 7을 각각 수선을 세워 교점

1‘, 2’, 3‘, …와 $\overline{TS}$와의 교점 1“, 2”, 3“, … 을 정한다.

(3) $\overline{TS}$선상의 각 교점에서 $\overline{FS}$에 평행선을 긋고 EF와의 교점 1“, 2”, 3“, …를 정한다. ((II)의 전개도에서 $\overline{1''1''}$, $\overline{2''2''}$, …$\overline{7''7''}$선은 실장이다.)

(4) (I)의 전개도는 $\overline{AB}$의 연장선 위에 중심선의 각 등분점 길이로 1_0, 2_0 … 1_0로 정하고 수선을 작도한다. 선상의 교점 1“, 2”, … 7“를 $\overline{AB}$의 연장선에 평행하게 그어 교점을 구한다. 각 교점을 곡선자로 연결하여 전개도를 완성한다.

(5) (I)과 같은 방법으로 (II)의 전개도를 완성한다.

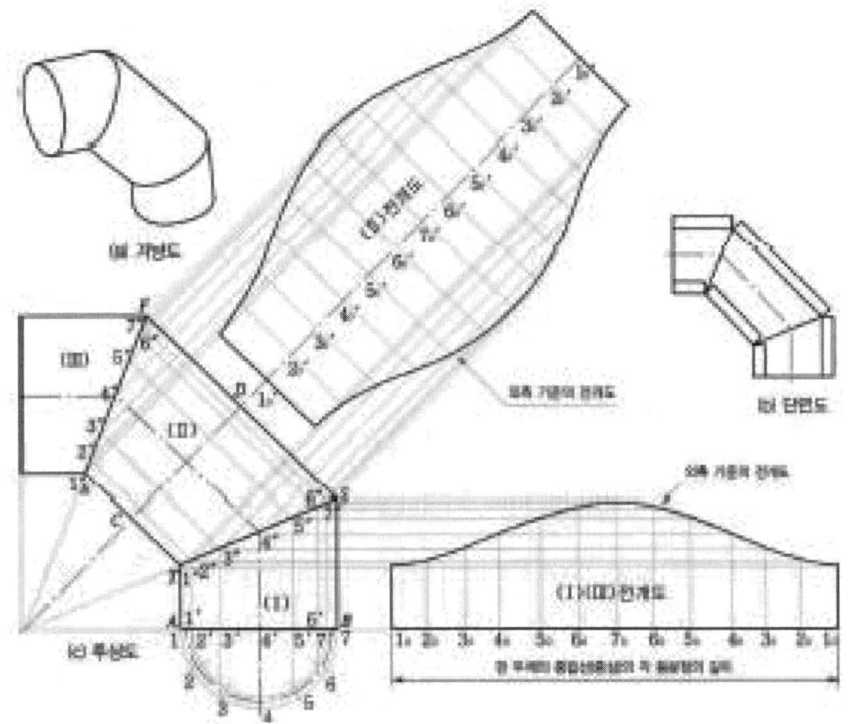

[그림 2-40] 경사로 절단된 원통의 전개하기

[3] T자 형으로 직교하는 원통을 전개한다.

[그림 2-41]은 T자 형으로 직교하여 붙은 원통의 전개를 나타낸 것이다.

(1) 평면도에 판 두께의 외경, 내경 및 중립선을 그리고 반원주를 6등분한다.

(2) 각 등분점을 1, 2, … 7로 정한 다음 그 등분점의 내경으로부터 수선을 세워 정면도에 각각의 등분선을 그려 투상도를 완성한다. 측면도도 동일한 방법으로 작도한다.

(3) 전개도는 $\overline{AB}$의 연장선상에 $\widehat{12}$, $\widehat{23}$ … $\widehat{67}$, $\widehat{76}$ …'$\widehat{21}$의 중립선의 길이를 취하여 각각 전개도상에 1_0, 2_0, 3_0, … 7_0, 6_0, … 1_0를 정하고, 이 점에서 수선을 작도한다.

(4) 측면도나 정면도에서 두 원통의 교점 1', 2', … 7'를 $\overline{AB}$선상과 평행하게 수평으로 그어 $\overline{AB}$연장선의 점 1_0, 2_0, 3_0, …와의 교점을 구하여 순서대로 매끄러운 곡선으로 연결한다.

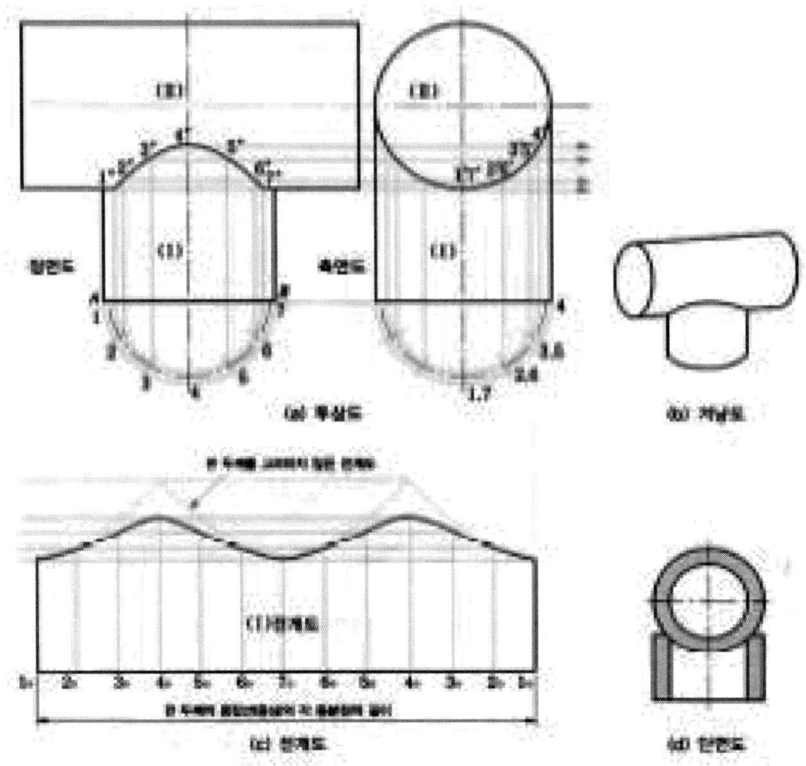

[그림 2-41] T자 형으로 직교하는 원통의 전개도하기

[4] 지름이 다른 Y형 분기관을 전개한다.

[그림 2-42]는 지름이 다른 노형 분기관으로 원통의 전개를 나타낸 것이다.

(1) 정면도 및 평면도에서 (I)원통의 단면을 판 두께의 외경, 내경 및 중립선을 그리고 원주를 12등분하고, 각 등분점을 1, 2, … 12로 정한 다음, 같은 방법으로 평면도상의 원통단면에 정면도와 대응하는 등분점을 1, 2, … 12로 정한다.

(2) 평면도에서 원통 내경의 각 등분점으로부터 (Ⅱ)원통에 평행선을 그어서 각 교점을 1, 2, … 12로 하고, 각 교점에서 정면도 쪽으로 수선을 작도한다.

(3) 정면도에서 (Ⅰ)원통의 수선과 (Ⅱ)원통과의 동일한 번호의 교점을 구하여 각 점을 원활하게 연결하면 내경 상관선을 구한다.

(4) 전개도는 (Ⅰ)원통의 밑면 연장선상에 $\widehat{1\,12}$, $\widehat{12\,11}$, …$\widehat{8\,7}$, …$\widehat{12\,1}$의 중립선의 길이를 취하여 각각 전개도상에 1_0, 12_0, 11_0, … 8_0, 7_0, … 2_0, 1_0를 정하고, 이 점으로부터 수선을 작도한다.

(5) 정면도의 (Ⅰ)과 (Ⅱ)의 내경 상관선 점을 (Ⅰ)원통의 밑면에 대한 평행선을 긋고 1_0, 12_0, 11_0, … 8_0, 7_0, … 2_0, 1_0의 수선과 동일한 번호의 교점을 구하여 각 점의 순서대로 곡선으로 연결하여 내경에 의한 전개도를 완성한다.

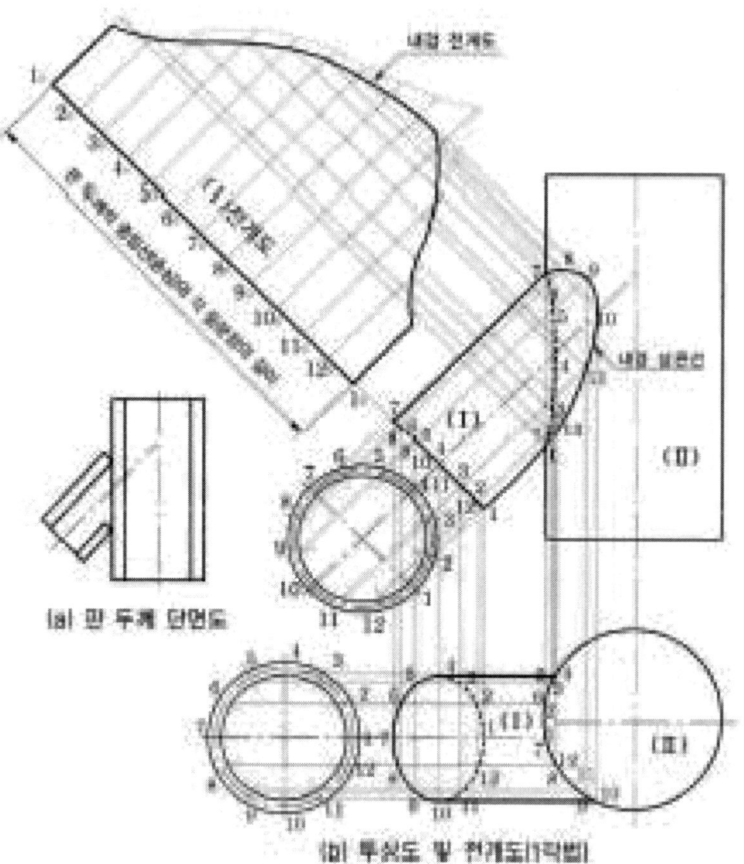

[그림 2-42] 지름이 다른 Y형 분기관의 전개하기

2. 전개도 작도의 이해하기 평가(평가자체크리스트)				
학습 내용	평가 항목	성취수준		
		상	중	하
상관체 투상의 이해	원도를 정확히 파악하여 전개도의 형태의 이해도			
	상관체의 상관선 작도 방법의 이해도			
전개도 작도의 이해	평행선법, 방사선법, 삼각형법에 의하여 부품의 전개방법의 이해도			
	표준 운영절차에 따라 요구되는 형상을 도면으로 완벽하게 구현 방법의 이해도			
	판재의 두께를 감안하여 부품의 전개도 그리기 방법의 이해도			
결과 평가 방법; 평가자체크리스트, 평가자질문중 택일				

작업과제 3. 판뜨기 작업

학습 목표

1. 재료의 방향성, 무늬, 절단변형, 열변형, 절단여유, 소성변형을 고려하여 절단계획을 세울 수 있다

수행 내용 / 3-1 절단 계획 수립 이해하기

재료 · 자료

- 제도용지, 함석판, 철판

기기(장비 · 공구)

- 삼각자, 제도용 연필, 지우개, 컴퍼스, 디바이더, 각도기, 펀치, 운영자, 망치

안전 · 유의사항

- 도면 및 각종 공구 등의 정리·정돈을 한다.

수행 순서

❶ 자재를 경제적으로 사용한다.

1. 부품을 경제적으로 배치한다.

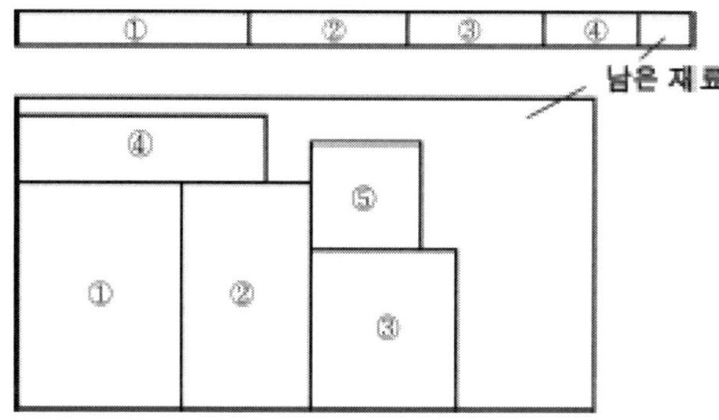

[그림 3-1] 부품의 배치하기

길이가 긴 재료를 사용할 때에는 잘라야 할 재료 중에서 가장 긴 것부터 짧은 재료 순으로 배치하고 넓은 관재에서 넓이가 각기 다른 판재를 자를 때에는 가장 넓은 부품을 먼저 배치하고 점차 작은 부품을 배치하며 작은 부품은 남은 여백을 이용하여 자재를 경제적으로 이용한다.

2. 전개도를 경제적으로 배치한다(1).

재료의 경제성을 고려한 방법으로 전개도의 절단선과 굽힘선 등을 조합하여 자재를 경제적으로 이용한다.

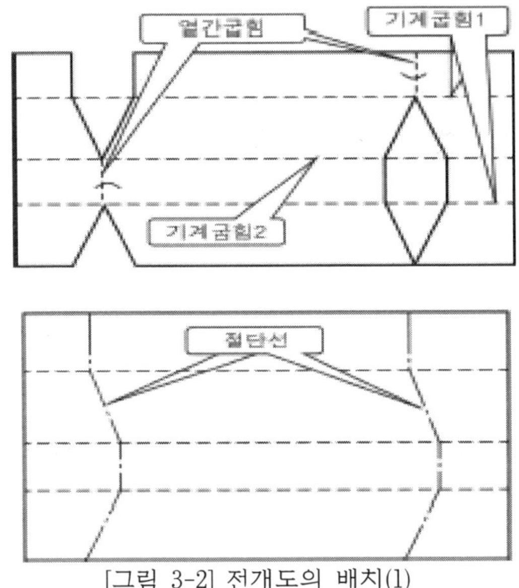

[그림 3-2] 전개도의 배치(1)

3. 전개도 경제적으로 배치한다(2).

부품이 여러 개로 구성된 제품의 경우에도 제품의 형상에 따라 전개도의 형상에 따른 여유부분의 공간을 활용하여 자재를 경제적으로 이용한다.

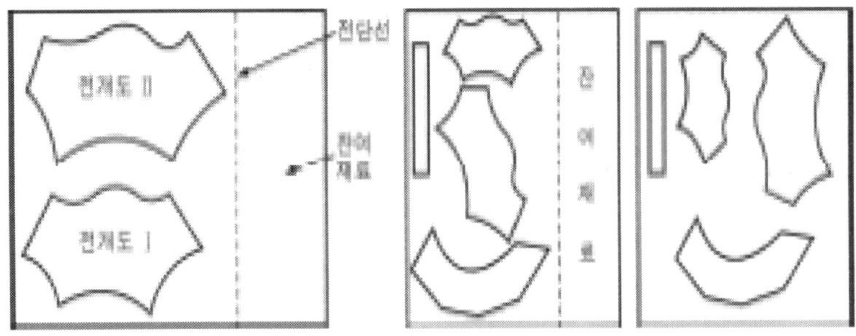
[그림 3-3] 전개도의 배치(2)」

수행 내용 / 3-2 보정 치수 표기 이해하기

재료 · 자료

- 제도용지, 함석판, 철판

기기(장비 · 공구)

- 삼각자, 제도용 연필, 지우개, 컴퍼스, 디바이더, 각도기, 펀치, 운영자, 망치

안전 · 유의사항

- 도면 및 각종 공구 등의 정리·정돈을 한다.

수행 순서

❶ 마킹 작업을 한다.

1. 부재에 마킹한다.

   각종 부재에는 도면 번호, 명칭, 치수 등의 필요한 사항을 기입하는 경우가 많다. 이때의 주의 사항은 아래와 같다.

   (1) 부재의 마킹은 기입 장소를 일정하게 정하여 보기 쉽도록 한다.

   (2) 작은 부재나 열간 가공을 하는 부재를 제외한 부재는 페인트로 한다.

   (3) 절단선은 절단하고 나면 지워지기 때문에 절단이 정확하게 되었는지의 여부를 확인하기 쉽도록 하기 위해 차월선을 넣도록 한다.

2. 금 긋기 공구를 사용한다.

   (1) 펀칭은 가볍게 1회만 한다.

   (2) 금 긋기 바늘로 선을 그을 때 진행 방향으로 기울여 긋고, 자에서 외측으로 기울여 작업한다. 작업 방향은 왼쪽에서 오른쪽으로, 밑에서 위로 긋는 것을 원칙으로 한다.

〈표 3-1〉 금 긋기 공구의 사용

공구명	공구와 공작물의 각도	공구명	공구와 공작물의 각도
금긋기 바늘		스프링 컴퍼스	
컴퍼스		서어피스 게이지	
한쪽 퍼스	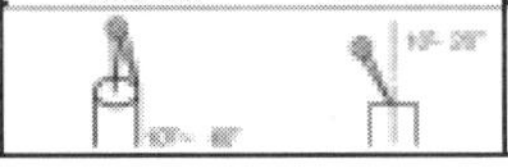	하이트 게이지	

3. 마킹한다.

(1) 강판에 마킹 작업시 강판 크기에서 가로, 세로 방향으로 약 10mm 정도 여유를 주어 절단작업 한다.

(2) 곡선 부분 등의 공용 절단이 불가피한 경우의 마킹 작업시, 부재간의 간격을 10∼15mm 정도로 한다.

(3) 부재를 가스 절단할 경우에는 절단 여유치를 가산하여 마킹해야 하는데, 절단 시 소모되는 간격은 2~3mm 정도로 한다.

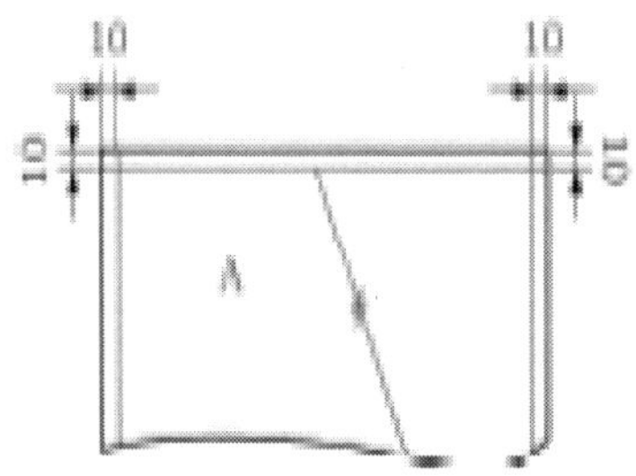

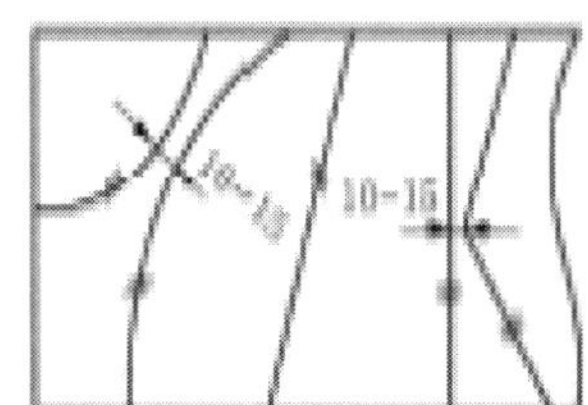

[그림 3-4] 마킹 방법

(4) 재료의 낭비가 없도록 강판 위에 전개도를 배치하여 움직이지 않게 고정하고 펀칭한다. 펀칭할 때는 펀치 자국에 판재가 변형되지 않도록 직각으로 가볍게 한다.

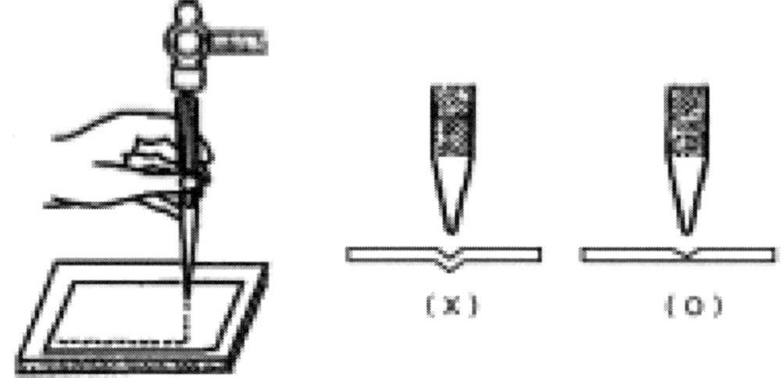

[그림 3-5] 펀칭 작업

(5) 펀칭할 때 재료가 밀려 나지 않게 받침쇠와 같은 누름 공구를 올려놓고 작업한다.

(6) 양끝을 대각선으로 먼저 펀칭한 후, 필요한 곳을 펀칭한다.

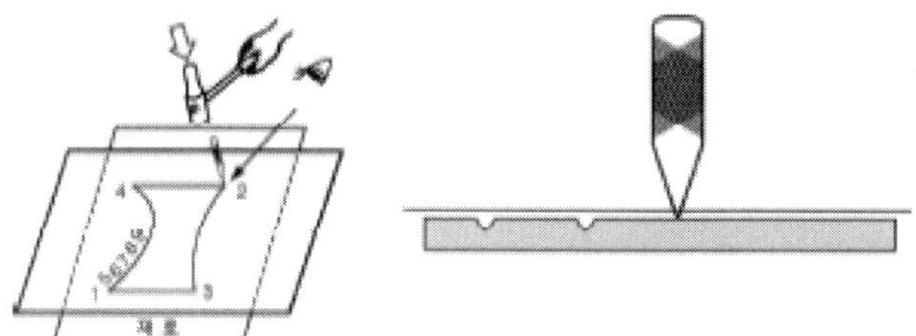

[그림 3-6] 펀칭 순서

(7) 펀칭이 끝난 후 전개도를 걷어내고 절단 경계선, 굽힘선, 전단 보조선 등의 금긋기를 한다. 굽힘선은 이점쇄선 또는 가는 실선으로 표시한다.
(8) 리벳 이음을 하는 곳도 로 표시 하고 센터 펀치로 찍어 놓도록 한다.
(9) 재료의 두께를 빼고 마름질하여 치수가 되는 것에 유의한다.

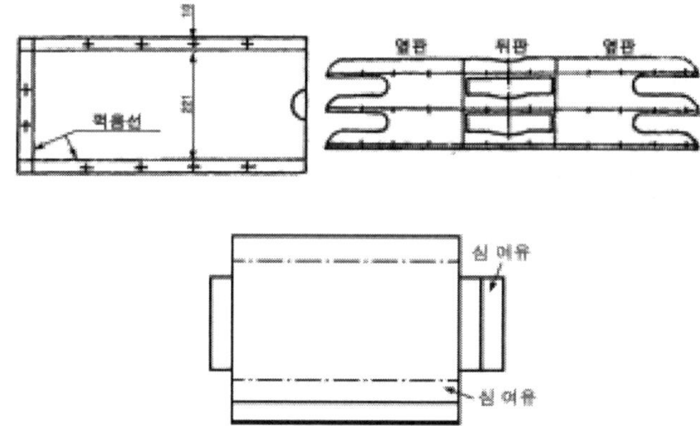

[그림 3-7] 절단 경계선, 굽힘선, 전단 보조선 표기

(10) 절곡하는 경우에는 [그림 3-13]과 같이 마킹하며, 굽혀지는 중심선에는 선의 양쪽에 적색 페인트로 .∨∧ 기호로 표시한다.

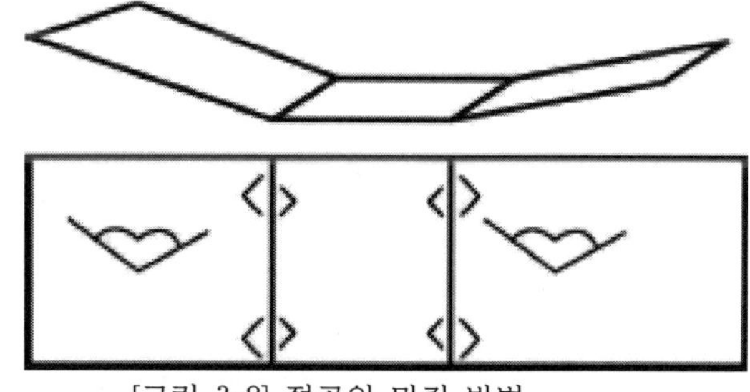

[그림 3-8] 절곡의 마킹 방법

(11) 굽힘하는 경우에는 [그림 3-9]와 같이 마킹하며, 굽혀주는 양측 외측선

에는 ⌒⌒ 기호를 외측에 적색 페인트로 표시한다.

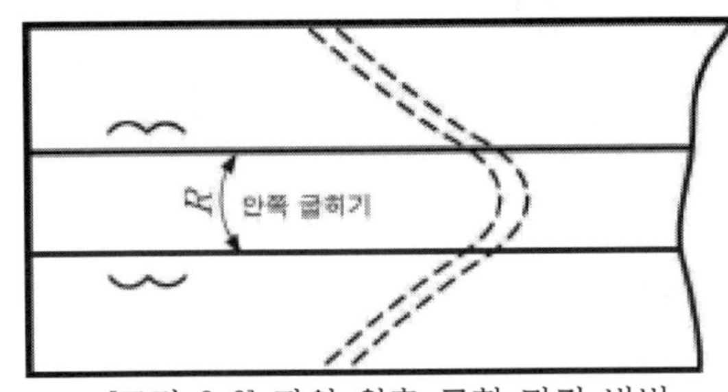

[그림 3-9] 판의 원호 굽힘 마킹 방법

(12) 앵글 프레임 부재는 [그림 3-10]과 같이 금긋기 한다.

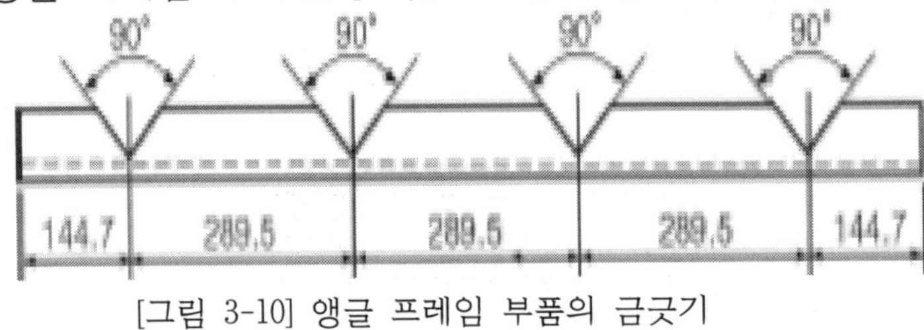

[그림 3-10] 앵글 프레임 부품의 금긋기

4. 형판을 제작한다.

판금제관 제품에는 일반 측정기로 측정할 수 없는 부분이 많다. 따라서 제품을 정확히 만들기 위하여 형판(template)을 만들어야 한다.

(1) 제품 단면의 치수와 판재의 두께를 고려하여 형판의 모양과 치수를 결정한다.

(2) 형판은 가능한 측정하기 쉬운 모양으로 만들어야 한다. 또, 제품의 내부를 측정할 것인가, 외부를 측정할 것 인가를 결정한다.

(3) 얇은 판재로 형판을 만들 때에는 휘지 않도록 가장자리를 접어서 작업한다.

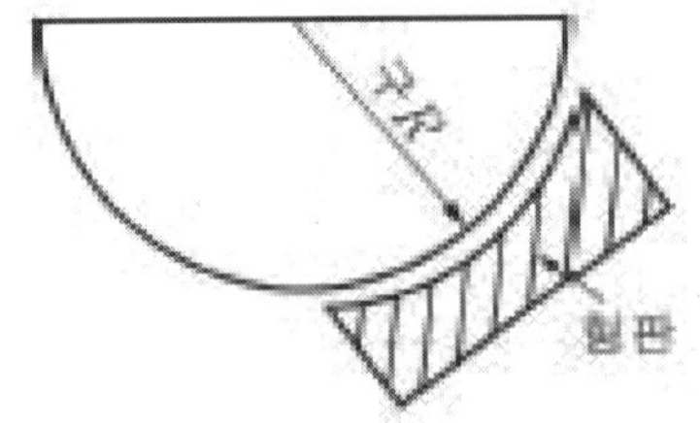

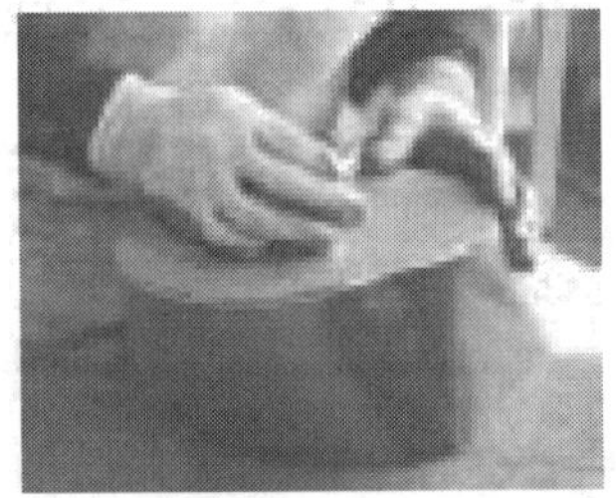

[그림 3-11] 형판 제작하기

3. 판뜨기 작업하기 평가(평가자체크리스트)				
학습 내용	평가 항목	성취수준		
		상	중	하
절단 계획 수립의 이해	재료의 방향성, 무늬, 절단변형, 열변형, 절단여유,소성변형의 이해도			
치수 보정 표기 의 이해	대량 생산을 위해서 형판, 지그, 게이지를 제작 활용방법의 이해도			
	전개도와 비교하여 치수의 수정 방법의 이해도			
	재료의 두께를 감안하여 절단치수 보정 방법의 이해도			
결과 평가 방법; 평가자체크리스트, 평가자질문중 택일				

에듀컨텐츠·휴피아
CH Educontents Huepia

제3장 판금제관 절단작업

1. 수공구 절단하기

2. 가스 절단하기

3. 동력 절단하기

4. CNC 절단하기

작업과제 1. 수공구 절단하기

학습 목표

1. 작업에 용이하도록 절단용 금속판재, 봉재, 관, 형강재를 고정할 수 있다.
2. 재료 종류에 따른 절단용 수공구를 선택하여 사용할 수 있다.
3. 품질의 요구를 맞추기 위하여 절단부품의 다듬질, 연삭작업을 할 수 있다.
4. 절단부품을 측정기를 이용하여 측정할 수 있다.
5. 절단변형을 교정 기구를 사용하여 교정할 수 있다.

수행 내용 / 1-1 수공구 절단 작업하기

재료 · 자료

- 연강판(냉간압연강판, KSD 3512), 함석판(아연도금강판, KSD 3506)

기기(장비 · 공구)

- 판금 가위, 정, 판금 펀치, 쇠톱, 줄, 금긋기 바늘, 자유곡선자, 강철자, 직각자, 디바이더, 해머, 핸드 드릴, 센터 펀치

안전 · 유의사항

- 도면 및 각종 자료 등의 정리·정돈을 한다.
- 절단용 수공구의 종류 및 사용법에 대해 이해한다.
- 판재의 예리한 모서리에 상처입지 않도록 유의한다.
- 펀칭을 할 때에는 무리한 힘을 가하지 않는다.
- 공구를 떨어뜨리지 않도록 주의한다.
- 사용 기계 및 기구의 안전 수칙을 준수한다.
- 측정 기구는 조심성 있게 다루어야 한다.
- 판재에 금긋기를 할 때에는 가능한 간결하게 한 번에 긋는다.

수행 순서

❶ 판금 가위를 이용하여 절단 작업을 한다.

판금 가위는 리벳한 점을 받침점으로 지렛대 작용으로 판재를 절단하게 되므로, 잘리는 부분이 받침점에서 멀어질수록 자르는 힘이 커지므로 가급적 받침점 부근에서 자르는 것이 좋다.

판금 가위는 판재의 마름질선의 종류 및 판재의 두께에 따라 가위의 크기와 종류를 선택하여 사용하는 것이 편리하다.

[그림 1-1]은 판금가위의 사용법을 나타낸 것이다.

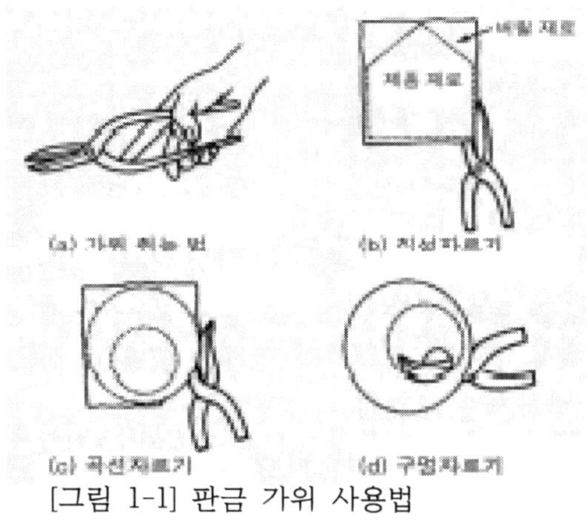

[그림 1-1] 판금 가위 사용법

❷ 정을 이용하여 절단 작업을 한다.

정으로 두께 1~2mm의 판재를 절단할 때에는 판재를 받침쇠 위에 놓고 [그림 1-2(a)]와 같이 왼손으로 정을 잡고 오른손으로 해머를 수직으로 쳐서 절단하거나, [그림 1-2(b)]와 같이 판재를 바이스에 물리고 측면정으로 절단한다.

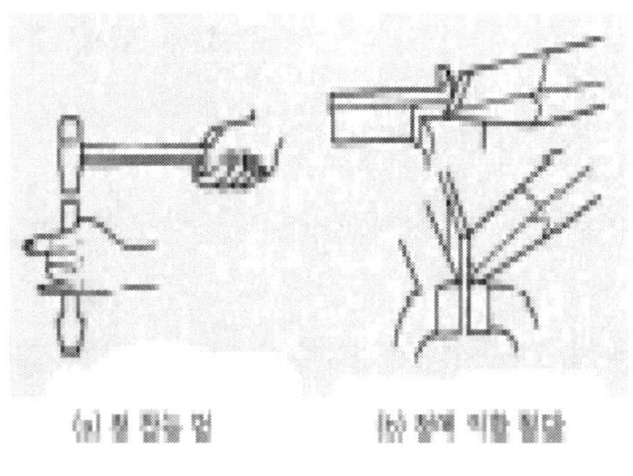

[그림 1-2] 판금 가위 사용법

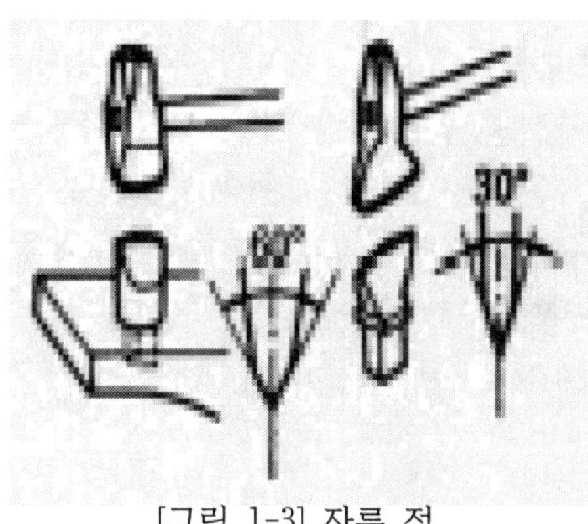

[그림 1-3] 자루 정

두께 4~5mm 정도 되는 판재는 [그림 1-3]과 같이 상하 두 개가 한 조로 되어 있는 자루정을 사용한다. 이 때 상온 절단과 고온 절단이 있는 데, 고온 절단에서는 보통 재료를 800℃~1,000℃로 가열하여 절단한다.

❸ 쇠톱을 이용하여 절단 작업을 한다.

재료를 바이스에 물리고 그림과 같이 오른손은 자루를, 왼손은 톱의 앞머리 위쪽을 잡고 전진하면서 균일하게 압력을 가하면서 절단한다. 후진할 때에는 압력을 가하지 않는다. 절삭 속도는 1분에 50~60회 왕복하는 것이 적당하다.

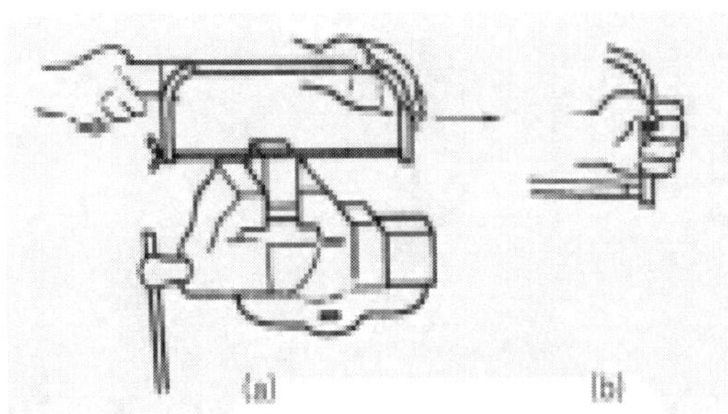

[그림 1-4] 톱 잡는 법

❹ 드릴과 정을 이용하여 절단 작업을 한다.

절단할 금긋기 선에 따라 일정한 간격으로 펀칭하고 작은 드릴로 구멍을 뚫은 다음, 구멍과 구멍 사이를 정으로 따내어 절단하는 방법이다. 조립 작업에서 각종 형태의 큰 구멍이나 곡선으로 절단할 때 이용된다. 드릴에 의한 절단은 응력이 생기지 않는 장점은 있으나, 구멍 뚫기와 절단면의 다듬질에 시간이 많이 걸리는 결점이 있다.

❺ 수공구를 이용하여 절단 작업을 한다.

1. 원형, 사각형, 타원형, 구멍을 제작한다.
   (1) 원을 제작한다(예시: 지름 100mm).
   (2) 사각형을 제작한다(예시: 가로 100mm × 세로 80mm).
   (3) 타원형을 제작한다(예시: 장축 100mm × 단축 80mm).
   (4) 사각형 안에 원형 구멍을 제작한다(예시: 가로 120mm × 세로 100mm, 구멍 지름 60mm).
   (5) 해머로 변형을 바로 잡고 줄로 다듬질 가공하고 치수가 맞는지를 확인한다.

2. 원통 및 원추형 부품을 절단 작업한다.
(1) 전개도를 그려서 부품을 절단 작업한다.
(2) 해머로 변형을 바로 잡고 줄로 다듬질 가공하고 치수가 맞는지를 확인한다.

1. 수공구 절단하기 평가(평가자체크리스트)				
학습 내용	평가 항목	성취수준		
		상	중	하
수공구 절단작업	작업에 용이하도록 절단용 금속판재, 봉재, 관, 형강재의 고정 방법에 대한 이해도			
	재료 종류에 따른 절단용 수공구를 선택하여 사용하는 방법에 대한 이해도			
	품질의 요구를 맞추기 위하여 절단부품의 다듬질, 연삭작업 상태			
	절단부품을 측정기를 이용하여 측정한 상태			
	절단변형을 교정 기구를 사용하여 교정한 상태			
결과 평가 방법; 평가자체크리스트, 평가자질문중 택일				

작업과제 2. 가스 절단하기

학습 목표

1. 재료종류에 따른 절단용 가스를 선택할 수 있다.
2. 작업에 용이하도록 절단용 금속판재, 봉재, 관, 형강재를 고정할 수 있다.
3. 가스절단기를 사용하여 금속판재, 봉재, 관, 형강재 절단작업을 할 수 있다.
4. 품질의 요구를 맞추기 위하여 절단부품의 다듬질, 연삭작업을 할 수 있다.
5. 교정 기구를 사용하여 절단변형을 교정할 수 있다.

수행 내용 / 2-1 가스 절단 작업하기

재료 · 자료

- 연강판(t9), 산소(150kgf/㎠), 아세틸렌(5kgf/㎠), 파이프(φ165.2×4.85)

기기(장비 · 공구)

- 가스절단토치, 자동가스절단기, 앤빌, 집게, 보안경, 가스용접장치 일체

안전 · 유의사항

- 도면 및 각종 자료 등의 정리·정돈을 한다.
- 가스 절단 장비의 점검을 철저히 하고, 안전하게 설치한다.
- 절단 작업에서는 절단 산소의 흐름이 높기 때문에 호스가 눌린다거나 충격을 받지 않도록 하고, 호스를 곧게 유지하면서 사용한다.
- 토치의 재료는 황동 또는 구리로 만들어졌기 때문에 나사를 잠그거나 조작할 때 너무 무리하게 취급하는 일이 없도록 한다.
- 불꽃이 갈라지거나 모양이 좋지 않을 경우에는 팁 클리너로 팁을 깨끗이 청소한다.
- 가스 절단 토치의 팁이 너무 과열되지 않도록 한다. 만일, 토치가 과열 되었을 때에는 절단산소의 밸브를 잠근 다음에 아세틸렌 밸브를 닫고 산소만을 약간 분출시킨 상태에서 물로 식혀서 사용한다.

- 가스 절단 작업에서 연강판이 충분히 예열되지 않았을 때에는 절단 산소 밸브를 열지 않도록 한다.
- 토치의 불꽃을 끌 때는 한 번에 밸브를 닫지 말고, 먼저 절단 산소 밸브를 닫고 난 다음에 아세틸렌 밸브와 산소 밸브의 순으로 닫는다.
- 가스 절단 작업에서 발생되는 유해 가스와 유해 광선에 주의해야 한다.
- 작업장에는 항상 소화 장비를 비치한다.

수행 순서

❶ 수동 직선 가스 절단하기는 다음의 순서를 따른다.

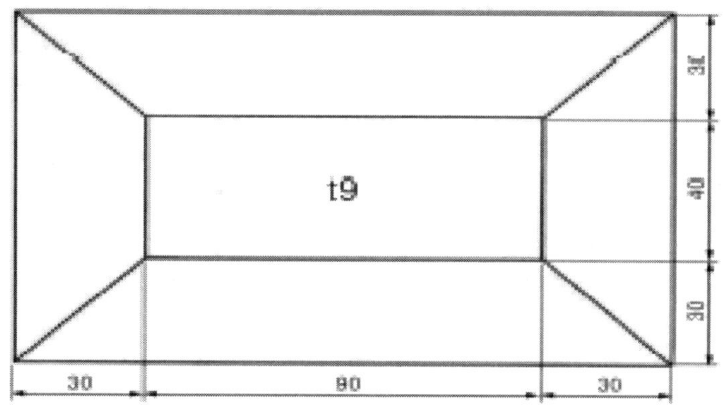

[그림 2-1] 수동 직선 가스 절단하기

1. 작업 준비를 한다.
   (1) 공구 및 장비를 준비한다.
   (2) 토치에 연결된 호스가 꼬였는지 확인한다.
   (3) 모재에 기름, 녹, 페인트 등을 제거한다.
   (4) 절단선을 석필로 긋는다.
   (5) 안전복과 차광도 번호 5~7번의 보안경을 쓴다.
   (6) 작업 조건이 고열을 수반할 경우 마스크로 얼굴을 가린다.
   (7) 절단하려는 재료 주위에 인화성 물질이 있는지 확인한다.
2. 불꽃을 조절한다.

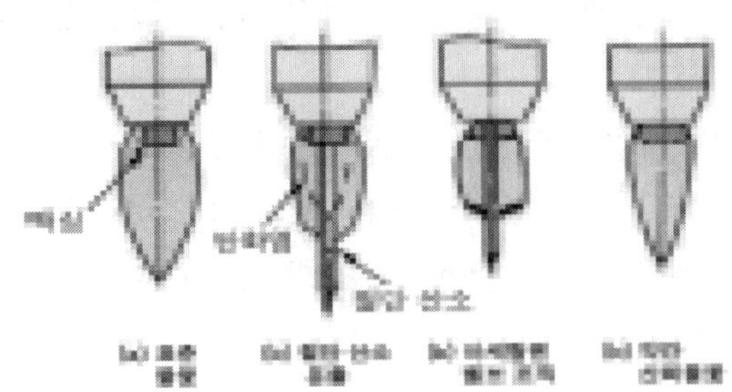

[그림 2-2] 불꽃 조절 순서

(1) 산소압력을 2~5kgf/㎠, 아세틸렌압력을 0.2~0.5kgf/㎠ 정도로 조절하고, 예열 산소 밸브를 조금만 연다.
(2) 아세틸렌 밸브를 열면서 점화한다. 특히, 혼합 가스는 빨리 점화하는 것이 위험이 적다.
(3) 먼저 탄화 불꽃을 만든 후 선명한 백심인 표준 불꽃(중성 불꽃)이 나타날 때까지 조절한다.
(4) 이때 예열 불꽃이 너무 강하지 않도록 한다.
(5) 고압 산소(산소 절단 레버)를 열어 예열 불꽃이 그대로 중성 불꽃으로 유지되는지, 즉 절단 중에 변화하지 않는지를 확인한다.

3. 예열한다.
(1) 절단선을 따라 절단할 부분 전체를 한 두번 예열한다.
(2) 절단의 시작 부분을 적열 상태(750~900℃)가 될 때까지 예열한다.
(3) 백심의 끝에서 모재까지의 거리는 2~3mm 정도 유지한다.

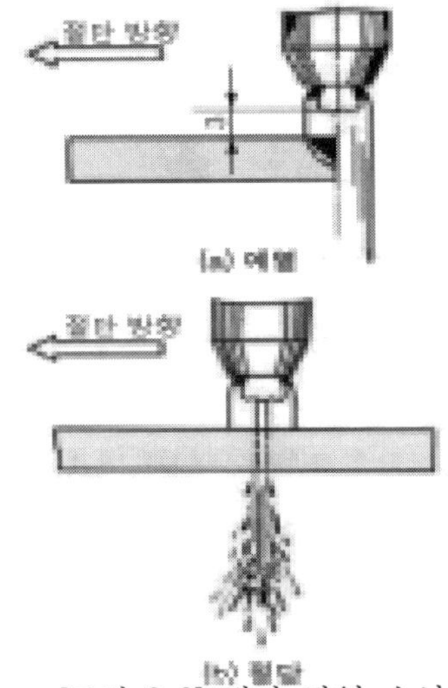

[그림 2-3] 절단 작업 순서

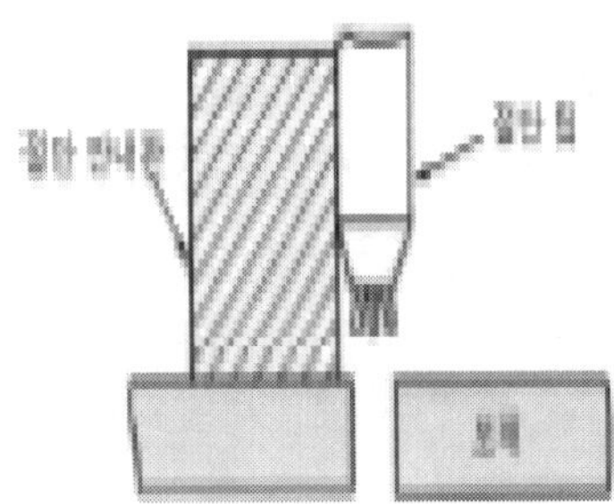

[그림 2-4] 절단 안내판 사용법

4. 절단한다.
 (1) 예열 지점이 적열 상태(750~900℃)에 이르면 고압 산소 밸브를 3/4~1회전시켜 열거나 절단 레버를 누르면서 토치를 진행시킨다.
 (2) 토치 팁은 절단선을 따라 놓은 절단 안내판에 대고 진행한다. [그림 2-4]
 (3) 절단이 끝나면 고압 산소 밸브를 잠근다.
5. 토치의 불을 끈다.
 (1) 아세틸렌 밸브를 잠그고 산소 밸브를 잠근다.
6. 반복 작업을 한다.
7. 검사한다.
 (1) 절단면의 밑부분이 절단이 잘 안되었으면 예열 불꽃이 약하므로 아세틸렌 밸브를 더 열어 강한 중성 불꽃으로 다시 조절한다.
 (2) 절단면의 윗부분이 녹을 경우는 절단 속도가 느리거나, 예열 불꽃이 너무 세거나, 절단 팁을 모재에 너무 접촉시켰을 때이므로 이를 다시 조절한다.
 (3) 절단면 밑부분에 슬래그가 붙어 있는 경우는 예열 불꽃이 너무 세거나, 절단 속도가 느릴 때이므로 아세틸렌가스를 줄여 다시 중성 불꽃으로 조절하고 절단 속도를 알맞게 한다.
 (4) 절단면에 많은 곡선의 드래그 라인이 있으면 절단 속도가 너무 빠르거나, 절단 압력이 너무 낮을 때이므로 절단 속도를 천천히 하고 절단 압력을 높게 한다.
 (5) 절단면이 경사져 있으면(밑부분 보다 윗부분이 넓다.) 예열 불꽃이 너무 약하고 백심과 모재 사이가 너무 멀 때이므로 예열 불꽃을 강하게 하고 백심에서 모재 사이를 2mm 정도로 좁힌다.
 (6) 절단면이 거칠고 평평하지 못하면 토치 진행이 부적당하거나 사용한 팁에 비하여 산소 압력이 너무 센 경우이다. 그러므로 편안한 자세를 취하고 팁을 깨끗이 청소하며 보다 큰 절단 팁으로 교체한다. 그리고 산소 압력은 줄인다.

8. 수동 경사 가스 절단하기를 수행한다.

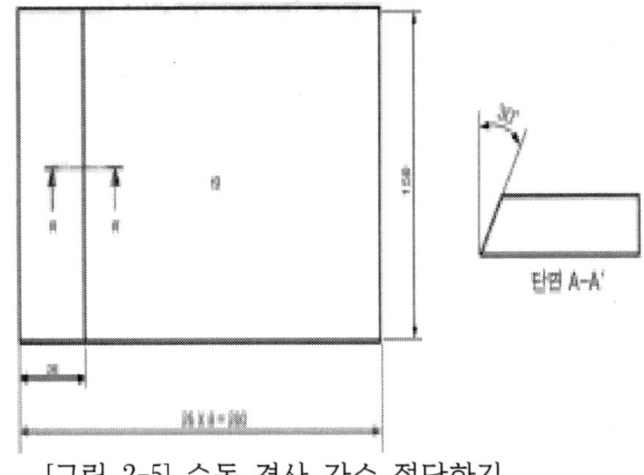

[그림 2-5] 수동 경사 가스 절단하기

❷ 수동 파이프 가스 절단하기는 다음의 순서를 따른다.

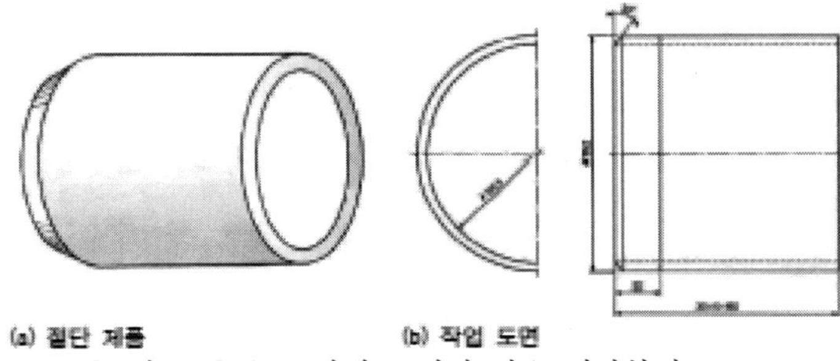

[그림 2-6] 수동 파이프 경사 가스 절단하기

1. 작업 준비를 한다.

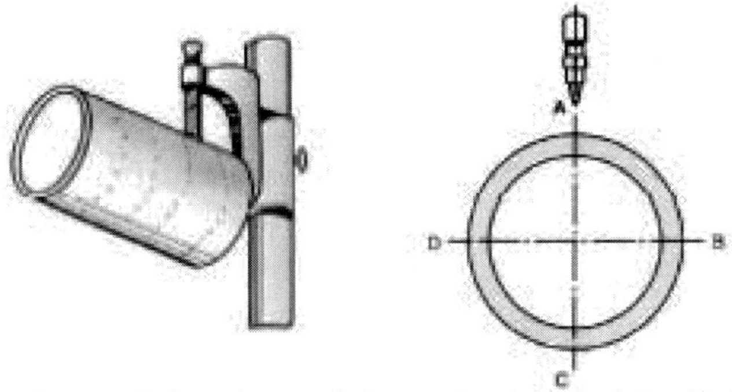

[그림 2-7] 파이프 지그 고정법 [그림 2-8] 파이프의 등분 및 시작점

(1) 필요한 공구와 재료를 준비한다.
(2) 알맞은 절단 팁을 선택한다.
(3) 토치에 연결된 호스 및 접속부에 가스 누설이 있는지 유무를 검사한다.
(4) 모재의 기름, 녹 등을 제거한다.
(5) 보안경의 차광도 번호는 5~6번을 착용한다.
(6) 절단 작업장 주위에 인화성 물질이 있는지를 확인한다.
(7) 재료를 지그에 고정한다([그림 2-7] 참조).

2. 불꽃을 조절한다.

(1) 산소 압력 2~5kgf/㎠, 아세틸렌 압력 0.2~0.5kgf/㎠ 정도로 조절한다.
(2) 예열 산소 밸브를 조금만 연다.
(3) 아세틸렌 밸브를 열면서 점화한다.
(4) 먼저 탄화 불꽃을 만든다.
(5) 표준 불꽃(중성 불꽃)이 나타날 때까지 산소 밸브를 열어서 조절한다.
(6) 고압 산소를 열어 예열 불꽃이 중성 불꽃인지 확인한다.

3. 예열한다.

(1) 파이프의 윗부분을 넓게 예열한다.
(2) 토치의 각도를 90°로 유지하고 절단 부위를 가열한다.
(3) 백심의 끝에서 모재까지의 거리는 1~2mm 정도 유지한다.

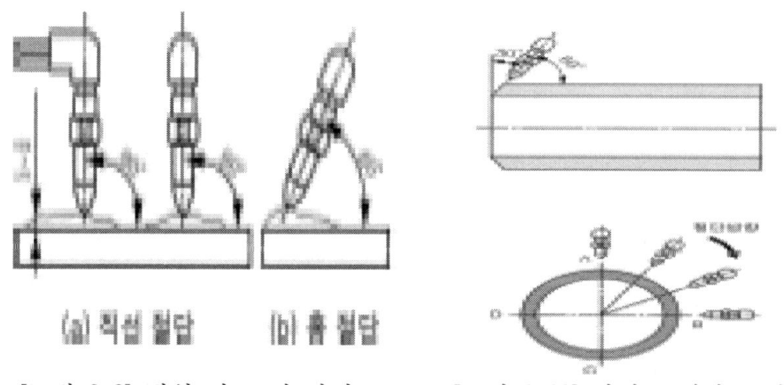

[그림 2-9] 팁의 각도 및 간격　　[그림 2-10] 파이프 절단 순서

4. 절단한다. [그림 2-10] 파이프 절단 순서 참조

(1) 파이프를 A, B, C, D와 같이 4단계로 구분하여 절단한다.
(2) 고압 산소 밸브를 천천히 열면서 절단 팁을 파이프의 표면에서 약간 올려 주면서 절단 구멍을 만든다.

(3) A 지점에서 토치의 각도를 60°로 유지하면서 B 지점까지 천천히 절단해 내려간다.
(4) 이때 절단 팁의 중심은 항상 파이프의 중심을 향하도록 한다.
(5) 파이프를 1/4등분 한다.
(6) 절단 순서는 A에서 B까지 절단한 다음 다시 B에서 C까지, C에서 D까지, D에서 A까지 차례로 절단한다([그림 2-10] 참조).
(7) 이때 팁속에 슬래그가 들어가는 것을 방지하여야 한다.
(8) 고압 산소 밸브를 잠근다.

5. 토치의 불을 끈다.
(1) 아세틸렌 밸브를 잠근다.
(2) 산소 밸브를 잠근다.

6. 검사한다.
(1) 절단면의 각을 측정하여 본다.
(2) 절단면의 폭과 파형을 검사한다.
(3) 치수가 도면과 맞는지를 검사한다.

7. 반복 작업을 한다.

8. 정리 정돈한다.

❸ 자동 직선 가스 절단을 한다.

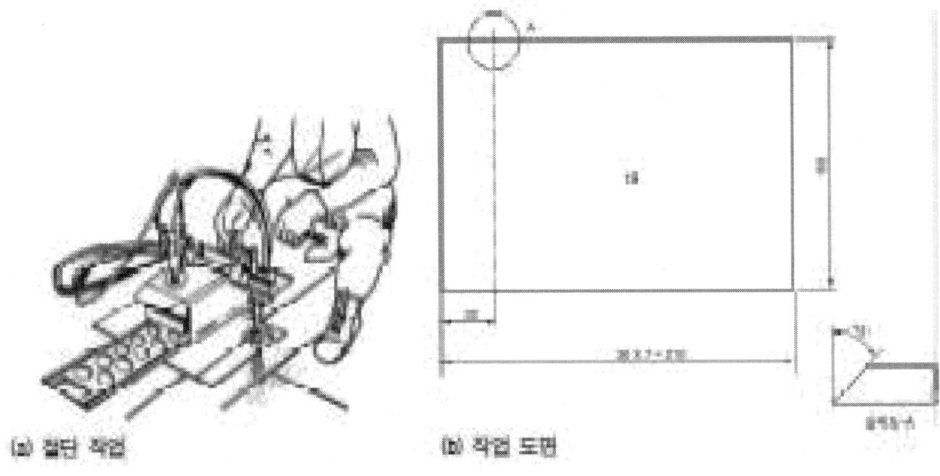

[그림 2-11] 자동 직선 경사 가스 절단하기

1. 작업 준비를 한다.

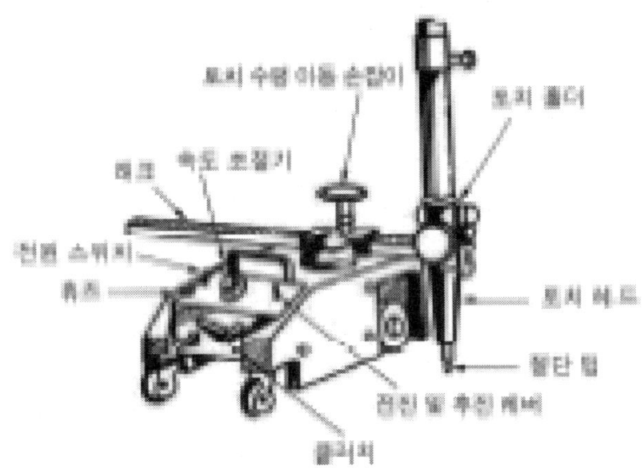

[그림 2-12] 자동 절단기의 구조

(1) 장비 및 공구를 준비한다.
(2) 절단 작업대 위에 레일을 평행하게 놓는다.
(3) 자동 가스 절단기의 바퀴를 레일에 맞춰 놓는다.
(4) 자동 가스 절단기 각 부분의 이상 유무를 점검한다.
(5) 자동 가스 절단기의 전원 플러그를 콘센트에 꽂는다.
(6) 절단 팁의 크기가 판 두께에 알맞은 것인지 확인한다.
(7) 모재 표면의 기름, 흙, 녹 등의 이물질을 제거하고 절단선을 표시한다.

2. 절단기를 조절한다.

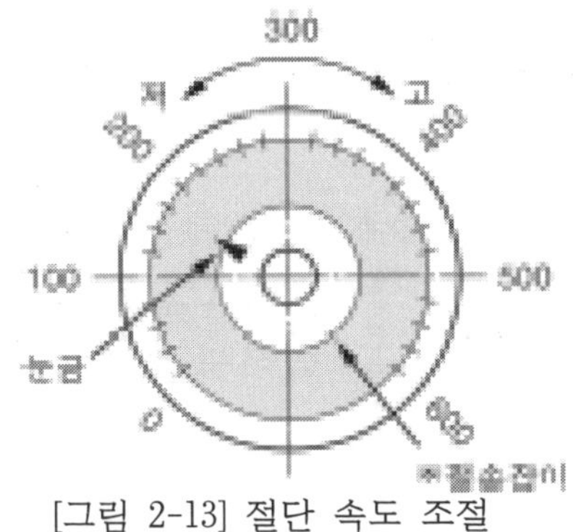

[그림 2-13] 절단 속도 조절

(1) 팁을 꽉 조인다.
(2) 가스 호스에서 가스가 새는지의 여부를 조사한다.

(3) 스위치를 넣고 가동 상태를 점검한다.
(4) 절단 속도를 조절한다([그림 2-13] 참조).

3. 불꽃을 조정한다.
(1) 산소 압력을 2~5 kgf/㎠, 아세틸렌 압력을 0.2~0.5 kgf/㎠으로 조절한 뒤에 점화 라이터로 팁에 불을 붙인다.
(2) 이때 불꽃 방향이 안전한 쪽을 향하도록 특히 조심하고 그을음이 나지 않도록 한다.
(3) 먼저 탄화 불꽃을 만들고 산소를 조금씩 증가시키며 중성 불꽃을 만든다. 이때 예열 불꽃이 너무 강하지 않도록 한다.
(4) 고압 산소를 열어 중성 불꽃의 모양이 변하는가를 점검한다.

4. 자동 가스 절단을 한다.
(1) 모터의 가동 클러치를 중립 위치에 놓고 예열 불꽃으로 절단선을 따라 손으로 절단기를 이동시켜 한두 번 예열한다.
(2) 백심 끝에서 모재의 간격은 2~3mm로 유지한다.
(3) 판 두께에 따라 산소 압력 및 절단 속도를 선택한다(〈표 2-1〉 참조).

〈표 2-1〉 자동 절단 조건표

판두께 (mm)	팁 지름 (mm)	산소 압력 (kgf/㎠)	절단 속도 (mm/min)	가스 소비량(㎥/h)	
				산소	아세틸렌
3	0.5~1.0	1.0~2.1	560~810	0.5~1.6	0.14~0.26
6	0.8~1.5	1.2~2.4	510~710	1.0~2.6	0.17~0.31
9	0.8~1.5	1.2~2.8	480~660	1.3~3.3	0.17~0.34
12	0.8~1.5	1.4~3.8	430~610	1.8~3.5	0.23~037
19	1.0~1.5	1.7~3.5	380~560	3.3~4.5	0.34~0.43

(4) 모재 끝에 불꽃의 백심을 맞추고 적열 상태가 될 때까지 예열한 뒤 고압 산소 밸브를 열며 클러치를 전진 위치에 놓는다([그림 2-12] 참조).
(5) 절단이 완료되면 고압 산소 밸브를 잠그고 클러치를 중립 위치에 놓는다.

5. 검사한다.
(1) 절단면을 검사한다.
(2) 절단부의 위쪽 가장자리가 날카로운 둥근 모양인가를 검사한다.
(3) 드래그가 수직인가를 검사한다.

(4) 모재 아래 가장자리가 거칠고 산화물이 있는지를 검사한다.
(5) 절단면이 경사졌는지를 검사한다.

6. 반복 작업을 한다.
7. 정리 정돈한다.

2. 가스 절단하기 평가(평가자체크리스트)				
학습 내용	평가 항목	성취수준		
		상	중	하
가스 절단작업	재료종류에 따른 절단용 가스 선택 방법에 이해도			
	작업에 용이하도록 절단용 금속판재, 봉재, 관, 형강재의 고정 상태			
	가스절단기를 사용하여 금속판재, 봉재, 관, 형강재의 절단작업 상태			
	품질의 요구를 맞추기 위하여 절단부품의 다듬질, 연삭작업 방법에 대한 이해도			
	교정 기구를 사용하여 절단변형 교정 방법에 대한 이해도			
결과 평가 방법; 평가자체크리스트, 평가자질문중 택일				

작업과제 3. 동력 절단하기

학습 목표

1. 작업범위를 설정하여 절단 공정을 수립할 수 있다.
2. 재료종류 및 공정에 따른 절단용 기계를 선정할 수 있다.
3. 도면의 치수에 맞도록 절단을 할 수 있다.
4. 교정 기구를 사용하여 절단변형을 교정할 수 있다.
5. 판재를 절단하기 위해 필요한 금형을 프레스에 작업할 수 있다.
6. 품질의 요구를 맞추기 위하여 절단부품의 다듬질, 연삭작업을 할 수 있다.

수행 내용 / 3-1 동력 절단 작업하기

재료 · 자료

- 연강판(냉간압연강판, KSD 3512), 함석판(아연도금강판, KSD 3506)

기기(장비 · 공구)

- 금긋기 바늘, 강철자, 직각자, 디바이더, 센터 펀치, 해머, 버니어캘리퍼스, 전기 가위, 동력전단기

안전 · 유의사항

- 도면 및 각종 자료 등의 정리·정돈을 한다.
- 동력 절단 기계의 종류 및 사용법에 대해 이해한다.
- 사용 기계 및 기구의 안전 수칙을 준수한다.
- 작업하기 전에 한 번 공회전시켜 클러치, 스프링 및 브레이크 상태를 점검한다.
- 페달 근처에 재료나 물건을 쌓아 놓지 않도록 한다.
- 공동 작업을 할 때에는 페달을 밟는 사람을 정해 놓고 작업한다.
- 정지 시에는 스위치를 반드시 끄고 페달을 밟아 놓지 말 것
- 페달은 U 자형의 덮개를 씌울 것
- 형틀에 묻은 먼지나 기름 등을 제거하기 위하여 손가락을 넣지 말고 적당한

공구로 긁어낼 것

수행 순서

❶ 전단 기구를 파악한다.

1. 전단용 다이 작업을 한다.

(1) 블랭킹(뽑기) 다이

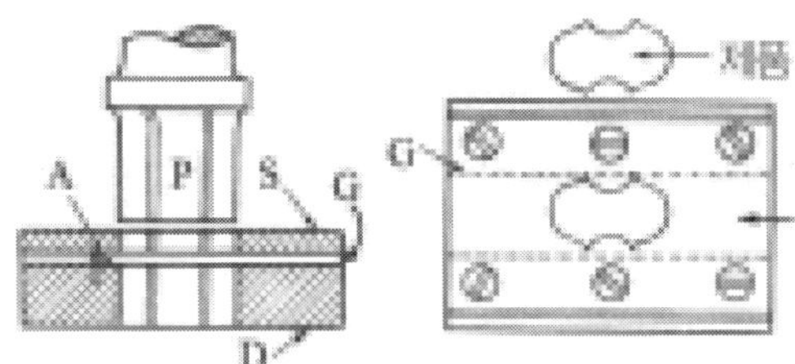

[그림 3-1] 블랭킹 다이

모든 다이 중에서 가장 간단한 것으로서 판으로부터 목적의 제품을 가공하는 구조로 [그림 3-1]은 한 예를 나타낸 것이다. 다이 D에는 뽑기하여야 할 제품의 모양을 가지는 구멍이 있으며, 펀치 P는 다이 구멍에 정확히 맞으면 이 구멍에 펀치가 하강하여 전단작용에 의하여 판을 절단한다. 판은 G의 위치에 놓으면 S는 스트리퍼(stripper)로서 펀치가 상승할 때 판을 펀치로부터 빠지게 하는 역할을 하며, A는 판의 이송을 일정하게 하는 스톱핀(stop pin)이다.

(2) 순차 이송 다이

와셔(washer)와 같은 제품이 작은 구멍을 가지고 있을 경우 사용되는 다이로서 [그림3-2](a)에 한 예를 나타낸 것이다. 펀치 C가 구멍을 뚫는 동시에 외형 타발 펀치 B가 구멍 외측을 타발하여 목적의 제품을 만드는 것으로서 2공정을 1행정으로 완료한다.

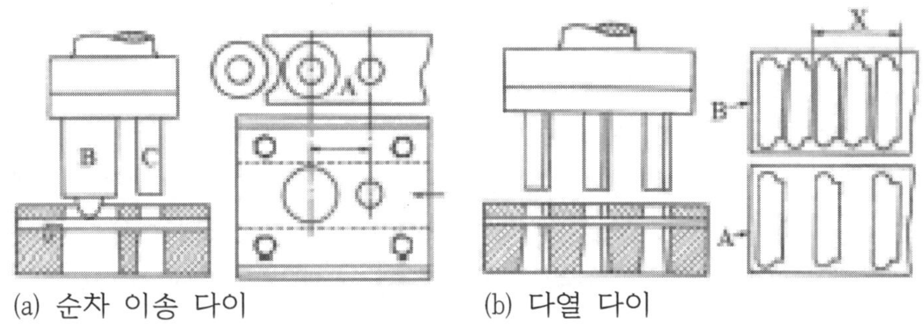

(a) 순차 이송 다이 (b) 다열 다이

[그림 3-2] 순차 이송 다이 및 다열 다이

(3) 다열 다이(gang die)

다수의 펀치와 같은 수의 구멍을 가지는 다이로서 구성되며, 각 행정에서 펀치와 같은 수의 제품을 뽑게 한다. [그림 3-2](b)에 한 예를 나타냈으며, A와 같이 블랭킹된 것을 각 행정마다 X만큼 이송하면 B와 같이 블랭킹 된다.

(4) 복동 다이(compound die)

블랭킹 다이나 순차 이송 다이와 다른 점은 펀치와 다이가 각각 독립 하여 만들지 않고 상하에 각각 대응하는 상형과 하형을 가지고 있는 것이다. 이것들이 펀치, 다이, 스트리퍼 이젝터(ejector)의 역할을 한다.

(5) 완성 다듬 다이(shaving die)

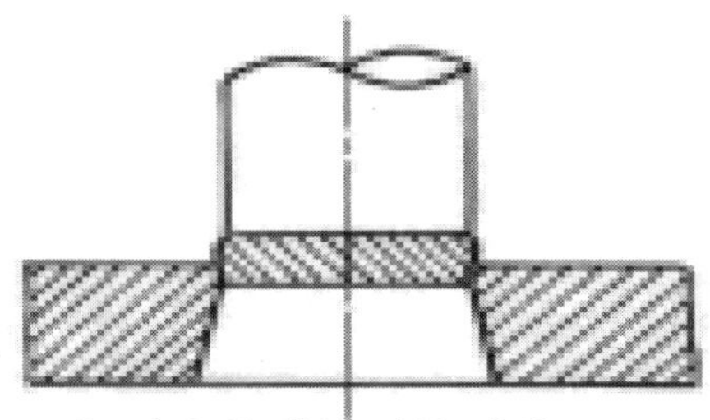

[그림 3-3] 완성 다듬 다이

비교적 후판을 뽑기하면 펀치와 다이 사이의 간격에 의하여 판 주위가 거칠게 된다. 이것을 깨끗이 재가공하기 위해서는 [그림 3-3]과 같은 완성 다듬다이를 이용한다.

이 다이는 펀치와 다이 사이의 간격이 극소화하므로 깨끗이 가공된다. 더 깨끗한 면을 얻기 위해서는 버니싱 다이(burnishing die)를 사용해야 한다.

2. 시어(shear)를 사용하여 작업한다.

시어라는 것은 다이 또는 펀치의 면을 경사지게 연삭하는 양을 말하는 것이며, 이렇게 함으로써 소요 전단력과 공구에 작용하는 응력을 감소시키며, 같은 하중으로 가공한다고 하면 더 두꺼운 재료나 저항이 큰 재료를 가공할 수 있어 소용량 프레스의 사용이 가능하게 된다.

(1) 시어량에 대한 힘의 관계

[그림 3-4]에 표시한 것과 같이 시어의 각 크기에 따라 힘이 변화한다.

[그림 3-4]의 (a)는 시어가 없을 경우이며, 전 원주에 걸쳐서 한 번에 절단되기 때문에 최고의 하중이 필요하다. 그러므로 하중선도와 같이 최대 하중이 급속도로 상승하고 전단완료에서는 급속히 하강한다. 그림(b)는

시어량이 t/3의 경우이며, 절단이 펀치의 일부분에서만 행하여지기 때문에 절단하중은 감소하고 그림(b)의 위치에 펀치가 있을 때 최대하중이 되며, 절단이 거의 종료 단계에 있기 때문에 절단 하중은 그림(a)의 경우보다 적다. 그러나 하중이 작용한 거리가 크기 때문에 일량은 같다.

그림(c)는 시어량이 t인 경우이며, 처음 접촉한 날은 t를 완전히 진입했을 때 마지막 날이 접촉하므로 이때 최대 하중이 작용하는 위치가 된다. 이 최대 하중은 그림(a)의 약 절반 정도이며 펀치의 진행거리는 그림(b)보다 길며 대체로 시어량은 두꺼운 철강 재료에서는 t보다 작은 범위에서부터 얇은 재료에 대해서는 2t까지 주는 경우도 있다.

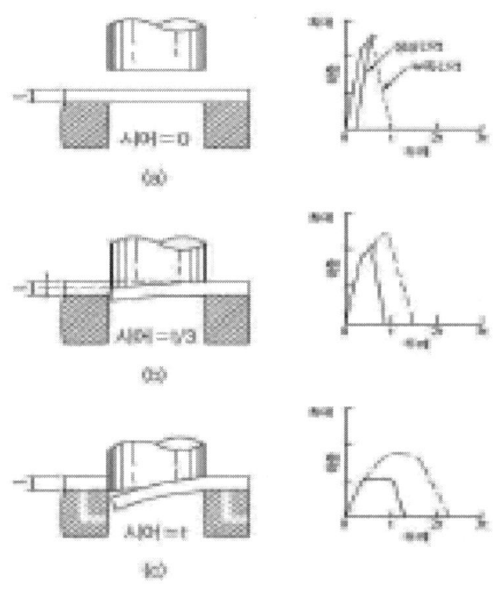

[그림 3-4] 시어링과 전단 하중과의 관계

(2) 시어 설치

[그림 3-5]의 (a)와 같이 다이에 오목시어를 주어서 장방형의 소재를 뽑기할 경우 다이의 긴 변이 원통 면이 되게 연마하여 시어를 만들면 펀치는 소재의 짧은 변을 미리 절단한다.

소재가 원형일 경우 그림(b)와 같이 다이에 선형시어를 만든다. 이 경우 다이의 높은 부분이 약화될 우려가 있다.

블랭킹된 소재가 평면을 요구할 때는 그림(a), (b)와 같이 다이에 시어를 만들고 그림(c), (d), (e)의 경우는 블랭킹된 것이 변형되며, 원재료는 평탄하다. 따라서 다이와 펀치 어느 쪽에 시어를 줄 것인가는 블랭킹된 소재가 평탄면을 요구하는가 또는 구멍이 평탄면을 요구하는가에 따라 결정된다.

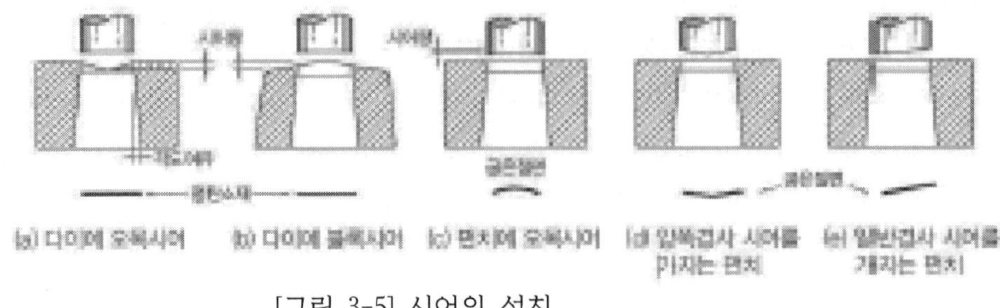

[그림 3-5] 시어의 설치

❷ 전단 과정을 파악한다.

1. 다이와 펀치 사이의 전단작용을 파악한다.

펀치와 다이로 금속을 전단할 경우 가압력을 지닌 펀치가 하강하여 소재의 표면에 접촉하면 먼저 판재 표면의 요철을 없애는 작업이 행해지고 계속해서 펀치가 하강하면 재료는 압축을 받아서 날 끝부분에 압축응력이 집중하여 부분적으로 변형하기 시작한다.

이 상태를 표시한 것이 [그림 3-6]의 (a)이며 초기의 압축이라고 볼 수 있는 단계이다.

계속해서 펀치가 하강하면 펀치 및 다이의 날 끝이 판에 쐐기작용을 일으켜 압축응력은 증대되고 이때 펀치의 하강력을 P라 하면 P는 재료의 선단이 튀어 오르는 것과 같은 작용한다. 즉, 그림(b)에 있어서 펀치와 다이의 틈새를 C로 하면 회전 모멘트는 $M=C\times P$ [N ·mm]가 된다.

그러나 재료는 펀치 측면에 방해되거나, 또는 펀치하단의 저항과 부딪치거나 혹은 판 주름 등이 작용하여 실제로는 회전하지 못하고 굽힘 작용을 받게 된다.

즉, 소재는 회전시키려고 하는 모멘트에 저항하는 힘이 생기게 된다. 이 힘을 P′라 하면 P′는 날 끝의 측면에서 수평압력이 작용하는 것으로 생각할 수 있다. P 및 P′의 힘은 펀치와 다이에서 재료에 대한 쐐기의 작용으로서 재료는 강한 압축력과 강한 인장력을 동시에 받는다.

이 시점에서는 이미 항복점을 통과해서 소성력에 들고 바로 파괴를 일으키려고 한다. 한편, 가압된 펀치가 하강하면 P 및 P′는 더욱더 증대하여 펀치가 받는 저항력은 최대가 되며, 결국에는 쐐기효과가 재료의 파단력을 초과하여 재료에 어떤 각도를 지닌 균열이 생기게 된다.

이와 같이 펀치 및 다이의 양쪽에서 시작한 균열은 어느 곳에서 서로 적당히 만나서 절단을 완료한다.

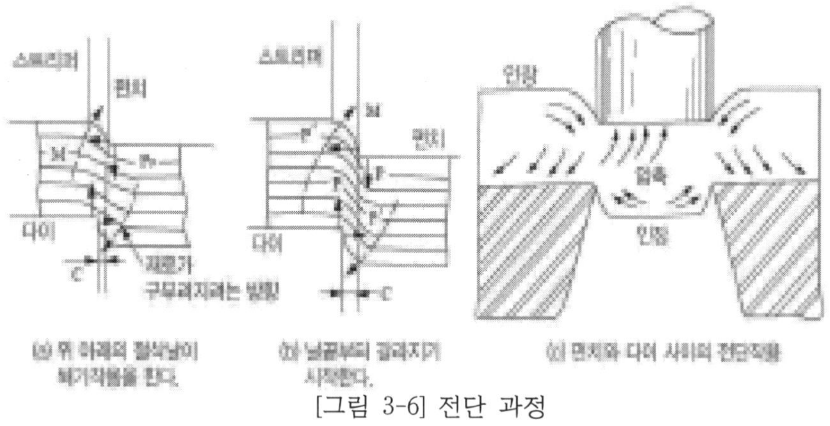

[그림 3-6] 전단 과정

2. 전단하중을 파악한다.

편치와 다이로써 재료를 전단하려 하면 재료가 차츰 변형되어 마지막에는 파단이 일어나는데, 이때 재료는 변형을 되지 않도록 또 파단되지 않도록 저항을 한다. 이 저항력은 파단이 생기기 직전(균열이 일어나기 직전)에 최대가 되며, 이 최대 저항력을 전단저항 혹은 전단강도라 한다.

전단을 하려면 전단저항 이상의 펀치압력을 가하지 않으면 안 된다. 그러나 전단저항보다 너무 큰 힘을 가하는 것도 좋지 않으므로 필요에 따라 충분한 전단하중을 알기 위해서는 전단저항이 어느 정도 인지를 알아야 한다.

전단저항도 인장강도와 같은 방법으로 구한다.

$$\text{전단 저항} = \frac{\text{최대압력}(N)}{\text{단면적}(mm^2)} = \frac{P}{A}\,[N/mm^2]$$

으로 구할 수 있다. 여기서 말하는 단면적이란 재료가 전단된 부분의 면적을 말한다.

그런데 이 식의 전단저항은 재료에 따라 변화를 하게 되나 특수한 재료를 제외하면, 전단저항은 인장강도의 약 80%라고 생각하여도 된다. 그리고 필요한 전단하중은 여러 가지의 조건에 따라 달라지며 이들의 조건을 무시하고 이상적인 상태로 작업한다고 하면 그때의 전단에 필요한 전단하중 P는

$$P[N] = l \times t \times s$$

l: 전단 길이(가공 도형의 원주)[mm]

t: 재료의 판두께[mm]

s: 재료의 전단저항[MPa] 〈표 3-1 참조〉

그러나 이상적인 상태가 아닌 실제의 경우는

P=(1.1~1.2) × l × t × s+(스트리퍼 압력)

이며, 이것은 이상적 상태의 전단하중에 1.1~1.2배하여 스트리퍼 압력을 더해주면 된다.

〈표 3-1〉 각종 재료의 전단강도

재 질	전단강도(Mpa)		재 질	전단강도(Mpa)	
	연재	경재		연재	경재
납(Pb)	20~29	-	탄소강 C=0.1%	245	314
주석(Sn)	29~39	-	탄소강 C=0.2%	314	392
알루미늄(Al)	69~108	128~157	탄소강 C=0.3%	353	478
두랄루민	216	373	탄소강 C=0.4%	441	549
아연(Zn)	118	196	탄소강 C=0.6%	549	696
구리(Cu)	177~216	235~294	탄소강 C=0.8%	706	883
황동	216~294	343~392	탄소강 C=1.0%	785	990
청동	314~392	392~588	규소강판	530	549
양은	275~353	441~549	스테인리스강판	570	549
연철판	314	392	피혁	-	59
강철판	441~490	539~588	종이	-	49

❸ 클리어런스를 파악한다.

1. 클리어런스(틈새)의 필요성을 파악한다.

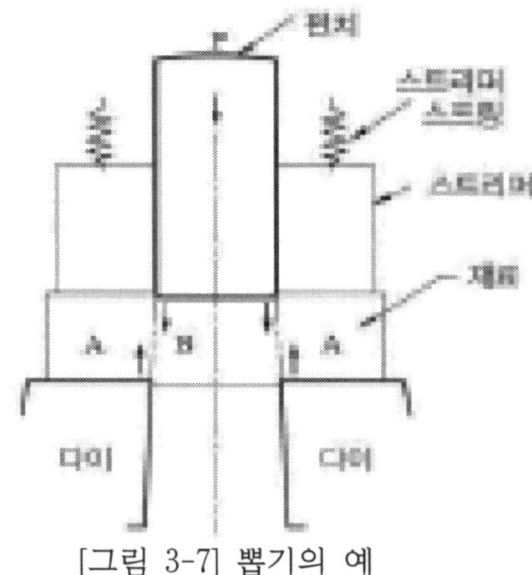

[그림 3-7] 뽑기의 예

[그림 3-7]은 뽑기의 예를 나타낸 것이다. 일감의 A부는 먼저 스트리퍼로 눌려지고 밑에서 다이에 의하여 받혀져 있으므로 펀치가 내려와도 안 움직

이고 B부만이 펀치에 눌려서 펀치와 더불어 내려온다.

따라서 재료는 펀치의 날 끝과 다이의 날 끝을 이은 선상에서 절단이 된다고 생각할 수 있다. 그러나 이것으로는 불충분하다. 왜냐하면 떼어내기 위해서는 펀치가 다이의 안에 들어가지 않으면 안된다. 절대 필요조건으로서 펀치의 지름보다 다이구멍의 지름이 크지 않으면 안 되기 때문이다. 이 펀치와 다이 사이의 간격인 클리어런스는

$$\text{클리어런스}(c) = \frac{\text{다이구멍지름} - \text{펀치지름}}{2}$$

으로 나타내게 되는데 보통은 재료 두께의 4%~12% 정도로 잡는다. 그러나 클리어런스가 있다는 것은 재료를 가압하였을 때 압축력이나 인장 응력이 작용해서 재료는 직선적으로 매끈하게 전단되지 않는다. 프레스 작업에 있어서 전단은 순식간에 일어나지만 클리어런스는 대단히 중요한 요소이다. [그림 3-8]은 클리어런스의 양의 대소에 의한 전단면의 차이를 나타낸 것이다.

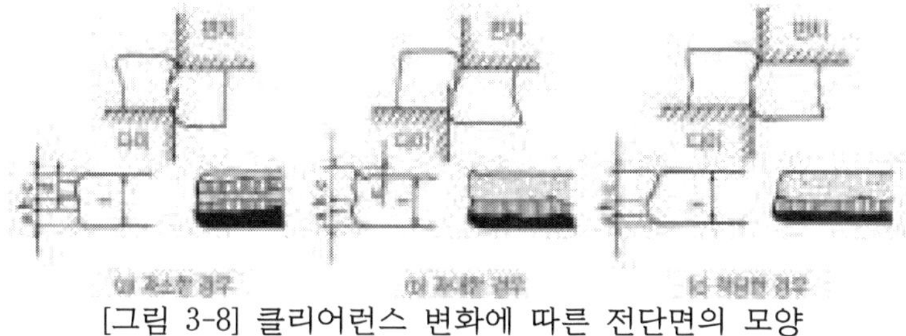

[그림 3-8] 클리어런스 변화에 따른 전단면의 모양

2. 클리어런스의 크기를 파악한다.

(1) 전단하중과 클리어런스

적정 클리어런스를 결정하는 방법을 여러 가지 관점에서 생각해보면 일감이 같은 소재일 때는 클리어런스를 크게 잡을수록 전단하중은 작아도 된다. 클리어런스가 작으면 전단의 과정에서 균열이 맞닿지 않기 때문에 2차 전단현상이 나타나고 펀치는 두 번 전단을 하게 되는 것이므로 전단하중은 대단히 커진다. 이렇게 되면 기계나 금형에 무리가 가게 되어 파손되기 쉽기 때문에 전단하중을 작게 한다는 의미에서 클리어런스를 크게 주는 것이 좋다.

(2) 날 끝 수명과 클리어런스

전단하중이 커지면 당연히 날 끝에도 큰 하중이 걸리게 되어 날 끝의 마모가 빨라진다. 날 끝 마모를 억제하는 뜻에서도 클리어런스를 크게 주는 것이 좋다.

(3) 스트리퍼(stripper)의 압력과 클리어런스

스트리퍼는 펀치가 뽑혀 나올 때 스크랩이 펀치와 함께 따라 나오지 않도록 누르는 작용을 하는 것으로 펀치가 스크랩을 끌어 올리지 않게 하는 장치이다. 그래서 스트리퍼 압력과 클리어런스의 관계에서도 클리어런스가 작을수록 펀치에 작용하는 스크랩의 옆쪽 힘은 커지므로 스트리퍼에 걸리는 힘도 크게 하지 않으면 안 된다.

따라서 스트리퍼 압력을 적게 하기 위해서는 클리어런스는 크게 하는 것이 좋다. 이와 같이 전단하중, 스트리퍼 힘 등과 클리어런스의 관계에서는 어느 것이든 클리어런스를 크게 주는 것이 유리하다.

(4) 제품의 정도와 클리어런스

클리어런스는 클수록 좋다고만 할 수 없다. 클리어런스가 너무 크면 중요한 제품의 정도가 낮아지기 때문이다. 기계에 부담을 주지 않는 다는 의미에서 클리어런스를 크게 하는 것이 유리하지만 제품의 정도를 향상시키기 위해서는 반대로 클리어런스를 작게 주지 않으면 안 된다.

3. 적정 클리어런스의 결정법을 파악한다.

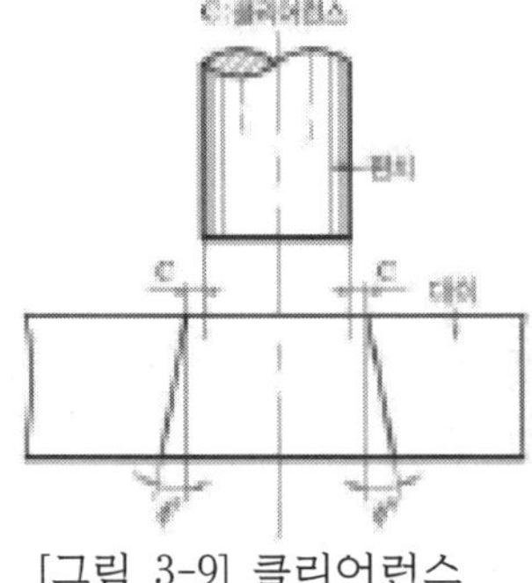

[그림 3-9] 클리어런스

일반 작업용 클리어런스는 정의를 그림으로 표시하면 [그림 3-9]와 같다.

프레스 작업에서는 그 제품에 요구되는 조건에 따라서 클리어런스를 바꿀 필요는 있으나 〈표 3-2〉를 기준으로 하는 것이 좋다. 그러나 전단면 전체가 재료 면에 수직이라든가 처짐이 작은 것이 요구될 경우는 〈표 3-2〉의 값의 정도로 클리어런스를 주어서 가공하면 좋다.

또, 다량 생산용 공구의 클리어런스는 공구 수명을 연장해야 하기 때문에 여유각이 있는 다이에서는 표의 값의 정도로 한다. 표의 값은 주로 판두께 3mm 이하에 적용이 되고 3mm 이상에서 단면에 특별한 요구가 없을 경우에는 표의 값을 1.5~2배 정도로 한다. 이와 같은 방식으로 항상 적정한 클리어런스를 주도록 노력하지 않으면 안 된다.

〈표 3-2〉 재질에 따른 적정 클리어런스(틈새)

재 질	틈 새	재 질	틈 새
순철	6~9%↑	황동(연질)	6~10%↑
연강	6~9%↑	인청동	6~10%↑
경강	8~12%↑	양은	6~10%↑
규소강	7~11%↑	알루미늄(경질)	6~10%↑
스테인리스강	7~11%↑	알루미늄(연질)	5~8%↑
구리(경질)	6~10%↑	알루미늄합금(경질)	6~10%↑
구리(연질)	6~10%↑	알루미늄합금(연질)	6~10%↑
황동(경질)	6~10%↑	납	6~9%↑

4. 전단 공구의 수명을 파악한다.

대량의 전단가공을 실시할 때는 전단 공구의 수명이 문제가 된다. 전단 가공시 날끝부에는 공구 면에서 큰 수직하중을 받고 또 공구 측면에서도 측압력을 받으면서 소재가 공구 표면에 미끄러지게 되므로 당연히 이 공구 부분에서 마찰현상이 발생한다.

전단과정을 반복하면 날 끝의 마모현상이 진행하는데 어느 정도 이상으로 마모가 커지면 마찰현상은 갑자기 증대한다. 전단공구 날 끝의 마모 상태로 수명을 판정하는데, 날 끝의 형상을 유지하는 것이 가장 중요하며, 날 끝이 마모되면 제품의 젖힘도 커지므로 젖힘의 정도로 수명을 판정하게 된다.

즉, 젖힘이 어느 정도 이상 커지면 제품으로서의 가치가 저하하므로 재연삭하지 않으면 사용할 수 없게 된다. 이 재연삭까지의 전단할 수 있는 제품의 매수로 전단 공구의 수명이라고 부를 때가 많다. 전단 공구의 수명에 큰 관계를 지닌 인자는 많으나, 그 주된 것을 든다면 ①날끝의 재질과 열처리 ②피가공재의 재질 ③윤활제의 유무와 그 종류 ④공구의 구조와 정도 ⑤틈새 ⑥날 끝의 형상 등이다.

이중 공구 날 끝의 재질과 피가공재의 재질은 직접 재연삭까지의 블랭킹이 가능한 매수에 크게 관계하고 있다. 특히, 전동기의 코어와 같이 정밀한 부품을 대량으로 블랭킹할 때 초경합금의 공구를 사용하면 강제 공구

보다 약 20배의 수명이 길어진다. 또 회전가공에 있어서는 윤활제의 영향도 비교적 크다.

❹ 동력전단기를 이용하여 절단 작업을 한다.

1. 연강판을 필요한 치수만큼 절단 작업하고, 원하는 치수에 맞게 절단이 되었는지 확인한다.
2. 변형이 되거나 치수가 맞지 않으면 원인을 파악하여 수정하고 재작업을 한다.

3. 동력 절단하기 평가(평가자체크리스트)				
학습 내용	평가 항목	성취수준		
		상	중	하
동력 절단 작업	작업 범위를 설정하여 절단 공정 수립 방법에 대한 이해도			
	재료 종류 및 공정에 따른 절단용 기계 선정에 대한 이해도			
	도면의 치수에 맞도록 절단한 상태			
	교정 기구를 사용한 절단 변형 교정 상태			
	판재를 절단하기 위해 필요한 금형을 프레스에 작업한 상태			
	품질의 요구를 맞추기 위하여 절단 부품의 다듬질, 연삭 작업한 상태			
결과 평가 방법; 평가자체크리스트, 평가자질문중 택일				

작업과제 4. CNC 절단하기

학습 목표

1. 절단에 적합한 절단용 CNC프로그램을 작성할 수 있다.
2. 절단부품의 치수를 측정하여 CNC프로그램을 수정할 수 있다.

수행 내용 / 4-1 절단용 CNC 프로그램 작성하기

재료 · 자료

- 컬러 잉크, 흑백 잉크, 백상지, USB

기기(장비 · 공구)

- CAM 프로그램, 컴퓨터, 플로터

안전 · 유의사항

- 도면 및 각종 자료 등의 정리·정돈을 한다.
- 절단의 시작점, 진행 방향, 순서는 제품의 변형 등에 큰 영향을 준다.
- CW, CCW의 적용에서 외곽선은 CW를 도형안의 선은 CCW를 적용한다.

수행 순서

❶ CNC 소프트웨어(Pro CAM) 아이콘을 파악한다.

❷ CNC 소프트웨어(Pro CAM)를 이용하여 절단 모형 프로그램을 작성한다.

1. 작업 준비를 한다.
2. 기본도형을 그린다. 기본도형은 백색을 이용하는 것이 작업에 편리하다.
3. 가공할 도형들을 가급적이면 폴리라인으로 만든다.
   (1) 폴리라인 만들기: 편집기능의 “(8) 결합”기능을 이용하여 결합하고자 하는 대상을 선택한다. 이 때 선택 방법은 〈Select object/Window/Cross/All/Color〉 중에서 적절한 것을 이용한다.

(2) 결합이 안 될 경우 옵션기능의 “Distance(0.001)” 값을 현재 값보다 크게 하고 다시 “결합”기능을 이용하여 폴리라인으로 만든다.

4. off set 기능을 사용하여 공구경을 보정하는 그림을 그린다.

(1) off set 명령어나 아이콘을 이용하여 실제 공구 이동경로를 구한다.

(2) 이 때 원도가 백색이므로 off set 되는 공구경로는 다른 색으로 하는 것이 바람직하다. 즉, 컬러를 다른 색으로 셋팅한 후 off set 하면 원도와 공구 경로 정도가 쉽게 구분된다.

5. 모재에 로스율이 최소가 되도록 그림들을 배치한다.

(1) 복사, 이동, 회전 등의 기능을 이용하여 최적 조건으로 배치한다.

6. 피어싱 기능을 이용하여 시작점과 진입경로을 만든다.

(1) 가급적이면 피어싱점에서 부품으로의 진입경로는 연결마디에 한다.

(2) 부품의 경계면으로부터 피어싱점까지의 거리는 모재의 두께의 따라 다르며 적어도 천공시 용융액이 부품면에 접근하지 않을 정도가 되어야 한다(보통 20mm 이상).

7. 방향을 정한다.

(1) 진행방향이 잘못된 것은 “방향변경” 아이콘을 이용하여 진행방향을 바꾼다.

(2) 진행방향과 시작점(피어싱 포인트)을 체크하려면 “가공방향보기” 아이콘을 이용한다.

8. 가공순서를 정한다.

(1) “선택” 기능을 이용하여 가공순서를 정한다. 가공순서를 정할 때 가공순서에 따라서 가공물의 변형이나 품질등에 많은 영향을 주기 때문에 주의를 해야 한다. 일반적으로 모재가 가벼운 쪽부터 순서를 빠르게 한다. 이때 선택방법은 〈Select object/Window/Cross/All/Color〉 중에서 적절한 것을 이용한다.

9. 가공정보(속도, 예열시간)를 부여한다.

(1) “가공정보 DB” 아이콘을 이용하여 재질, 두께에 맞는 정보(가공속도, 예열시간, 팁의 종류, 전류세기 등)를 선택한다.

10. 시뮬레이션을 한다.

(1) “시뮬레이션” 아이콘을 이용하여 가상가공을 실행하면 된다. 이때 〈Start/Continue/Number〉 에서 상황에 맞는 옵션을 선택한다.

Start: 1번부터 실행한다.

Continue: 잠시 멈추었던 실행을 계속한다.

Number: 지정하는 번호부터 끝까지 실행한다.

(2) 시뮬레이션 중에 속도의 변경은 메뉴에 나타나는 UP/DOWN 명령을 이용한다.

(3) 시뮬레이션을 멈추고자 할 때에는 키보드의 "ESC"를 누른다.

11. 실제 절단 시 발생할 수 있는 문제점(변형, 시간 등)을 비교 검토한다.

(1) 시뮬레이션 후 진행방향, 시작점, 절단속도, 절단시간 등을 비교 검토한다.

12. 정리 정돈한다.

❸ CNC 소프트웨어(Pro CAM)를 이용하여 절단 CAM 프로그램을 작성한다.

1. CAM CODE를 파악한다.

〈표 4-1〉 CAM CODE 의미 및 사용 예

기 호	의 미	사용예
0-9	숫자	23.5
	소수점	23.5
P	가공속도(mm/min)	P1200
G	주기능(G-CODE)	G00-G99
I	원(호)의 중심 좌표값(X좌표값)	G02 X40.0 Y50.0 I-60.0 J30
J	원(호)의 중심 좌표값(Y좌표값)	G02 X40.0 Y50.0 I-60.0 J30
M	보조기능(M-CODE)	M00-M99
X	X축방향 지연시간	
Y	Y축방향 지연시간	
N	프로그램 줄 번호	N003, N012
O	프로그램 번호	O001, O021
R	원(호)의 반지름	R50.0, R-50.0
D	공구보정기호(KERF, OFF SET)	D00-D99
S	개선각(BEVEL ANGLE)기호	S1300(+30°), S2300(-30°)
+	기계이동방향(+방향)	G01X+50.0
-	기계이동방향(-방향)	G01X-50.0
( )	주석문 기호	(NOTES)

2. CNC CODE를 파악한다.

〈표 4-2〉 G CODE 종류 및 사용 예

G CODE 종류 및 상세설명		
G CODE	의 미	사용예
0-9	숫자	23.5
G00	급속이송	G00 X100.0 Y-50.0
G01	직선보간	
G02	원호보간(시계방향)	
G03	원호보간(반 시계방향)	G03 X25. Y50. I-20 J30
G40	공구보상(KERF) 취소	G40
G41	진행방향의 좌측 공구보상(KERF)	G41
G42	진행방향의 우측 공구보상(KERF)	G42
G65	매크로 호출	G65
G90	절대좌표값 지정	G90
G91	상대좌표값 지정	G91
G92	절대좌표값으로 복귀	G92

〈표 4-3〉 M CODE 종류 및 사용 예

M CODE 종류 및 상세설명			
M CODE	의 미	M CODE	의 미
M00	프로그램 정지	M52	토치 회전 끝
M01	옵션 프로그램 정지	M55	토치 회전 원점 복귀
M02	프로그램 끝	M58	토치 각도 원점 복귀
M07	절단 착수	M67	플라즈마 파워 온
M08	절단 종료	M68	토치 순간 상승
M09	마킹파우더 분사	M89	부저 울림
M10	마킹파우더 분사 정지	M98	서브 프로그램 호출
M11	마킹토치 준비	M99	서브 프로그램 끝
M12	마킹토치 원점 복귀		
M30	프로그램 테이프 끝		
M45	토치 하강		
M46	토치 상승		
M47	토치 홀드		
M51	토치 회전 시작		

〈표 4-4〉 기타 CODE 종류 및 사용 예

기타 CODE 종류 및 상세설명		
기 타	의 미	사용예
F	가공속도 기호	F1200.
D	공구 보정기호(D01~99에 보정값 할당)	

3. CNC CODE로 CAM 프로그램을 작성한다.

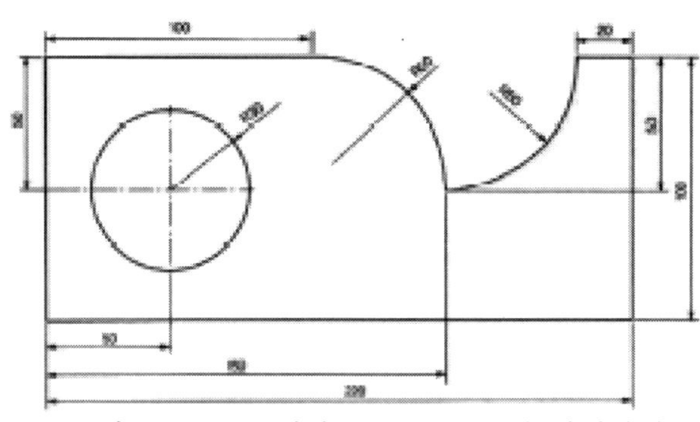

[그림 4-1] CNC 절단 CAM 프로그램 작성하기

(프로그램)

```
%                                파일시작
O0001                            프로그램 번호
N000 G92 X0.0 Y0.0               현재위치를 좌표계의 원점(0.0)으로 설정
N001 G91                         증분 지령
N002 M46                         토치 상승
N003 G00 X50.0 Y50.0             시작점으로 급속이송(절대 좌표값)
N004 M45                         토치 하강
N005 N03                         예열 ON
N006 M14                         예열시간
N007 M05                         절단산소 ON
N008 F500                        절단속도 50[mm/min]
N009 G01 X0.0 Y20.0              직선보간(X=0.0, Y=20.0)
N010 G01 X0.0 Y100.0             직선보간(X=0.0, Y=100.0)
N011 G01 X100.0 Y0.0             직선보간(X=100.0, Y=0.0)
N012 G02 X50.0 Y-50.0 I0.0 J-50.0
                                 원호보간(CW: 시계방향 G02)
                                 원호끝점(X=50.0, Y=-50.0),
                                 원호중심(I=50.0,J=-50.0)
N013 G01 X0.0 Y-50.0             직선보간(X=0.0, Y=-50.0)
N014 G01 X-150.0 Y0.0            직선보간(X=-150.0, Y=0.0)
N015 M06                         절단산소 OFF
```

N016 M46 토치 상승
N017 M02 프로그램 종료
% 파일 끝

4. ProCAM에 의하여 자동으로 CNC프로그램을 작성하고 비교 검토한다.
5. 틀린 점을 이해하고 다시 위의 과정을 반복 수행한다.
6. 정리 · 정돈한다.

수행 내용 / 4-2 CNC 절단 작업하기

재료 · 자료

- 연강판(t9×914×1,829)

기기(장비 · 공구)

- CNC 플라즈마 절단기, 가스절단 팁, 플라즈마 팁, 공기압축기

안전 · 유의사항

- 도면 및 각종 자료 등의 정리·정돈을 한다.
- 가스의 누출 상태를 체크한다.
- 주위의 장애물을 제거한다.
- 기계를 좌, 앞쪽으로 이동한다.
- 불을 붙이기 전에 잔류 혼합 가스를 배출한다.

수행 순서

❶ CNC 플라즈마 절단기를 조작한다.
1. 작업 준비를 한다.
(1) 모재를 준비한다.
(2) 전원을 ON한다.
2. 조작반의 명칭 및 기능을 익힌다.
(1) 제어장치 설명
(가) 모니터: 그림, 글자 등을 보여준다.

(나) 조작반: 기계 운전을 위한 각종 스위치가 있다.
(다) 컴퓨터: 컨트롤케이스 내부에 있으며 각종 정보를 처리한다.
(라) 마우스 및 키보드

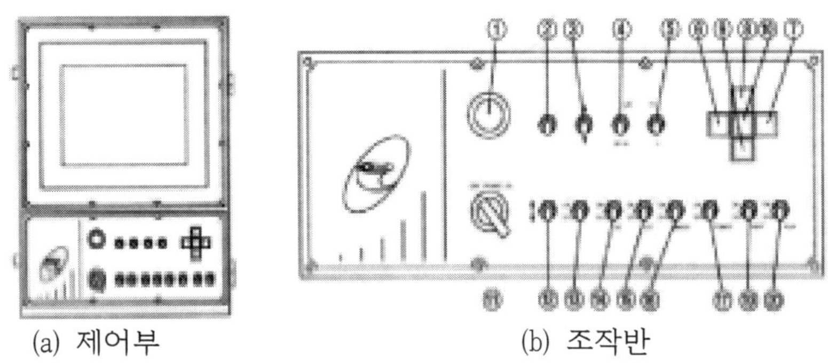

(a) 제어부 (b) 조작반

[그림 4-2] CNC 플라즈마 절단기의 제어부 및 조작반

(2) 조작반에 있는 스위치들의 기능을 익힌다.
(가) 기계의 움직임을 중지시킨다.
(나) 축 방향 기계의 움직임을 유지시킨다.
(다) 진행방향/역방향으로 운전한다.
(라) 컷팅을 시작 또는 지연시킨다.
(마) 증속/감속 시킨다.
(바) 좌측으로 움직인다.
(사) 우측으로 움직인다.
(아) 앞으로 움직인다.
(자) 뒤로 움직인다.
(차) 누르고 ⑥,⑦,⑧,⑨를 누르면 고속으로 움직인다.
(카) 기계의 전원을 공급한다.
(타) 토치를 상승/하강 시킨다.
(파) 토치의 기능을 차단한다.
(하) 예열가스를 공급한다.
(갸) 컷팅산소를 공급한다.
(냐) 물을 공급한다.
(댜) 플라즈마를 ON/OFF 한다.
(랴) 마킹예열 가스를 공급한다.
(먀) 파우더 공급산소를 분출한다.

3. 수동으로 조작반의 스위치를 이용하여 기계를 운전한다.
(1) 2의 (2)에서 설명한 스위치를 이용하여 기계를 운전한다.
(가) 우측으로 이동하여 본다.
(나) 좌측으로 이동하여 본다.
(다) 앞으로 이동하여 본다.
(라) 뒤로 이동하여 본다.
(2) 토치를 상하로 움직인다.
(3) TIP NO 1를 토치 끝에 장착한다.
(4) 압력게이지의 가스압력을 적당히 맞춘다.
(가) 가열용 LPG 게이지의 눈금을 0.2~0.3kgf/cm에 맞춘다.
(나) 가열용 및 컷팅용 산소 게이지의 압력을 3.0kgf/cm에 맞춘다.
(5) T밸브를 이용하여 가스의 유출량을 조정하여 본다(가스, 산소, 물).
(6) 점화한다.
(가) 밸브를 모두 잠근다.
(나) 조작반의 예열 스위치를 ON한다.
(다) 점화라이터를 켜고 LPG용 T밸브를 조금씩 열어 불이 붙도록 한다.
(라) 불의 길이가 15cm 정도일 때 예열산소 T밸브(녹색 호스)를 조금씩 연다.
(마) 불의 길이가 10cm 정도이며 파란 색이 될 때까지 LPG T밸브와 산소 T밸브를 조정한다.
(바) 컷팅산소 공급용 T밸브를 불꽃심이 가늘고 선명하게 맞춘다.
(7) 물 공급용 T밸브를 열어 물을 적당하게 공급한다.
(8) 모든 가스와 물의 공급을 중단하고 플라즈마를 공급한다.
(가) 플라즈마기에서 전원을 ON한다.
(나) 에어를 공급한다.
(다) 수초 후 조작반의 플라즈마 스위치를 ON한다.
(라) 토치를 모재에 적당한 높이까지 서서히 내린다.
(마) 메인 전류가 흘러 모재에 반응이 나타나면 조작반에서 플라즈마 스위치를 OFF한다.
4. 정리 정돈한다.
(1) 가스 공급차단 볼밸브를 잠근다.
(2) 토치의 T밸브를 모두열고 조작반의 가스, 물 공급 스위치를 약 5초 정도 ON시켜 잔류가스와 물을 배출한다.

(3) T밸브를 모두 잠근다.
(4) 컴퓨터 전원을 순서대로 OFF한다.
(5) 플라즈마절단기 메인 전원을 OFF한다.
(6) 정리한다.

❷ CNC 플라즈마 절단기를 이용하여 모형을 절단한다.

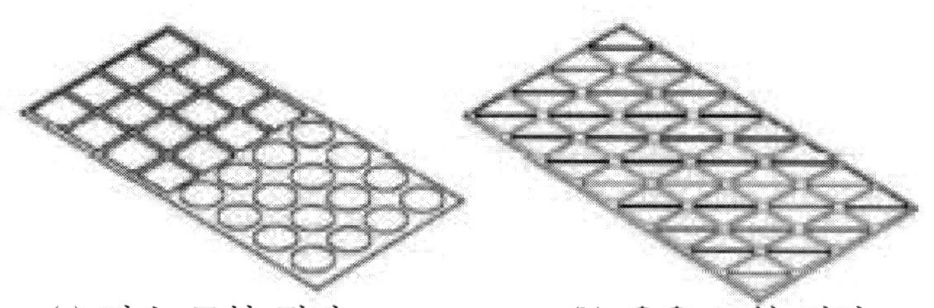

(a) 단순 모형 절단 (b) 응용 모형 절단
[그림 4-3] CNC 플라즈마 모형 절단

1. 작업 준비를 한다.
2. 기계의 구조와 부위별 주요 기능을 익힌다.
3. 프로그램을 작성한다.
4. 운전 준비를 한다.
(1) 가스(산소, LPG) 상태를 확인한다.
(가) 누출되지 않는가?
(나) 사용하기 위한 충분한 양이 있는가?
(다) 작업공간을 충분히 환기시킨다.
(2) 작업할 철판을 작업대 위에 놓는다.
(3) 절단 TIP을 적당한 것으로 설치한다.
(4) 전원을 켠다.
(5) 호스에 들어있을지 모르는 혼합가스를 배출하기 위해 약 5초 동안 조작판의 가열, 컷팅, 점화, 마킹(가열, 분사) 스위치를 ON한다(점화하지 말 것, 곧바로 OFF할 것).
(6) 컨트롤러에 컷팅하고자 하는 프로그램을 입력한다.
(7) 철판 두께에 맞는 가공속도, 예열시간 등을 설정한다.
(8) 철판과 프로그램의 배치를 확인한다.
(9) 가스, 산소압력을 철판두께에 맞게 조정한다.
(10) 조작판의 예열 스위치를 ON하고 불을 붙여 가열하기 적당한 불꽃을 만

든다.

(11) 컷팅 스위치를 ON하여 고압 산소를 조절한다.

5. 운전을 실행한다.

(1) 4의 (9), (10)과정이 끝나면 고압산소는 OFF하고 기계에 작업명령을 준다.

(2) 기계가 움직이기 시작하면 예열 스위치를 OFF한다.

(3) 컷팅 과정중에 속도와 토치의 T밸브의 열림을 조정하여 최상의 절단면을 얻는다.

6. 컷팅 작업이 완료되면

(1) 가스통쪽의 밸브를 닫아 가스공급을 중지한다.

(2) 조작판의 예열, 컷팅 스위치를 열어 호스에 들어 있는 가스를 배출한다(약 5초).

(3) 기계와 메인 호스사이에 있는 밸브를 닫는다.

7. 컴퓨터를 정상적으로 끈다.

8. 기계의 전원을 끈다.

9. 정리 정돈을 한다.

4. CNC 절단하기 평가(평가자체크리스트)				
학습 내용	평가 항목	성취수준		
		상	중	하
절단용 CNC 프로그래밍	절단에 적합한 절단용 CNC 프로그램의 작성 상태			
	절단 부품의 치수를 측정하여 CNC 프로그램의 수정 방법에 대한 이해도			
CNC 절단 작업	정확한 작업을 위한 절단용 금속 판재, 봉재, 관, 형강재의 고정 방법에 대한 이해도			
	CNC 프로그램을 이용한 절단작업 수행 상태			
결과 평가 방법; 평가자 질문, 평가자체크리스트 중 택일				

제4장 판금제관 성형작업

1. 수공구 성형하기

2. 수동기계 성형하기

3. 자동기계 성형하기

작업과제 1. 수공구 성형하기

학습 목표

1. 제품도면에 의거 작업범위를 설정하여 작업순서를 수립할 수 있다.
2. 재료 종류에 따른 성형용 수공구를 선정하여 판재를 각형 또는 원형으로 성형할 수 있다.

수행 내용 / 1-1 수공구에 의한 각형, 원통 성형하기

재료 · 자료

- 연강판(300×350×1) 1장
- 산소(120kg/cm) 약간, 아세틸렌(3kg) 약간
- 가스용접봉(1×1,000) 2개

기기(장비 · 공구)

- 작업대, 정반, 강철자, 디바이더, 금 긋기 바늘, 자유 곡선자
- 판금 가위, 받침쇠, 박자목, 연질 해머, 나무 해머, 줄, 정
- 가스 용접기, 점화 라이터, 스패너, 용접 보호구 셋, 용접 공구 셋
- 버니어 캘리퍼스, 하이트 게이지, 세팅 해머, 볼핀 해머, 판금정, 펀치

안전 · 유의사항

- 가스 용접 작업 시 역화 및 화상에 주의한다.
- 연강판 전단 시 모서리 부분이나 스크랩에 의한 찰과상에 주의한다.
- 기구나 공구는 작업용도에 적합한 것을 선택 사용한다.
- 연강판 전단 시 모서리 부분이나 스크랩에 의한 찰과상에 주의한다.
- 굽힘 작업 시 외관에 변형이나 흠집이 생기지 않도록 주의한다.
- 귀마개를 착용 한다.
- 해머의 타격면을 확인하고 머리와 자루가 분리 되지 않도록 한다.
- 작업 시 외관에 변형이나 흠집이 생기지 않도록 주의한다.

수행 순서

❶ 재료의 종류에 따른 성형용 공구를 사용하여 각형으로 성형한다.

1. 실습에 필요한 재료, 기계 장비 및 수공구를 준비한다.
   (1) 판재를 꺾는 작업에는 직선 꺾기, 가장자리 접기, 곡선 꺾기 등이 있다.
   (2) 도면을 보고 치수를 확인 한다.
   (3) 도면을 보고 작업 방법 및 작업순서를 결정한다.
2. 전개 및 마름질 절단한다.
   (1) 직선부는 판금가위 및 전단기를 이용 절단 작업한다.
   (2) 전단에 의한 변형을 해머로 교정하고 줄로 거스러미를 제거 한다.
3. 성형 작업한다.
   (1) 각형의 직선을 바르게 꺾으려면 마름질 선에 꺾음대의 가장자리에 바르게 고정하고 처음에는 박자목으로 꺾는 판재의 양 끝을 가볍게 두드린 다음 가운데 부분을 두드린다.
   (2) 그 후에 전체를 두드려서 곧게 만든다. 꺾는 작업 전에 먼저 꺾는 순서를 정하여 재료의 파손이 없고 능률적인가를 생각해야 한다.
   (3) [그림1-1]은 꺾어 접는 방법을 나타낸 것으로 처음 작업은 박자목으로 ①, ②를 때린 다음 ③을 때려 꺾고 제품을 뒤집어 판금칼을 사용하여 마지막 작업을 한다.

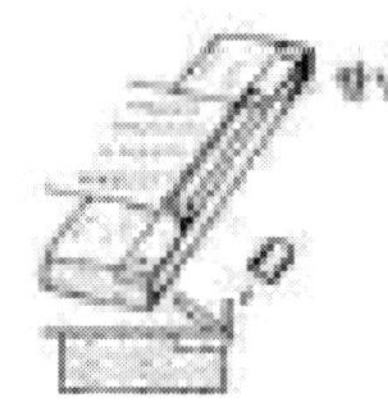
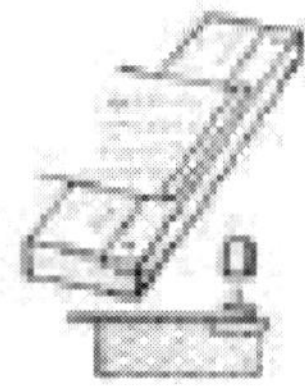

출처: 판금공작(산업인력공단)
[그림 1-1] 판금칼 이용한 꺾기

   (4) 판금정을 이용한 꺾기 작업은 [그림1-2]와 같이 정반위에 고무판을 깔고 꺾기 위에 금 긋기 한 선과 판금정 날을 일치시키고 판재와 직각으로 세워 해머로 두들겨 꺾기 선에 자국을 확실히 낸다.
   (5) 판금정으로 꺾기 위해 V홈을 만들어주는데 판재의 끝단부에서 5~10mm 안쪽에서 부터 해머링 한다. 끝단에서부터 홈을 만들 때 판재가 균열이 갈 우려가 있으므로 주의해야 한다.

(6) 판금정의 날이 꺾는 선을 벗어나지 않게 주의하고 양 끝을 꺽은 다음 중앙부를 꺾어야 한다.

(7) 굽힘은 1회에는 어느 정도 굽힌 다음, 2~3회에 걸쳐 완전한 각도로 굽힌다.

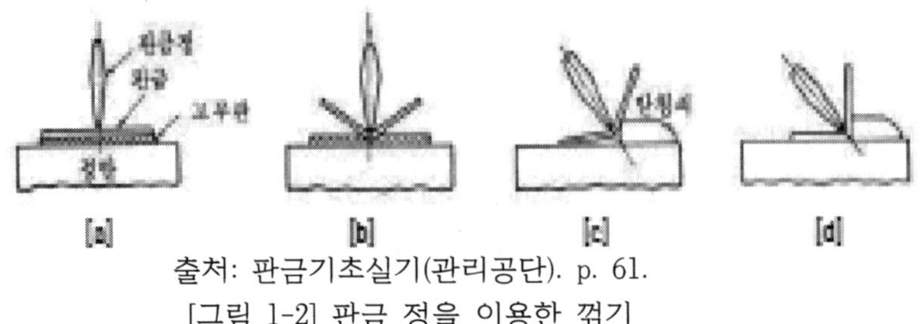

출처: 판금기초실기(관리공단). p. 61.
[그림 1-2] 판금 정을 이용한 꺾기

(8) 받침쇠가 적당하지 못하면 접는 상태가 나빠지므로 복잡한 형태를 곧게 접을 때에는 접는 순서에 주의해야한다

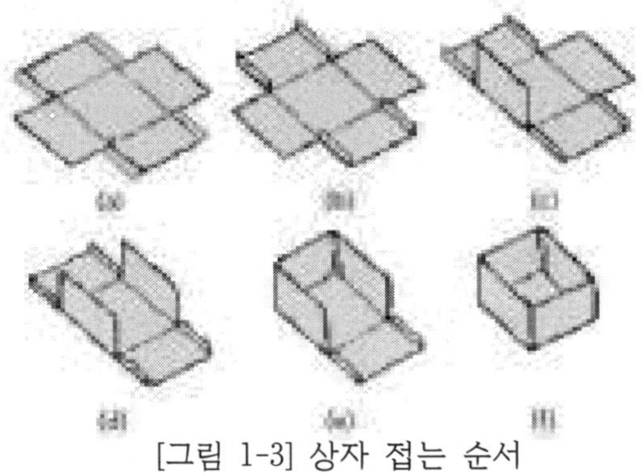

[그림 1-3] 상자 접는 순서

(9) 그림과 같이 상자를 만들 때에는 접는 순서를 나타낸 것으로 측면(d), (e)와 같이 곧게 접을 때는 그림(판금칼을 사용한 접기)의 (a)와같이 먼저 마름질 선을 판금정으로 치고 판금칼을 댄 다음 박자목으로 두들겨 곧게 접는다.

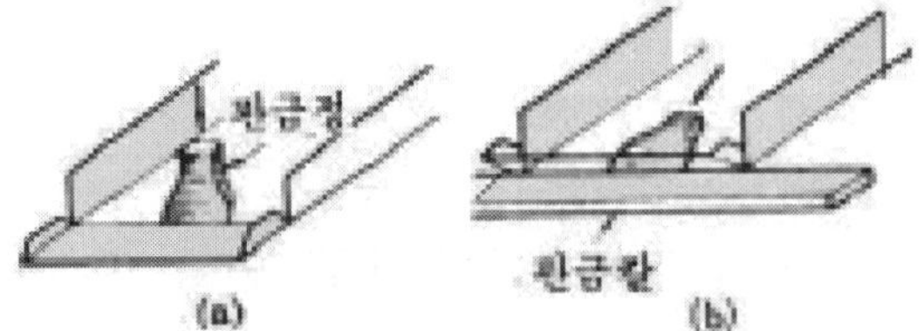

[그림 1-4] 판금정 및 판금칼 사용하여 접기

(10) 곧게 접는 선이 만나는 점은 갈라지기 쉬우므로 판재의 두께 재질에 따라 [그림1-5]와 같이 작은 구멍을 뚫는다. 특히, 알루미늄 등은 이러한 구멍이 필요할 경우가 있다.

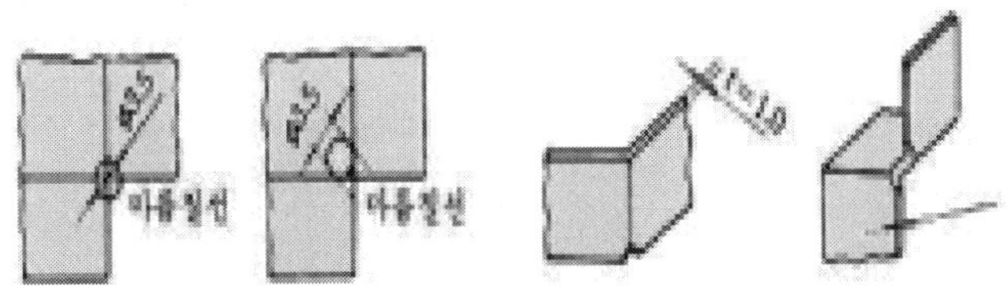

[그림 1-5 균열 방지 구멍

3. 용접한다.
 (1) 제품의 꺾기 작업이 완료되면 이음부 네 모둥이를 먼저 가접을 한다.
 (2) 가접의 비드길이는(10mm)정도로 용접부의 끝부터 용접한다.
 (3) 이음부의 접합은 용접이나 리벳이음으로 접합한다.
 (4) 이음부의 용접 변형된 작품을 교정한다.

[그림 1-6] 사각상자 접기와 용접

4. 치수 및 외관을 확인한다.
 (1) 도면치수의 정밀도를 검사한다.
 (2) 직각 및 외관을 검사 한다.

❷ 재료의 종류에 따른 성형용 공구를 사용하여 원통형으로 성형한다.

1. 실습에 필요한 재료, 기계 장비 및 수공구를 준비한다.
 (1) 도면을 보고 치수를 확인한다.
 (2) 도면을 보고 작업 방법 및 작업 순서를 결정한다.
2. 원통의 전개 및 마름질 절단한다.
 (1) 원통부분은 원주길이를 계산하거나 등분거리를 잡아 전개하여 원통의 전개길이를 결정한다.
 (2) 직선부는 판금가위 및 전단기를 이용 절단 작업한다.

(3) 전단에 의한 변형을 해머로 교정하고 줄로 거스러미를 제거한다.

(4) 두드리는 순서는 판재의 가장자리부터 조금씩 두드리며 원통이나 원뿔의 이음할 곳은 원형으로, 굽히기 전에 미리 꺾어 둔다.

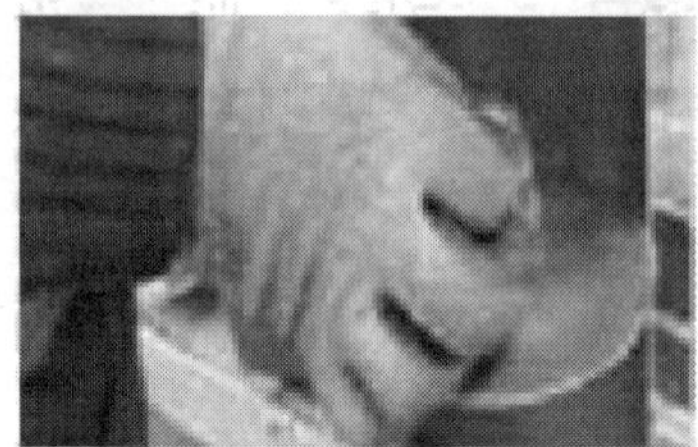

[그림 1-7] 원통 가장자리 굽힘 및 가장자리 굽힘 반경 확인

3. 성형 작업한다.

(1) 성형용 공구를 사용하여 전단된 부분을 해머로 평탄케 성형한다.

(2) 스테이크와 박자목, 나무해머 등을 사용하여 원통을 성형한다.

(3) 원통직경에 굽힘 하고자 하는 받침 파이프나 스테이크를 결정하여 바이스에 고정한다.

(4) 굽힘을 할 재료를 그림과 같이 양쪽 끝단을 스테이크와 해머를 이용하여 두들겨준다.

(5) 굽힘을 한 양쪽 끝단을 굽힘 R 게이지의 원호에 맞추어 확인한다.

[그림 1-8] 원통 굽힘 및 원호 R 게이지 확인

(6) 얇은 판은 받침대에 맞추어 두 손으로 누르면서 원호를 점점 적게 하면서 굽힘을 한다.

(7) 원통 굽힘 성형하면서 R-게이지로 라운딩을 성형도중에 확인하면서 굽혀 나간다.

[그림 1-9] 손작업의 굽힘 및 굽힘 과정

(8) 양쪽의 가장자리부분이 지름과 일치하면 가운데 부분은 판재를 받침대에 대고 손으로 누르면서 원통으로 굽혀나간다

[그림 1-10] 원통 진원 굽힘 및 굽힘 완료 모양

(9) 얇은 판을 받침대에 해머로 두들겨 굽힘을 하면 불규칙한 원호가 되므로 소재를 두 손으로 누르면서 자재를 좌우로 힘을 주면서 원통모양으로 굽혀나간다.

(10) 원뿔을 성형할 때에도 먼저 가장자리를 연질해머나 나무해머로 굽힘량을 지름 게이지로 굽혀나간다.

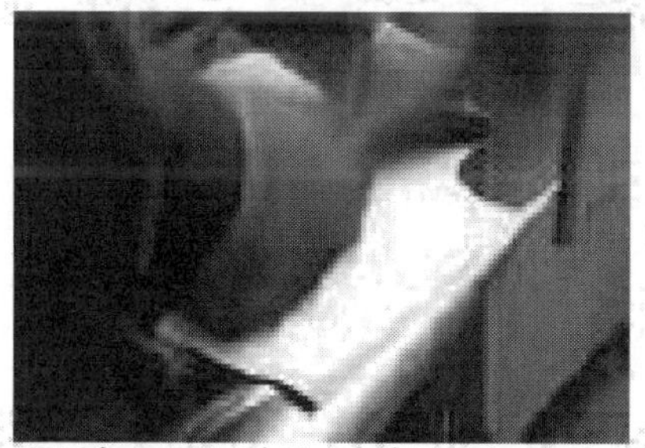

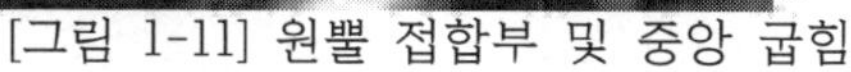

[그림 1-11] 원뿔 접합부 및 중앙 굽힘

(11) 양쪽의 가장자리부분이 지름과 일치하면 가운데 부분은 판재를 받침대에 대고 손으로 누른 다음, 좌우로 힘을 주면서 원뿔모양으로 굽혀나간다.

(12) 굽힘을 평활하게 하기 위해 원뿔의 꼭짓점을 향하여 철판을 회전을 하면서 굽힌다.

(13) 원뿔의 접합부분이 나란하게, 요철을 해머로 두들겨서 평행되게 성형한다.

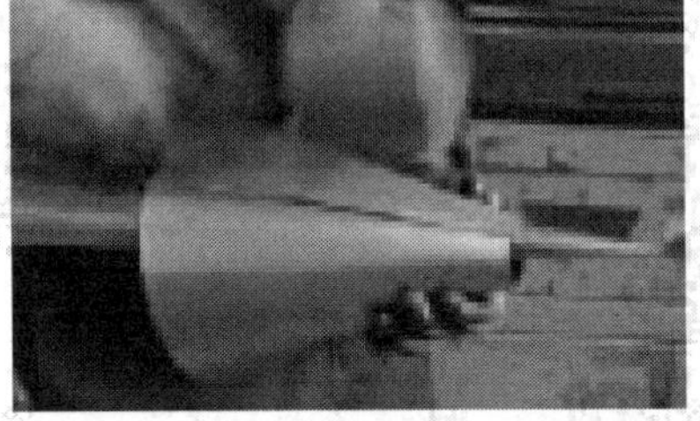

[그림 1-12] 원뿔 굽힘 및 접합부 성형

4. 성형된 각 부품을 가스용접기로 가접 및 본 용접한다.

(1) 도면치수대로 원통을 맞추어 클램프를 이용하여 원통 및 원뿔의 맞대기 용접부를 고정한다.

(2) 원통과 원추를 가접하여 접합한다. 가접의 비드길이는 (10mm) 정도로 원통 용접부의 양 끝부터 용접한다.

[그림 1-13] 원통 및 원뿔 가접 용접하기

(3) 양쪽의 가장자리 가접 후 중앙을 가접 하고, 그곳의 사이를 용접하면서 대칭 순서로 가용접한다.

(4) 원뿔과 원통을 I 형 맞대기 용접한다.

(5) 용접봉 ø1을 사용 사용하여 용접한다.

(6) 용접 시 용접부에 결함이 생기지 않도록 하며 용락 현상이 생기지 않게 비드가 미려하게 용접한다.

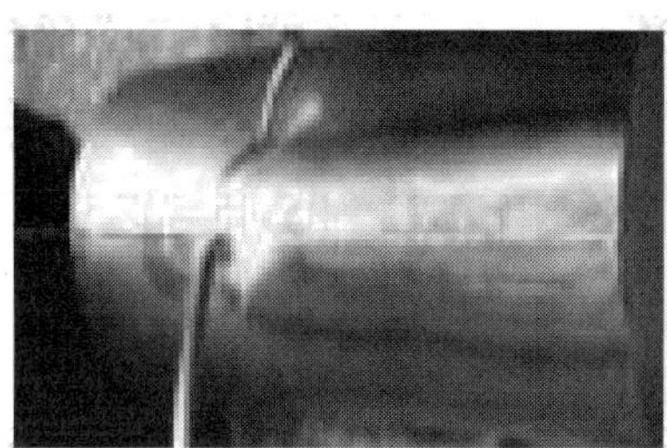

[그림 1-14] 원통 가접 및 본 용접하기

(7) 용접으로 인한 변형을 원통 받침대에서 해머를 사용하여 교정한다.
(8) 지름 게이지를 이용하여 지름을 확인한다.

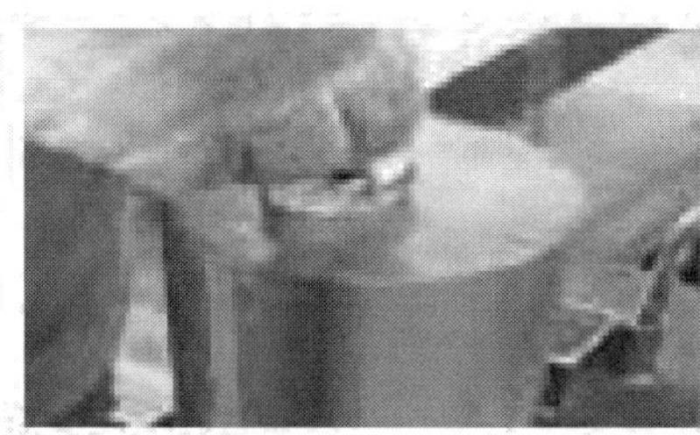
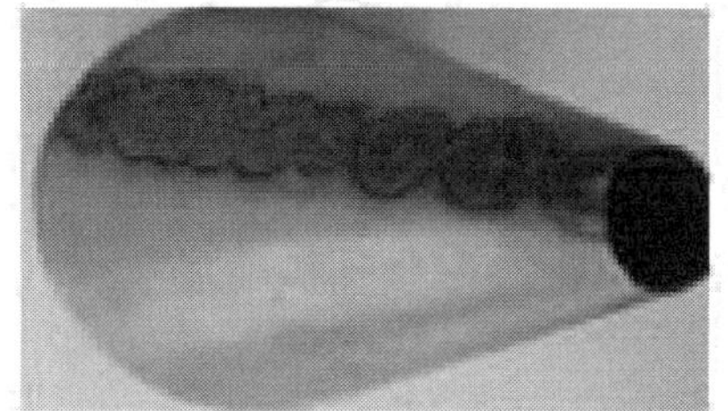

[그림1-15] 진원검사 및 원뿔 가접 완료

5. 교정 및 다듬질한다.
(1) 치수 및 용접 변형을 교정한다.
(2) 다듬질하여 끝손질한다.
(3) 치수 외관 용접 등을 확인한다.
(4) 판금 제품에서 특별한 지시가 없는 한 외경측정을 한다.
(5) 외관 치수의 검사가 끝난 제품은 제출한다.

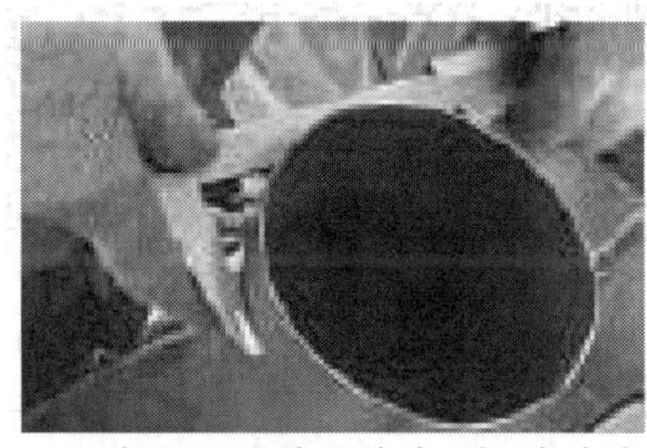

[그림 1-16] 원통검사 및 완성과제 제품

6. 정리 · 정돈한다.
(1) 작업에 사용되었던 수공구를 잘 닦아서 보관한다.
(2) 산소, 아세틸렌용기 밸브를 잠근다.

(3) 가스토치의 산소, 아세틸렌 조정밸브를 열어 호스속의 가스를 배출한다.
(4) 산소, 아세틸렌 토치 조정밸브를 닫고, 산소, 아세틸렌 조정밸브를 열어 둔다.
(5) 사용한 호스를 호스걸이에 걸어 정리한다.
(6) 작업장 주변을 청결히 한다.

수행 내용 / 1-2 원통형 또는 각형 판재의 끝 부분에 와이어링 또는 플랜지 작업하기

재료 · 자료

- 연강판(300×350×1) 1장, 와이어 ∅5.0×800
- 산소(120kg/cm) 약간, 아세틸렌(3kg) 약간
- 가스용접봉(φ1×1,000) 2개
- 전개지(A2) 1장, 철사

기기(장비 · 공구)

- 작업대, 정반, 삼각자, 강철자, 디바이더, 금 긋기 바늘
- 자유 곡선자, 판금 가위, 받침쇠, 박자목, 연질 해머, 나무 해머, 줄, 정
- 가스 용접기 및 용접 장비세트, 용접 보호구
- 버니어 캘리퍼스, 하이트 게이지, 세팅 해머, 핸드 그루버, 볼핀 해머, 판금 정, 펀치

안전 · 유의사항

- 와이어 여유량을 정확히 계산한다.
- 제품표면에 흠이 생기지 않도록 한다.
- 해머 작업 시 손을 다치지 않도록 한다.
- 해머의 타격면을 확인하고 머리와 자루가 분리 되지 않도록 한다.
- 공구를 떨어뜨리지 않도록 한다.

수행 순서

❶ 원통형 또는 각형 판재에 플랜지 작업을 한다.

1. 원통의 가장자리 접기를 한다.
 (1) 실습에 필요한 재료, 기계 장비 및 수공구를 준비한다.
 (2) 도면을 보고 작업 방법 및 작업순서를 결정한다.
 (3) 플랜지 작업도면을 보고 꺾기 작업에 필요한 치수를 결정 한다.
 (4) 플랜지 작업하기 위해 성형이 끝난 원통을 원통의 꺾기 치수를 결정하여 금 긋기한다.
 (5) 플랜지 작업은 연강판을 늘리면서 균일하게 늘리면서 꺾는 것이 주요하며 균일하지 못했을 때는 한 쪽이 틈새가 생긴다.
 (6) 플랜지부분이 만일 15mm일 경우 12mm 여유를 줘서 작업하는 것이 일반적이다.
 (7) 플랜지를 꺾기 위해 받침대를 바이스에 고정한다.

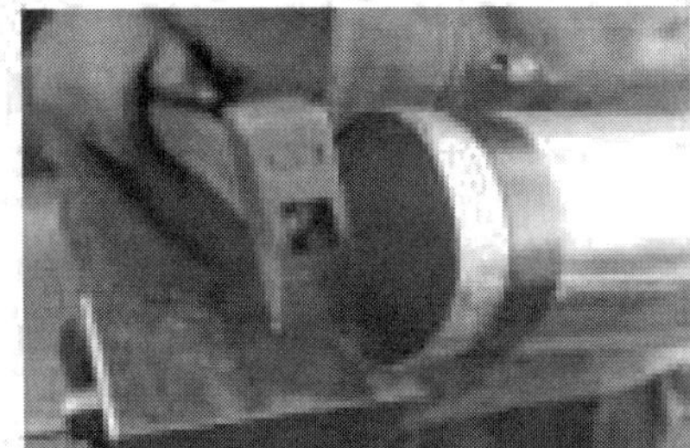

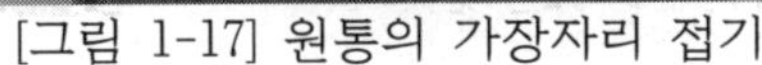

[그림 1-17] 원통의 가장자리 접기

 (8) 플랜지 작업한다.
  (가) 꺾기선을 그림과 같이 받침쇠 모서리에 원통의 꺾기 선을 일치시킨다.
  (나) 꺾기선이 어긋나지 않도록 주의하여 [그림 1-18]와 같이 세팅 해머로 가장자리를 두드린다.
  (다) 두드릴 때는 균등하게 조금씩 두드린다.

[그림 1-18] 끝부분 2번 접기

  (라) 꺾기 작업할 때 조금씩 돌리면서 조금씩 꺾어 나간다.

출처: 판금기초실기(산업인력공단)
[그림 1-19] 플렌지의 결함

(마) 주의할 점은 급히 꺾으려고 하면 [그림 1-19]와 같은 여러 가지 결함이 발생하지 않도록 여러 번 반복해서 완성시킨다.

(바) 두들겨 꺾어 굽힌 면을 매끈하게 해머로 두들겨 펴준다.

(사) 그림과 같이 꺾어 굽힌 부분을 도면의 치수에 맞게 디바이더를 이용하여 선을 긋는다.

(아) 여분을 가위로 자르거나 줄로 다듬질한다.

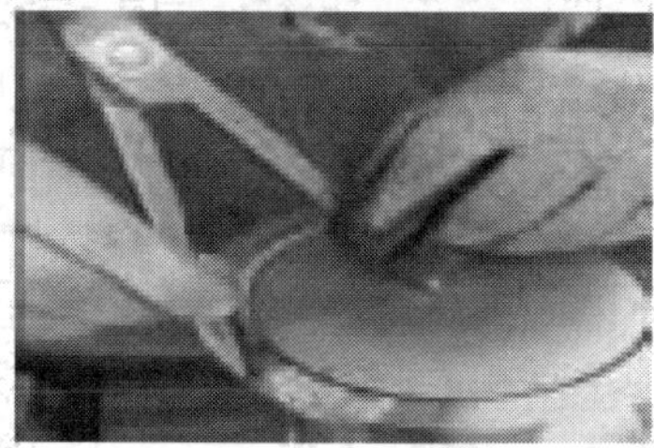

[그림 1-20] 원통플랜지 금 긋기 및 가위질하기

(자) 여분을 가위로 자른 단부를 해머로 두들겨서 평행을 맞춘다.

(차) 치수 및 외관을 확인하고 끝손질 하여 완성한다.

[그림 1-21] 원통 플레지 끝손질 및 완제품

❷ 원통형 또는 각형 판재에 와이어링 작업을 한다.

1. 실습 준비 및 마름질 한다.

(1) 도면을 보고 작업 방법 및 작업순서를 결정한다.

(2) 플랜지 작업 도면을 보고 꺾기 작업에 필요한 치수를 결정한다.

(3) 와이어링 작업하기 위해 여유치수를 계산하여 플랜지 작업하기 위해 성형이 끝난 원통을 원통의 꺾기 치수를 결정하여 금 긋기 한다.

(4) 와이어링 여유치수는 표 1-1을 참고로 계산하면 된다.

(5) 철판 뚜께 1.2mm 이고 ∅5 철사 일 때 여유치수는 14mm로 금 긋기 한다.

(6) 원통의 금긋기 선은 안지름에 표시하면 받침쇠와 일치시키기 편리하여 작업에 효율적이다.

[그림 1-22] 원통의 와이어링

2. 와이어링 작업을 한다.

(1) 와이어링 하기 위해 목재 받침쇠를 바이스에 단단히 고정 한다.

(2) 플랜지를 꺾기 위해 원통의 끝, 가장자리부터 조금씩 연질해머로 굽힘을 한다.

(3) 두드릴 때는 균등하게 조금씩 축 방향으로 두드려 준다.

(4) 플랜지 작업이 지각 정도 굽힘이 되면 금속 받침쇠로 변경 고정하여 금긋기한 선을 따라 회전하면서 두드려준다.

[그림 1-23] 원통 및 사각 끝부분 2번 접기

(5) 플랜지 꺾기가 완성되면, 두 번 꺾어 접기를 하기 위해 원통 받침쇠 및 사각 받침대를 작업순서에 따라 바이스에 고정시킨다.

(6) 받침쇠 위에서 조금씩 회전시키면서 연질해머로 두드린다.

[그림 1-24] 원통 플랜지 꺾기 사각플랜지 꺾기작업

(7) 꺾어 굽히는 부분을 그림과 같이 판금정을 쳐서 굽힌다.

(8) 와이어 길이는 2.5mm를 가산하여 중심 길이로 결정하여 와이어를 파이프 받침대에 굽힌다.

[그림 1-25]원통 및 사각 와이어 굽힘

(9) 지름 게이지에 비교하여 원호를 가공한다.

(10) 사각통의 와이어 길이도 원통과 같게 중앙을 굽힘 길이로 굽힌다.

(11) 사각통의 직각을 먼저 굽힘을 한 후 사에 비교하여 굽힘점을 표기하여 굽힘 하면 편리하다.

(12) 사각통의 와이어 연결부는 사각통의 중앙에 오도록 굽힘을 하여 강도를 보강하도록 한다.

(13) 굽힌 부분에 와이어를 넣고 와이어 부분을 연질 해머로 판재와 와이어 사이가 밀착되도록 두드려준다.

(14) 사각 와이어링 작업은 판재와 와이어링이 중심부터 부터 타격을 하여 밀착되도록 하고 대칭으로 두드려준다.

[그림 1-26] 원통 및 사각 와이어 넣기

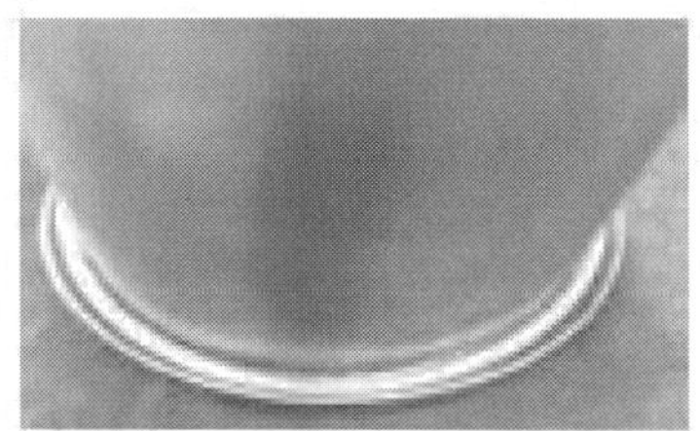

[그림 1-27] 원통 및 사각 와이어 해머 및 정 작업

3. 측정 및 검사한다.
 (1) 와이어링 의 단부가 결함이 생기지 않도록 주의한다.
 (2) 제품의 치수를 측정한다.
 (3) 판재의 변형을 검사한다.

[그림 1-28] 원통 진원검사 및 사각 치수측정

4. 정리 정돈한다.
 (1) 실습 공구를 정돈한다.
 (2) 각종 사용한 판금용 기계의 전원스위치를 끈다.
 (3) 측정기를 닦아 보관함에 넣어 보관한다.
 (4) 작업장을 청소한다.

수행 내용 / 1-3 가열 토치를 사용하여 금속판재, 봉재, 관, 형강재를 굽힘 하기

재료 · 자료

- 강관 20A× 1,200 2개
- ㄱ형강 30×30×3t -1,000 2개
- 함석판 0.5t×400×200
- 산소(120kg/cm), 아세틸렌(3kg)

기기(장비 · 공구)

- 가스용접장치 세트, 가열토치, 가스 절단기, 가스보안경, 파이프 커터
- 직선가위, 곡선가위, 강철자, 금 긋기 바늘, 쇠톱. 직각자

안전 · 유의사항

- R-게이지 제작 시 함석가위나 절단된 함석판에 다치지 않도록 주의한다.
- 열간 굽힘시에는 가열부위에 접촉이 안 되도록 주의한다.
- 열간 굽힘시 보호구를 착용한다.

수행 순서

❶ 가열 토치를 사용하여 ㄱ형강 굽힘 하기는 다음의 순서를 따른다.

1. 실습 준비한다.
   (1) 필요한 공구 재료를 준비한다.
   (2) 도면을 보고 작업 방법 및 작업순서를 결정한다.
   (3) 작업 도면을 보고 작업에 필요한 치수를 결정한다.
2. 마름질 한다.
   (1) 도면을 확인하고, 정오각형을 작도 한다.
   (2) 한 변의 길이를 정한다(변의 길이: 188㎜, 절단각 72°).
   (3) 절단각 θ = 360° / 5개소 = 72°
   (4) 앵글프레임을 바이스에 고정하고, 형강의 두께 3t을 길이 방향으로 금긋기 한다.

(5) 한 변의 길이 188㎜ 를 직각자를 이용하여 그림과 같이 등분하고 잘래나는 각 72°를 마킹한다.

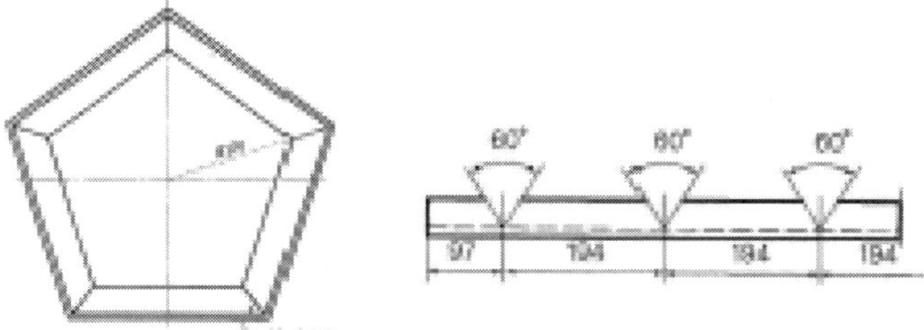

출처: 제관.철골구조실기(산업인력공단)104

[그림 1-29] ㄱ형강 오각형 및 가공 치수

3. 절단한다.

(1) 가스 절단기를 이용하여 앵글프레임에 안내자를 이용하여 가스 절단한다. 절단 시 모재와 절단 팁을 직각으로 간격을 2~3㎜로 유지하며 절단한다.

(2) 절단부분을 슬래그를 제거하고 절단각을 바르게 다듬질 한다.

4. 가열 굽힘 한다.

(1) 앵글프레임의 밴딩은 굽힘선을 가열하여 수평으로 당기며 굽힘을 한다.

(2) 굽힘 가열 시 너무 과열하여 프레임이 쳐지는 것에 주의하고 프레임의 상관 각도 72°를 평행하게 굽힘을 한다.

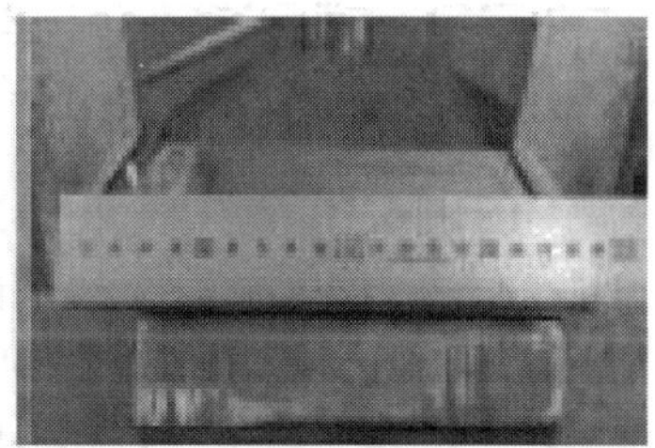

[그림 1-30] 1변의 길이 측정 및 성형제품

(3) 굽힘 후 전체 각도를 교정하고 앵글 프레임을 도면과 같이 가접한다

5. 측정 및 검사한다.

(1) 제품의 치수 및 각도를 측정한다.

(2) 판재의 변형을 검사한다.

6. 정리정돈을 한다.

(1) 실습 공구를 정돈한다.

(2) 각종 사용한 가스가열기를 잠근다.

(3) 측정기를 닦아 보관함에 넣어 보관한다.

(4) 작업장을 청소한다.

❷ 가열 토치를 사용하여 강관 90°, 180° 굽힘하기는 다음의 순서를 따른다.

1. 재료, 공구, 작업준비를 한다.

도면에 의해 필요한 공구 및 재료를 준비한다.

함석판으로 90 ° , 180 ° 용 R게이지를 치수에 맞게 만든 다음 강관의 한쪽 끝을 나무마개로 막고 건조된 모래를 강관에 넣어 타봉으로 관의 위아래를 고르게 두들겨서 모래가 조밀하게 들어가게 하고 나머지 한쪽 끝도 나무마개로 단단히 막는다.

관속에 넣는 모래는 건조하고 입도가 적은 모래를 선택하여 사용한다.

2. 강관을 바이스에 고정한다.

강관의 용접선이 굽힘부의 중심이 되도록 하여야한다, 굽힘부의 바깥쪽은 인장력을 받고 안쪽은 압축응력을 받으므로, 인장력과 압축력을 받지 않는 중립선에 용접선이 오도록 고정해야한다.

바이스의 끝에서 굽힘부의 첫 부분까지 거리는 20~30mm 정도 때어서 수평으로 고정한다.

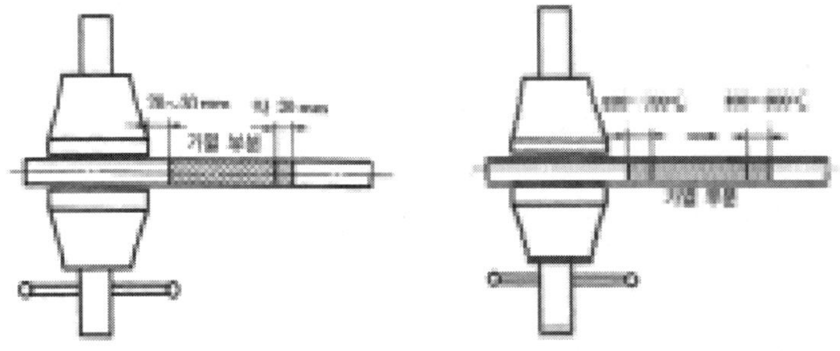

[그림 1-31] 파이프고정 및 가열온도

3. 굽히는 강관의 길이를 정하여 준다.

강관 90 ° 굽힘부의 곡선길이는 180 ° 굽힘부의 반이다. 반경 R100일 경우 180 ° 의 굽힘 길이 200 × 3.14 = 628mm / 2 = 314mm를 강관에 표시를 하고 굽힘길이를 4~6등분하여 가열위치를 표시한다.

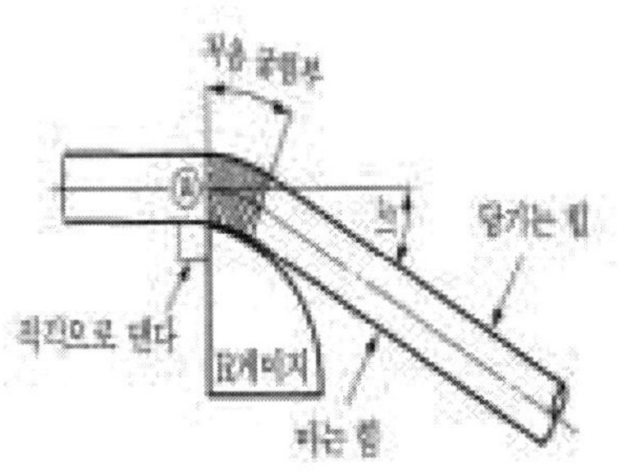

[그림 1-32] 가열 길이표시 및 틈새 측정

4. 가열한다.

   굽힘 시작부분을 가열하여 가열 부분이 중심이 되도록 가열하여 적열상태(800~900°)로 가열되면 약 15° 정도 굽힌 다음 R게이지로 시작점에서 직각으로 갖다 대어 조정한다. 굽힘 하기 위해 등분표시

   해둔 굽힘부를 고르게 가열하고 순서대로 가열을 하며 가열 토치로 관의 축 방향으로 움직이면서 가열 하는 것이 좋다, 강관을 굽힘 할 때 자체 중량에 의해 아래로 처지지 않도록 국부과열이 되지 않도록 조심한다.

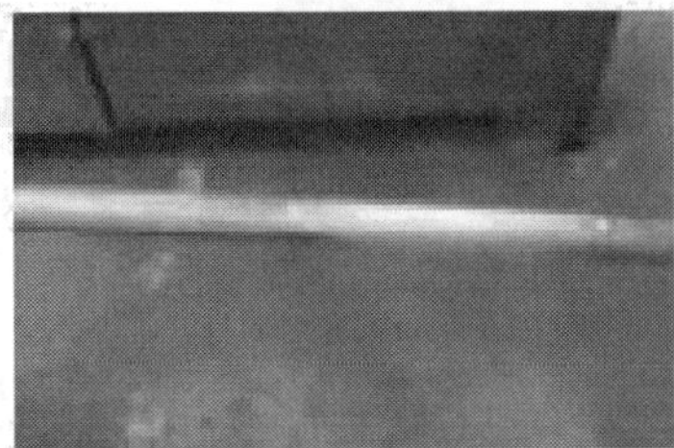

[그림 1-33] 가열하기

5. 굽힘을 한다.

   적당히 가열되면 밀어주는 힘과 당겨주는 힘의 균형을 맞추어 나가면서 강관을 수평으로 잡아당겨 굽히고 R 게이지로 확인하면서 굽힘을 계속 한다. 최대한 가열부 가까운 곳으로 힘이 작용하도록 미는 힘을 준다. R 게이지로 굽힘 부분을 측정하여 틀린 곳을 표시하고 R이 작은 경우에는 수축된 부분(안쪽반경) 을 가열하여 교정하고 측정하여 R이 클 경우에는 늘어난 부분(바깥쪽)을 가열하여 교정한다. 이때 가열온도가 너무 높게 되지 않도록 해야 한다. 한 부분을 국부적으로 가열하여 관이 찌그러지지 않도록 고르게 가열하면서 굽혀야한다.

6. 열간 부분의 직각을 맞춘다.

   직각상태로 굽힘이 완성된 직각을 직각자로 각도가 맞는지 확인한다.

각도가 크거나 작은 경우에는 굽힘이 끝나는 부분만 가열하여 직각을 맞춘다.

검사결과 직각보다 클 경우에는 R이 끝나는 부분에서 약 30mm 정도 바깥쪽에서 가열하여 굽혀준다.

직각보다 적을 경우에는 R이 끝나는 부분에서 약 30mm 정도 안쪽에서 가열하여 펴준다.

180° 굽힘의 경우에도 처음 굽힘이 15° 정도 구부린 후 R게이지로 측정한 다음 가열할 곳을 체크 후 길이방향으로 중첩되게 가열하여 왼손으로 관을 힘껏 밀어주고 오른손으로 당겨준다. 이렇게 하여 90° 굽히기와 같은 방법으로 굽힌다.

90°~180° 까지의 굽힘은 처음 90° 굽힘부가 휘어지지 않도록 굽혀야하며 특히 이 부분의 굽힘에서는 밀어준 힘을 더욱 크게 해야 한다. 굽힌 부분이 뒤틀리지 않도록 당겨 주는 방향은 평행을 유지하면서 일정하게 굽힘을 한다.

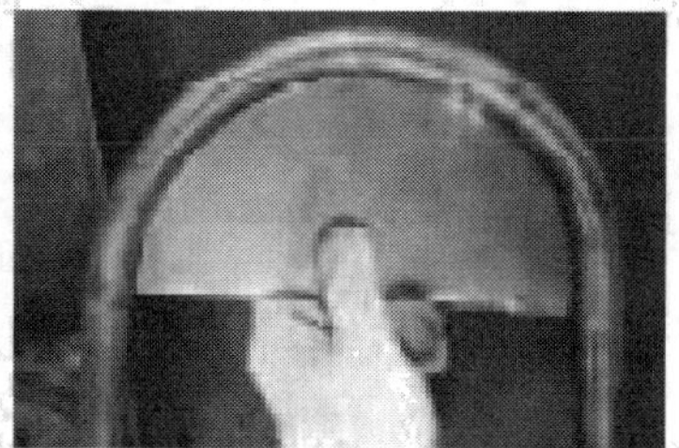

[그림 1-34] 굽힘각의 수정 및 직각맞춤

90°굽힘의 교정 작업같이 R게이지로 측정하여 틀린 곳을 표시하고 표시된 곳 중에서 R이 작을 경우 안쪽을 가열 하여 펴주고 R이 클 경우 바깥쪽을 가열하여 굽혀 교정을 한다.

180° 굽힘의 경우에는 두 관이 평행한지 강철자로 치수를 확인한다.

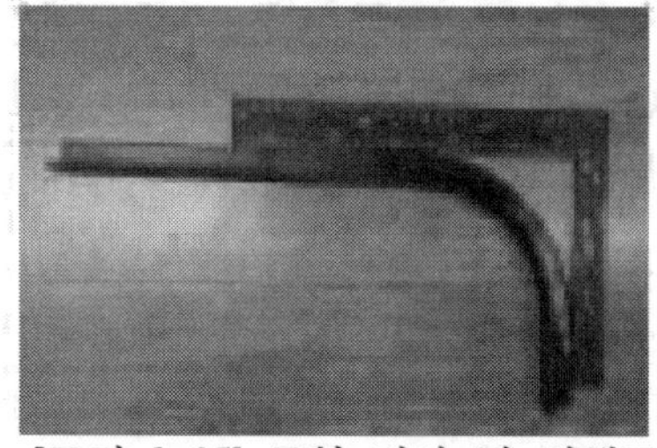

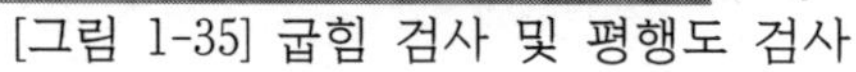

[그림 1-35] 굽힘 검사 및 평행도 검사

7. 모래제거 및 치수에 맞게 절단한다.

한 쪽 끝에 막았던 마개를 제거한 다음 모래를 모두 빼낸다.

직각자를 이용하여 치수에 맞게 표시하고 강관커터나 톱을 사용하여 절단하고 관의끝부분을 리머나 줄을 이용하여 끝손질 한다

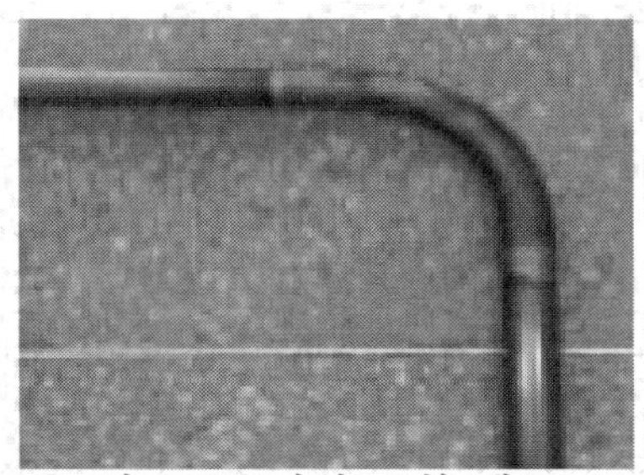

[그림 1-36] 관의 굽힘 제품

8. 관넘기형 굽히기 하기

(1) 재료 준비

관에 모래를 조밀하게 채운 뒤, 가열 장치를 준비한다.

(2) 관을 바이스에 물린다.

용접선이 인장 또는 압축을 받지 않도록 위 또는 아래로 오도록 물려 준 뒤, 굽힐 부분이 그림과 같이 바이스의 끝에서 약 100mm 정도 되게 물려준다. 100mm되는 지점에서 다시 양쪽으로 50mm의 굽힘선을 긋는다.

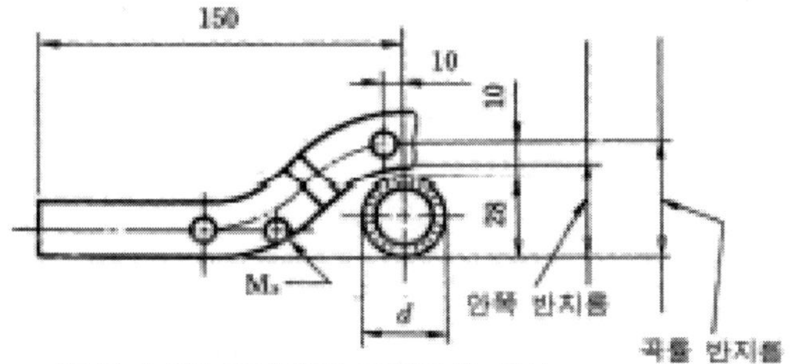

[그림 1-37] 관넘기형 굽힘부의 형상

(3) 1단계 굽힌다.

굽힘부를 고르게 가열한 후, 굽힘부를 약 40° 정도 되게 굽혀준다. R이 작으므로 밀어 주는 힘과 당겨 주는 힘의 균형을 잘 맞춘 후에 굽혀 준다.

굽힘 부분이 찌그러지지 않도록 고르게 가열해야 하며, 굽힘 부분을 물에 급랭시키지 말아야 하고, 물에 급랭시키면 재질의 변화뿐만 아니라 2

차, 3차로 굽힐 때 주름이 생길 우려가 있다. 180° 굽히기를 응용하여 굽힐 부분의 처음 100mm가 관넘기형 굽힘부의 중앙에 오도록 해야 한다.

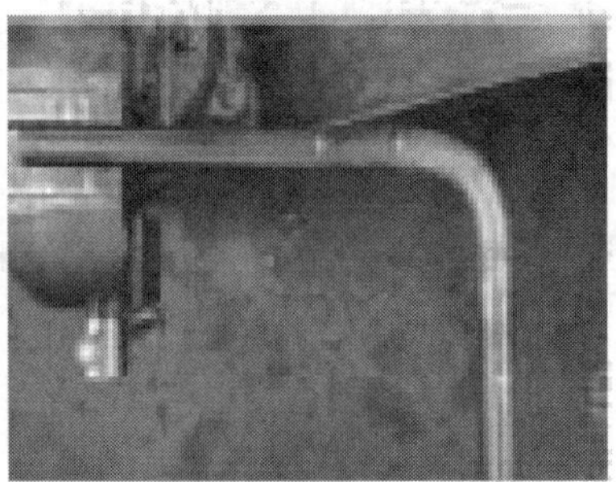

[그림 1-38] 가열부위의 위치 결정과 1단계 굽히기

(4) 2단계 굽힌다.

1단계 굽힙에서 안쪽반지름 38mm 부분에 굽힘부의 위치를 정해준 뒤, 관을 다시 바이스에 물려준다. 표시부분에서 안쪽 38mm 부분부터 굽힘부를 가열할 때 불꽃의 방향은 굽힐 부분을 향하게 하고, 바이스 쪽을 향하게 하여 가열시켜 준다.

처음 굽힌 R펴지지 않게 주의하면서 충분히 가열하여 굽힌다.

점차적으로 불꽃의 방향을 관에 직각으로 가열시켜 주면서 한 곳을 집중적으로 가열하지 않도록 주의하고, 고르게 가열하여 관의 표면이 산화되지 않도록 한다. 인장되는 부분이 찌그러지지 않도록 힘을 고르게 주어 굽히고, 굽힐 때 관 밑에서의 높이를 일정한 간격으로 유지하여 관을 수평으로 밀어 준다.

관넘기형 굽힘부의 높이가 맞을 때까지 굽혀 준다. 안쪽 반지름 38mm가 되도록 관넘기형 굽힘부의 중심이 한쪽으로 치우치지 않게 균형을 잡아 가면서 굽혀 준다.

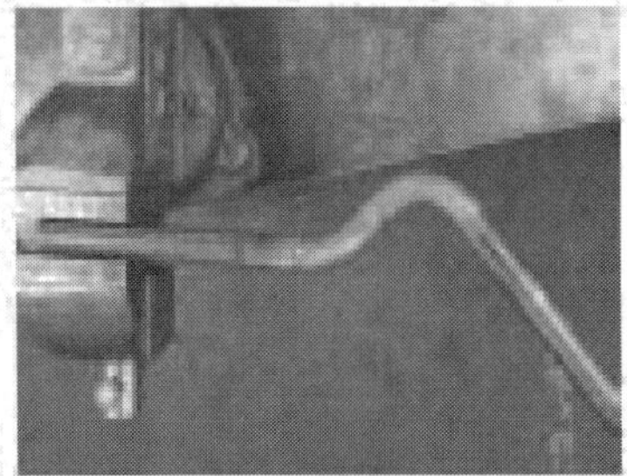
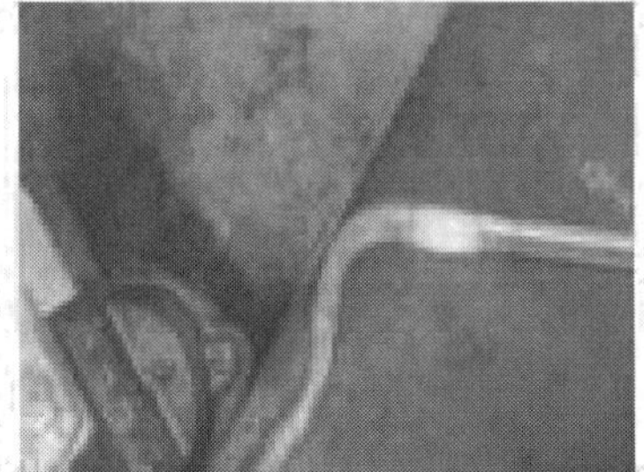

[그림 1-39] 가열 부위의 결정과 2단계 굽히기

(5) 3단계 굽힌다.

2단계에서 굽힙을 한 38mm를 수평으로 놓은 위치에서 3단계 굽힘부의 위치를 다시 정하여 표시하여 준다. 표시한 지점에서 관의 안쪽으로 38mm 정도 안쪽으로 들어와 가열 굽힙한다.

먼저 굽힌 부분에 굴곡이 생기지 않도록 주의하여 가열하면서 굽히고, 가열토치 불꽃은 먼 곳에서부터 조금씩 가까운 곳으로 이동시켜야 한다.

2단계 굽힘부에 직선 관의 중심선과 일치하도록 굽혀야 한다. 2단계 관넘기형 굽힘부에 직선 관의 중심선보다 내려가 있을 경우에는 가열하여 중심선과 맞게 굽히고, 다음 가열하여 중심선과 일치하게 내려 준다. 이때, 가열 부분을 국부적으로 너무 오랫동안 가열하면 그 부분이 산화되거나 찌그러지므로 고르게 가열하여 굽힌다. 2단계 굽힘부의 중아이 직선 관의 중심선보다 올라가 있는 경우에는, 가열하여 중심선과 맞게 내려 주고, 가열하여 중심선과 일치하게 올려 준다.

2단계 굽힘과 뒤틀리지 않게 관을 항상 수평으로 당겨 주어야 하며, 가열 할 때 판이 스스로의 무게 때문에 처지지 않도록 관을 지지해 주면서 가열해야 한다. 압축력을 받는 굽힘 부분이 튀어나오지 않도록 부분부분의 굽힘이 끝난 다음에 물에 급랭시키지 말아야 한다. 그리고 압축되는 부분은 되도록 가열하지 말아야 한다. 굽힘부의 높이와 두 직선관의 중심을 일치시켜 관넘기형 굽힘 작업을 완성한다.

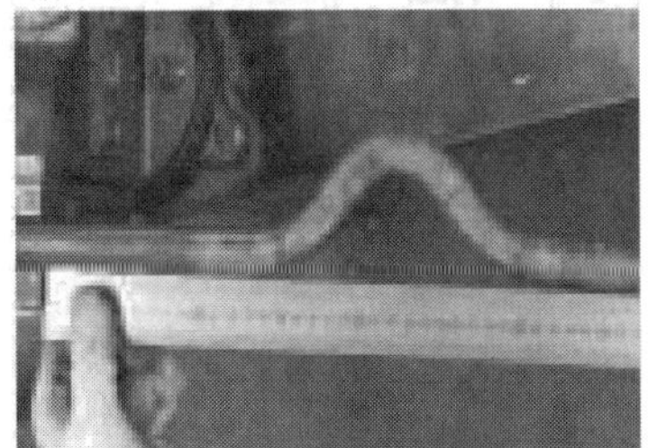

[그림 1-40] 가열 부위의 결정과 3단계 굽히기

(6) 관의 중심을 교정한다.

관을 다시 그림과 같이 바이스에 물린다. 굽힘부를 평바이스에 흠집이 나지 않도록 거꾸로 살며시 무려 준다. 관의 중심이 서로 어긋나게 굽혀져 있을 경우에는 관의 굽힘부를 다시 가열할 필요 없이 그 상태에서 관을 적절히 밀고 당겨서 중심을 맞추어 준다. 관의 중심이 너무 많이 서로 어긋나 있는 경우에는 그 부분을 약간 가열하여 교정한다.

(7) 치수에 맞게 절단한다.

관 넘기형 굽힘 부분의 중심에 관을 맞추고 관의 중심에서 양쪽으로 치수에 맞게 표시한다. 쇠톱 또는 강관 커터를 이용하여 절단한다. 절단 부위를 깨끗이 끝손질한다.

❸ 가열 토치를 사용하여 ㄱ형강 브라킷 굽힘하기는 다음의 순서를 따른다.
가열 토치를 사용하여 ㄱ형강 앵글의 90° 열간 굽힘 하기

1. 실습 준비한다.
 (1) 필요한 공구 재료를 준비한다.
 (2) 도면을 보고 작업 방법 및 작업순서를 결정한다.
 (3) 작업 도면을 보고 작업에 필요한 치수를 결정한다.

2. 굽힘 리브를 제작한다.
 (1) 굽힘 할 도면을 확인하고 굽힘 할 지그를 제작하기 위하여 두꺼운 강판 위에 현도를 뜬다.
 (2) 리브를 제작하고 띠철을 굽힘반경에 맞게 밴딩을 한다.
 (3) 현도위에 밴딩 띠철과 리브를 뒤편에 서 용접하여 [그림 1-41]과 같이 지그를 제작한다.

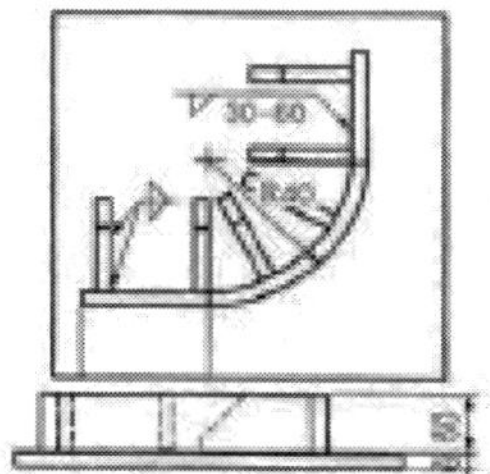
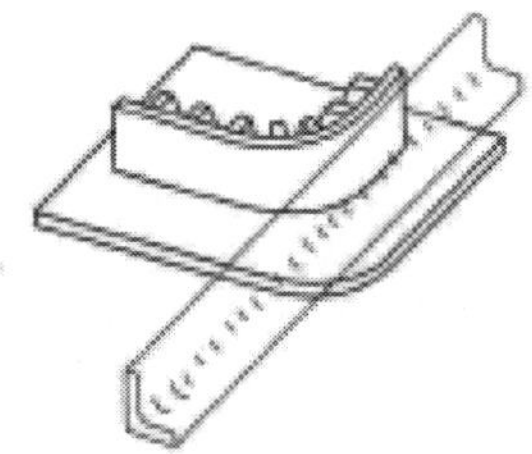

출처: 제관. 철골구조 실기(공단)

[그림 1-41] 앵글 밴딩 지그제작 및 형강고정

3. 앵글 밴딩한다.
 (1) 지그 제작에 의해서 굽힘을 해야 하나 여기서는 굽힘 형틀을 이용하여 굽힘 한다.
 (2) 지그에 앵글을 그림과 같이 C 클램프나 바이스 플라이어를 이용하여 그림과 같이 고정한다.

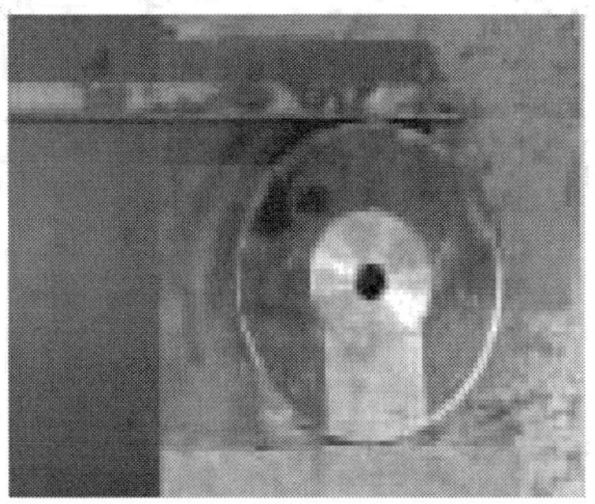

[그림 1-42] 앵글 굽힘

(3) 굽힘 하고자하는 시작점을 표시하고 표시한 점이 가열 부위의 중앙이 되도록 앵글을 플랜지부분을 700～800℃ 가열한다. 굽힘하는 앵글을 서서히 지그에 밀착되게 잡아당긴다.

[그림 1-43] ㄱ형강 중간 굽힘 및 벤딩 완료

(4) 굽힘을 하면 플랜지 부분이 부풀거나 늘어나는 부분을 해머로 평행하게 두드린다.
(5) 조금씩 점착 밴딩을 진행하며 중간부가 지그와 밀착 되도록 클램프 등으로 밀착시켜 잡아준다.

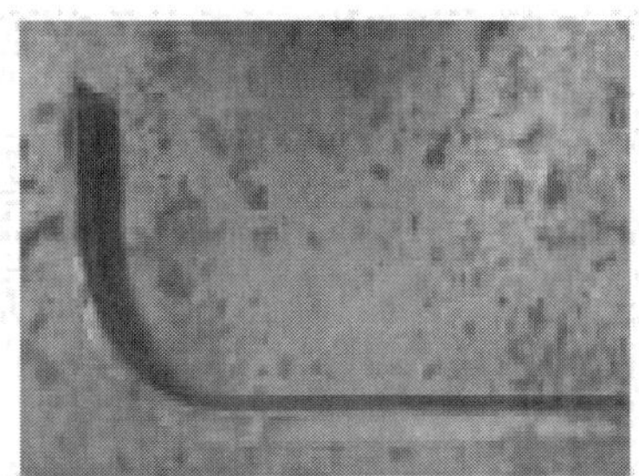

[그림 1-44] ㄱ형강 굽힘과 직각 측정

(6) 밴딩한 앵글을 직각으로 교정한다.
(7) 45° 로 금 긋기를 하여 절단하고 절단면을 줄 다듬질 한다
(8) 치수 및 외관을 검사하고 실습장 정리정돈을 한다.

1. 수공구 성형하기 평가(평가자체크리스트)				
학습 내용	평가 항목	성취수준		
		상	중	하
작업 계획 수립 및 수공구에 의한 각형, 원통 성형	작업순서, 수공구, 측정기 사용방법 이해하고 조작 수행여부			
	성형용 수공구를 선정하여 판재를 각형 또는 원형으로 성형할 수 있는 능력여부.			
와이어링, 플랜지 성형	원통형 또는 각형 판재의 끝 부분에 와이어링 또는 플렌지 작업을 할 수 있는 여부			
가열 굽힘 성형	가열토치를 사용하여 금속판재, 봉재, 관, 형강재를 굽힐 수 있는 능력여부			
결과 평가 방법; 피평가자체크리스트, 평가자체크리스트중 택일				

작업과제 2. 수동기계 성형하기

학습 목표

1. 재료 종류에 따른 성형용 수동기계를 선정하여 성형할 수 있다.
2. 수동절곡기를 이용하여 판재를 임의의 각도로 굽힐 수 있다.

수행 내용 / 2-1 수동 절곡기로 판재를 임의의 각도로 굽히기

재료 · 자료

- 스텐강판 t1.2 × 200 × 300 1매
- 티그 용접봉 ψ2.6
- 스텐 전기 용접봉 ψ2.6

기기(장비 · 공구)

- 폴딩 머신, 포밍 머신
- TIG용접기
- 전기용접기
- 판금 제관 공구세트

안전 · 유의사항

- 폴딩머신 사용 시 형틀 사이에 손을 넣지 않도록 한다.
- 용접 작업에는 반드시 안전 보호구를 착용한다.
- 성형 및 조립 작업 시 작업 목적에 적합한 치구와 공구를 선택한다.
- 기계에 무리한 힘을 가하지 않는다.

수행 순서

❶ 수동(폴딩) 절곡기를 이용하여 판재를 임의의 각도로 굽힘 하기는 다음의 순서를 따른다.

1. 폴딩 머신 작업 전의 주의사항 고려해야 한다.
   (1) 판재의 두께를 고려해야한다.
   (2) 접히는 테두리의 정도를 고려해야한다.
   (3) 로크(lock) 또는 가장자리의 나비를 알맞게 해야 한다.
   (4) 접는 각도를 정해야 한다.
   (5) 판재의 종류와 재질을 알아야 한다.
2. 폴딩 머신을 이용한 사각관 굽힘 작업을 한다.
   (1) 준비한다.
      (가) 도면을 확인하고, 작업 준비를 한다.
      (나) 필요한 재료와 공구를 준비한다.
      (다) 안전 보호구를 준비하여 착용한다.
   (2) 마름질과 절단을 한다.
      (가) 주어진 재료 위에 전개도를 놓고 펀칭한 후, 펀칭이 끝난 후 금긋기 공구를 이용하여 금긋기를 한다.
      (나) 전단이 용이하도록 전단 보조선을 긋는다.
      (다) 조립 기준선을 표시한다.
      (라) 동력 전단기와 바이브러시어로 전단한다.
      (마) 절단면을 다듬질하고 변형 부분을 해머로 두드려 준다.

[그림 2-1] 사각절단 교정 및 플렌지부 전단

   (3) 절곡한다.
      (가) 도면에 나타낸 플랜지 직선 굽힘 부를 [그림 2-2]와 같이 각도(90°) 만큼만 절곡한다.

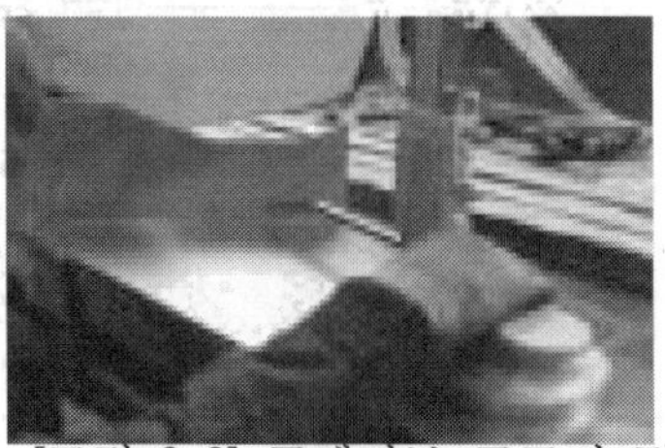

[그림 2-2] 플렌지부 금긋기 및 굽힘

(4) 사각의 4 개소를 굽힘 한다.

(가) 공작물 굽힘 선을 윗날과 아래 날에 일치 시킨 후 윙 레버를 이용 고정시킨다.

(나) 굽힘 판을 양손으로 들어 올려 직각 굽힘 한다.

(라) 굽힘 순서를 정하여 양쪽 가장자리 굽힘선 부터 먼저 굽힘 한다.

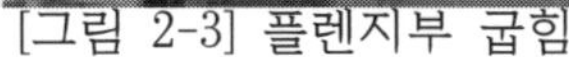

[그림 2-3] 플렌지부 굽힘

(5) 성형한다.

(가) 폴더기계는 절곡의 길이에 제한이 있어 [그림 2-4]와 같이 마지막 굽힘 후 변형된 판을 교정한다.

(나) [그림 2-4]와 같이 판금 칼을 이용하면 편리하다.

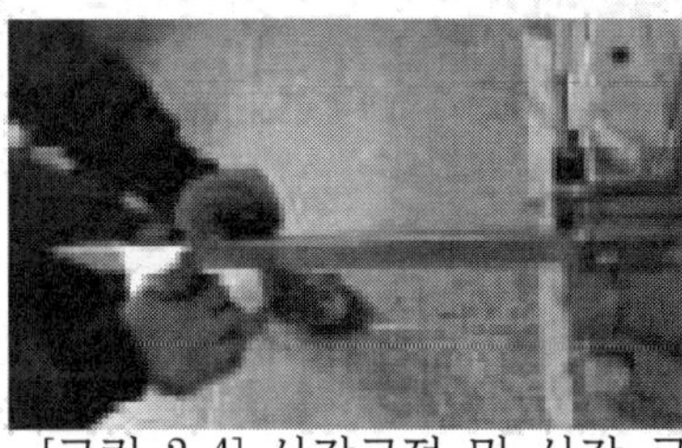

[그림 2-4] 사각교정 및 사각 굽힘 제품

(6) 가접하여 용접하고 조립한다.

(가) 플랜지 부분을 평행하게 교정을 하고 상관부에 가접을 한다.

(나) 각 부품별 맞대기 이음부를 용접한다.

(다) 슬래그를 제거한다.

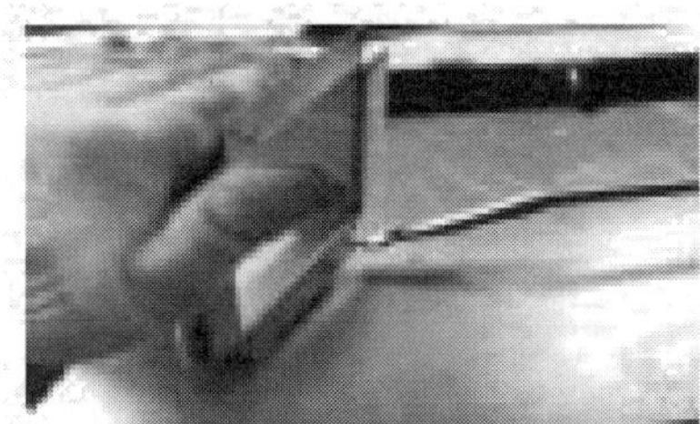

[그림 2-5] 플랜지부 길이 및 사각의 대각선 측정

(7) 교정 및 다듬질하고 검사한다.
(가) 작품의 거스러미 및 외관을 잘 다듬는다.
(나) 직각도 평면도 등을 검사한다.
(다) 도면의 치수대로 교정한다.
(8) 정리 · 정돈 한다.
(가) 측정공구를 손질하고 정돈한다.

수행 내용 / 2-2 성형 롤러와 벤딩기를 사용하여 원통형으로 성형하기

재료 · 자료

- 연강판 t1.0 × 900 × 300 1매, 가스용접봉
- 산소/아세틸렌 가스 약간'
- 판금 제관 공구

기기(장비 · 공구)

- 폴딩머신, 가스용접기, 전기용접기, 버니어캘리퍼스, 하이트게이지, 직각자, 삼각자

안전 · 유의사항

- 장비나 공구 사용시 무리한 힘을 가하지 않는다.
- 가스 절단 및 용접 작업시 화재 예방에 유의한다.
- 포밍 머신 사용 시 롤러 사이에 손을 넣지 않도록 한다.
- 용접 작업에는 반드시 안전 보호구를 착용한다.
- 성형 및 조립 작업 시 작업 목적에 적합한 치구와 공구를 선택하여 사용한다.

수행 순서

❶ 재료 종류에 따른 성형용 수동기계를 사용 굽힘하기는 다음의 순서를 따른다.

1. 수동 포밍머신을 이용하여 원뿔 굽힘작업을 한다.

(1) 작업을 준비한다.

(가) 도면에 의해 전개도를 완성한다.

(나) 도면에 표시된 제품의 형상을 확인하고 치수와 이음의 형상을 확인하면서 접합부의 용접기호를 확인한다.

(다) 작업에 필요한 공구와 재료를 준비한다.

(라) 자료의 경제성을 고려하여 강판 위에 부품을 그림 배치하고 넓은 부품을 먼저 배치하고 남은 여백에 넓은 순으로 배치한다.

(마) 직선 부는 전단기로 전단하고 곡선은 재료의 두께에 따라 바이브레시어 및 가스 절단한다.

(바) 절단면을 다듬질 및 변형을 교정한다.

(사) 마름질 선을 따라 0.1~0.5㎜ 정도 여유를 주어 자른 후, 다듬는다.

(아) 가공선을 따라 바르게 절단 되었는지 확인한다.

(2) 성형한다.

(가) 연질해머(가죽해머, 플라스틱해머, 고무해머, 나무해머 등)로 양끝을 두드려 굽힌다. 이 때 롤러 지름의 1/3이상 굽히도록 한다.

(나) 재료를 롤러의 원뿔상의 축선과 직각으로 넣는다.

(다) 윗 롤러 아래 롤러를 조여 재료를 꼭 물린다.

(라) 아래 롤러를 조정나사로 조여 가며 굽힘 량을 조정한다.

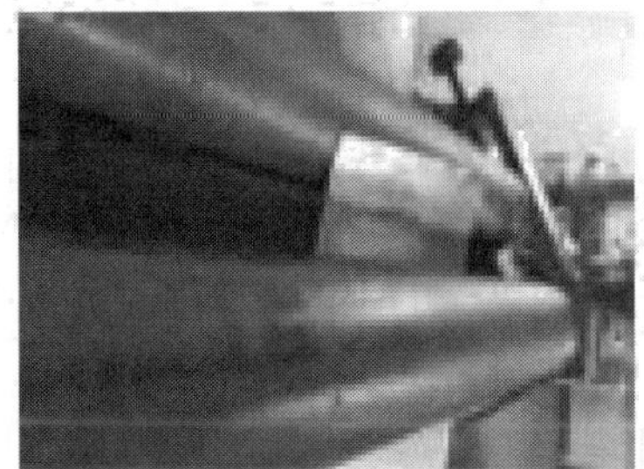

[그림 2-6] 양쪽의 가장자리 굽힘 및 재료 굽힘

(마) 핸들을 돌리며 굽혀 나간다.

(바) 1행정이 끝나면 조정 롤러로 조정해 가면서 2~3회 반복하여 완전히 성형한다. 이 때 스프링 백을 생각하여 조금 더 굽히는 것이 좋다.

(사) 굽혀진 원통을 꺼낼 때는 고정 레버를 풀고 위 롤러를 가볍게 들어 올린 후 원통을 꺼낸다.

[그림 2-7] 포밍 원통의 롤러의 재료 넣기

(아) 위 롤러를 다시 제자리에 넣고 고정 레버를 잠근 후 조정 롤러 조정레버를 푼다.

(자) 위 롤러를 들어 올릴 때 지렛대 공구를 사용하면 편리하다.

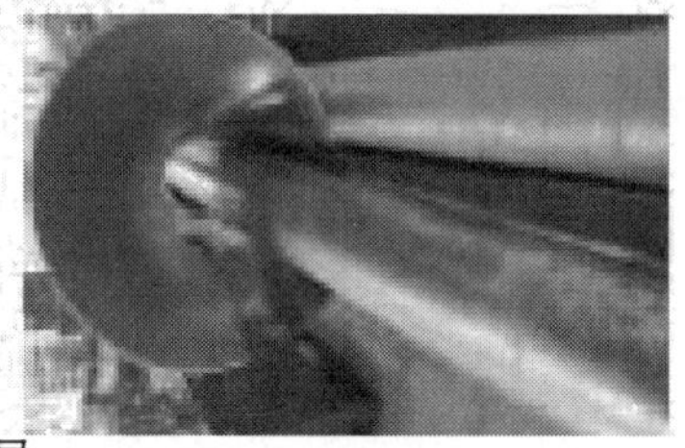

[그림 2-8] 원뿔의 가접 및 성형완료

(차) 가스용접봉을 사용하여 용접하고, 용접 시작점 부분과 중간 끝 부분을 가접한 뒤 전진법으로 용접한다.

(카) 거스러미 및 외관을 잘 다듬고, 진원도, 직각도 등을 확인한다.

(3) 측정 용구를 사용하여 치수를 측정하고 각 요소 작업별로 외관 검사를 한다.

(가) 제품 각 부분의 치수 정밀도를 버니어 캘리퍼스와 하이트 게이지 등의 측정 도구를 사용하여 측정한다.

(나) 용접부의 결함 유무와 용접 비드의 상태를 검사한다.

(다) 외관의 검사한다.

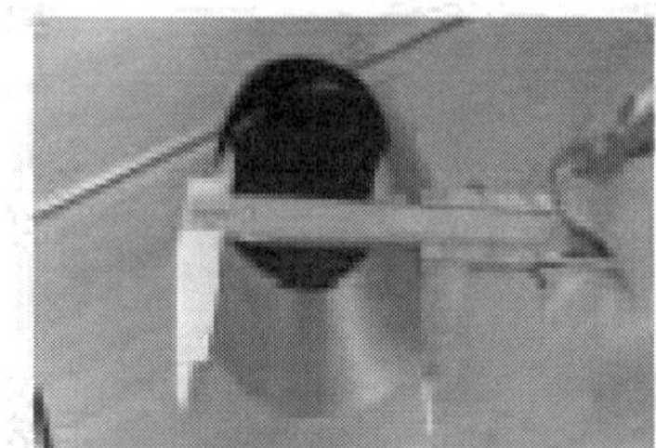
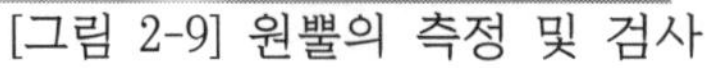

[그림 2-9] 원뿔의 측정 및 검사

2. 수동기계 성형하기 평가(평가자체크리스트)				
학습 내용	평가 항목	성취수준		
		상	중	하
수동기계에 의한 성형방법	재료종류에 따른 성형용 수동기계를 선정 숙지여부			
	수동절곡기를 이용하여 판재를 임이의 각도로 굽힘 능력여부.			
포밍 머신에 의한 성형	성형롤러와 밴딩기를 사용하여 원통형으로 성형여부			
	측정기를 활용하여 성형된 제품의 치수를 측정여부			
	변형제품을 작업도구를 통하여 교정할 수 있는 능력			
결과 평가 방법; 피평가자체크리스트, 평가자체크리스트중 택일				

작업과제 3. 자동기계 성형하기

학습 목표

1. 제품 도면에 준하여 작업 범위를 설정하여 작업순서를 수립할 수 있다.
2. 재료 종류에 따른 성형용 자동기계를 선정할 수 있다.
3. 프레스, 동력포밍머신, 성형롤러를 사용하여 도면에서 요구된 형상을 성형할 수 있다.

수행 내용 / 3-1 성형용 자동기계 선정 및 형상 성형하기

재료 · 자료

- 스텐강판(티타늄 300×600×1.6t) 1장
- 연강판(200×350×3.2t) 1장
- 전기 용접봉(φ2.6) 1개
- 스텐용접봉(φ2.6) 2개

기기(장비 · 공구)

- 절곡기, 정반, 삼각자, 강철자, 디바이더
- 성형롤러, 금 긋기 바늘, 자유 곡선자, 판금 가위, 받침쇠, 판금정, 연질 해머
- 전기용접기, 나무 해머, 줄 , 스패너, 용접 보호구, 집게
- V-커팅기, 하이트 게이지, 버니어 캘리퍼스, 직각정규, 줄자

안전 · 유의사항

- 날카로운 기계 및 기구에 상처를 입지 않도록 특별히 조심한다.
- 가스 용접 시에 화상에 유의한다.
- 기계 작업 시 긴소매, 넥타이 또는 반지 착용을 금 한다.
- 기계 및 기구의 안전 수칙을 준수한다.
- 전기용접기의 안전수칙에 유의한다.

수행 순서

❶ 프레스 브레이크 머신에 의한 굽힘 작업하기는 다음의 순서를 따른다.
절곡기는 상부금형과 하부 금형사이에 재료를 투입하여 상부 금형 또는 하부금형에 힘을 가압하여 재료의 소성가공이 이루어진다.

1. 작업 준비한다.
  (1) 도면을 보고 제품의 모양을 이해한다.
  (2) 굽힘의 방법과 순서를 정한다.
  (3) 필요한 공구와 재료를 준비 한다.
  (4) 마름질과 절단을 한다.
  (5) 주어진 재료를 소요의 재료를 마름질 한다.
  (6) 전단이 용이하도록 전단 보조선을 긋는다.
  (7) 전동가위나 동력전단기로 절단한다.
  (8) 얇은 판의 제품의 모양에 따라 굽힐 부분을 금 긋기 한다.
  (9) 굽힘의 형상에 따라 재료의 앞면과 뒷면에 굽힘 작업에 필요한 굽힘선을 금 긋기 한다.

[그림 3-1] 전단작업 와 V-커팅기계

2. CNC V-커팅 머신에 굽힘 자료를 입력한다.
  (1) V- 커팅기계의 전원을 넣는다.
  (2) 기계전원을 On으로 제어입력을 인가한다.
  (3) 커팅날의 $X_1$160, $X_2$160, Y, 0, Z 40, 축에 입력 설정한다.
  (4) 작업 공정, 재료, 두께 등을 설정하고 입력한다.

[그림 3-2] 굽힘 자료 입력과 재료 장착

(5) 굽힘 개소에 따른 작업 순서와 소요 길이 설정 입력 〈표 3-4〉 자료를 계획한다.

(6) V-커팅 자동기계의 입력 자료는 〈표 3-5〉과 같이 재질 두께를 고려하여 입력순서에 의해 입력한다.

(7) 입력자료 9, 234, 263, 308, 239, 518을 입력 후 뒤집기를 입력한다.

〈표 3-1〉 굽힘 형상에 따른 새시 입력 자료

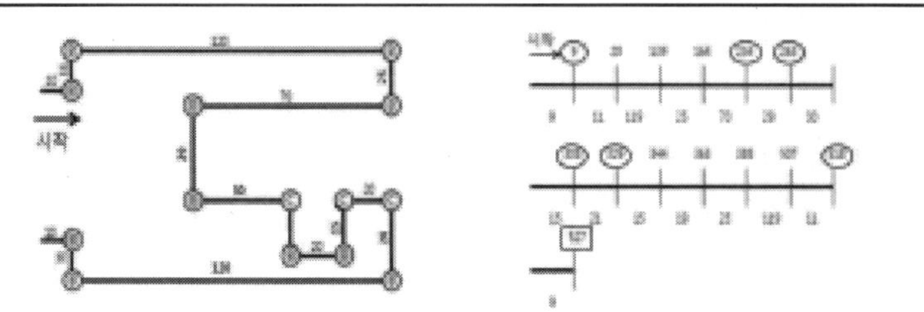

※ 아래 치수는 1면 더해가는 치수 재질 두께에 따라 연신율 조정

〈표 3-2〉 재질 두께에 따라 연신율

코드	이름	두께	재질	고정(연신율)			비율(Out 길이)		
				V-CUT	A-CUT	NO-CUT	V-CUT	A-CUT	NO-CUT
63	A/L-3T	3.0T	A/L	1.5	1.0	2.0	1.5	1.7	0.0
46	E.G.I-0.8T	0.8T	E.G.I	0.5	0.3	1.0	0.4	0.5	0.0
47	E.G.I-1.2T	1.2T	E.G.I	0.6	0.4	1.2	0.6	0.8	0.0
48	E.G.I-1.5T	1.5T	E.G.I	0.8	0.6	1.7	0.8	1.0	0.0
52	H/L-1.5T	1.5T	H/L	0.8	0.5	1.5	0.7	1.0	0.0
53	H/L-1.6T	1.6T	H/L	0.8	0.6	1.6	0.8	1.0	0.0
54	H/L-2.0T	2.0T	H/L	1.0	0.8	2.0	1.0	1.2	0.0
62	H/L-3.2T	3.2T	H/L	1.6	1.2	3.2	1.6	1.8	0.0
60	연강-3.2T	3.2T	연강판	1.6	1.2	2.2	1.6	1.2	0.0
58	칼라판-0.8T	0.8T	칼라판	0.5	0.3	1.0	0.0	0.0	0.0
61	티타늄-1.2T	1.2T	티타늄	0.6	0.4	1.2	0.6	0.5	0.0

3. V-커팅한다.

(1) V-커팅 기계를 가동한다.

(2) 재료를 장착한다.

(3) 장착 받침대의 X축 과 Y축 과 만나는 앞쪽을 기준으로 장착한다.

(4) V-커팅 시작 SW를 누른다.

(5) 굽힘 순서를 고려하여 도면의 굽힘 순서를 결정한다.

(6) 입력자료 9, 234, 263, 308, 239, 518 을 V-커팅 후 재료를 뒤집기 한다.

(7) 재료를 장착한 후 20, 139, 164, 293,344, 363, 388, 527 커팅 종료한다.

[그림 3-3] V-커팅 운전 및 커팅완료

4. 절곡기를 가동운전 하여 굽힘 준비한다.
 (1) 금형을 장착한다.(펀치 선단 R은 표준치수 0.2mm를 선택하고 다이의 V 홈 각도는 90°홈의 폭은 10mm 또는 12mm 선택한다.)
 (2) 절곡기를 가동 시운전을 하여 이상 유, 무를 확인한다.
 (3) 굽힘 시 복잡한 형상의 굽힘일 경우 특히 굽힘의 순서와 방향을 고려하여 굽힌다.

[그림 3-4] 상부 금형 및 굽힘력 조정핸들

5. 절곡기를 이용 성형한다.
 (1) V 커팅 된 재료를 굽힘 순서와 굽힘 방법을 확인한다.
 (2) 윗날에 굽힘선을 일치시키면서 하향 굽힘 한다.
 (3) 긴 재품의 굽힘은 2인이 상호 준비 신호를 소통, 확인 후 굽힘력을 제공한다.
 (4) 굽힘 조정핸들을 이용하여 굽힘력을 제품에 따라 조정하여 굽힘 한다.
 (5) 제품의 모양 및 각도에 따라 윗날의 하향 길이 및 굽힘에 필요한 힘을 조절한다.

[그림 3-5] 굽힘 과정과 완성제품

6. 교정 및 검사한 후 정리 정돈한다.
   (1) 완성된 재품을 직각과 굽힘 상태를 검사한다.
   (2) 정밀도를 측정한다.
   (3) 흠집 및 외관을 검사한다.
   (4) 이상 없을 시 대량 생산한다.
   (5) 사용한 동력 기계의 동력을 차단하고 정리정돈을 한다.

❷ 성형 롤러를 이용한 의한 굽힘하기는 다음의 순서를 따른다.

1. 작업 준비한다.
   (1) 도면을 보고 제품의 모양을 이해한다.
   (2) 굽힘의 방법과 순서를 정한다.
   (3) 필요한 공구와 재료를 준비한다.
   (4) 안전보호구를 준비한다.
2. 마름질과 절단을 한다.
   (1) 주어진 재료를 소요의 재료를 마름질 한다.
   (2) 전단이 용이하도록 전단 보조선을 긋는다.
   (3) 직선은 동력전단기로 곡선 부분은 바이브러시어로 절단한다.
   (4) 도면치수와 같이 전단되었는지 확인한다.

[그림 3-6] 절곡기를 이용한 양쪽 굽힘과 롤러의 굽힘 시작

3. 성형한다.

(1) 양끝을 프레스 브레이크를 이용하여 롤러 지름의 1/3이상 굽히도록 한다. 핀치형 굽힘 롤러를 이용하여 굽힘 조절 롤로 꽉 눌러서 판재의 끝 부분을 굽히는 방법이 있으며, 판뜨기 할 때 끝 굽힘을 여유치수를 주어 가공 후 직선부를 잘라내는 방법도 있다.
(2) 재료를 롤러의 축선과 직각으로 넣는다.
(3) 동력 전원 S/W 정 회전 하여 굽힘을 시작한다.
(4) 위 롤러 아래 롤러를 조여 재료를 꽉 물리도록 한다.
(5) 조정 롤러를 조정나사로 조여 가며 굽힘 량을 조정한다.
(6) 1행정이 끝나면 조정 롤러로 조정해 가면서 2~3회 반복하여 완전히 성형한다. 이 때 스프링 백을 생각하여 조금 더 굽히는 것이 좋다.
(7) 굽힘 한 양 가장자리가 서로 맡 닫으면 서로 일치시켜 가접을 한다.
(8) 가접할 때에는 잘 맞는 부분을 먼저 용접하고 서로 대칭되게 가접하는 것이 좋다
(9) 가접한 부분을 성형롤러를 이용하여 1~2회 회전시켜 원통을 진원으로 성형한다.

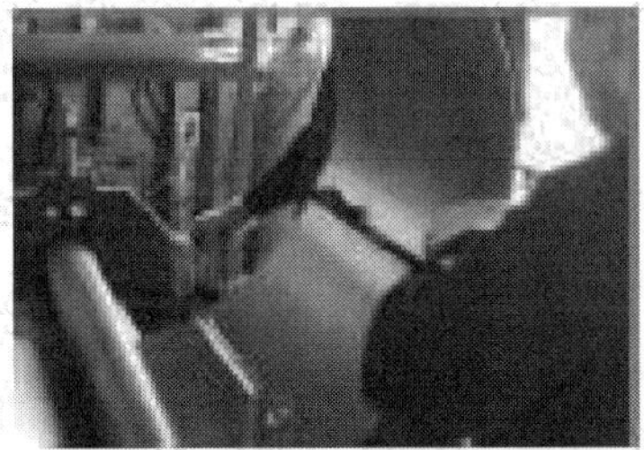

[그림 3-7] 굽힘 성형과 가접하기

(10) 굽혀진 원통을 꺼낼 때는 고정 레버를 풀고 위 롤러를 가볍게 들어 올린 후 원통을 꺼낸다.
(11) 원통을 꺼낼 때에는 상부 롤러를 위로 들어 올려야 하므로 손으로 하지 말고 이에 대처할 수 있는 기구를 사용한다.

[그림 3-8] 굽힘 과정과 완성제품

6. 교정 및 검사한 후 정리 정돈한다.
(1) 완성된 재품을 직각과 굽힘 상태를 검사한다.
(2) 정밀도를 측정한다.
(3) 흠집 및 외관을 검사 한다
(4) 이상 없을 시 대량 생산한다.
(5) 사용한 동력 기계의 동력을 차단하고 정리정돈을 한다.

❷ 성형 롤러를 이용한 의한 굽힘하기는 다음의 순서를 따른다.
1. 작업 준비한다.
(1) 도면을 보고 제품의 모양을 이해한다.
(2) 굽힘의 방법과 순서를 정한다.
(3) 필요한 공구와 재료를 준비 한다.
(4) 안전보호구를 준비한다.
2. 마름질과 절단을 한다.
(1) 주어진 재료를 소요의 재료를 마름질 한다.
(2) 전단이 용이하도록 전단 보조선을 긋는다.
(3) 직선은 동력전단기로 곡선 부분은 바이브러시어로 절단한다.
(4) 도면치수와 같이 전단되었는지 확인 한다.

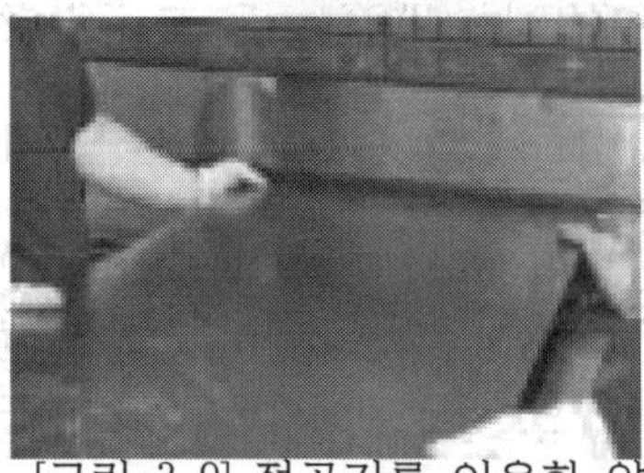

[그림 3-9] 절곡기를 이용한 양쪽 굽힘과 롤러의 굽힘 시작

3. 성형한다.
(1) 양끝을 프레스 브레이크를 이용하여 롤러 지름의 1/3이상 굽히도록 한다. 핀치형 굽힘 롤러를 이용하여 굽힘 조절 롤로 꽉 눌러서 판재의 끝 부분을 굽히는 방법이 있으며, 판뜨기할 때 끝 굽힘을 여유치수를 주어 가공 후 직선부를 잘라내는 방법도 있다.
(2) 재료를 롤러의 축선과 직각으로 넣는다.
(3) 동력 전원 S/W 정 회전 하여 굽힘을 시작한다.
(4) 위 롤러 아래 롤러를 조여 재료를 꽉 물리도록 한다.

(5) 조정 롤러를 조정나사로 조여 가며 굽힘 량을 조정한다.
(6) 1행정이 끝나면 조정 롤러로 조정해 가면서 2~3회 반복하여 완전히 성형한다. 이 때 스프링 백을 생각하여 조금 더 굽히는 것이 좋다.
(7) 굽힘 한 양 가장자리가 서로 맡 닫으면 서로 일치시켜 가접을 한다.
(8) 가접할 때에는 잘 맞는 부분을 먼저 용접하고 서로 대칭되게 가접하는 것이 좋다
(9) 가접한 부분을 성형롤러를 이용하여 1~2회 회전시켜 원통을 진원으로 성형한다.

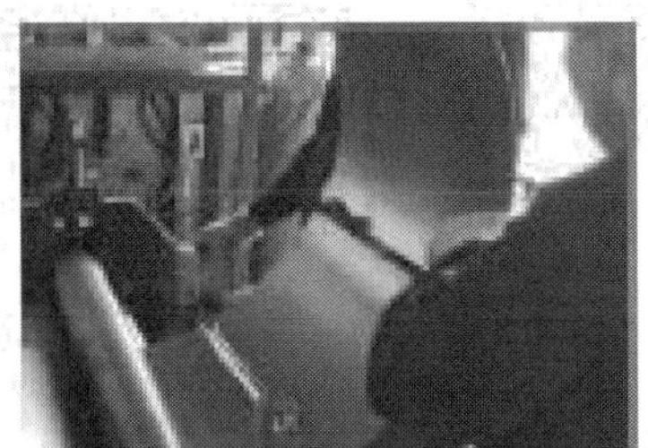

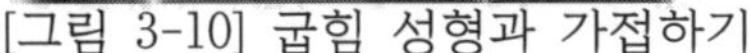
[그림 3-10] 굽힘 성형과 가접하기

(10) 굽혀진 원통을 꺼낼 때는 고정 레버를 풀고 위 롤러를 가볍게 들어 올린 후 원통을 꺼낸다.
(11) 원통을 꺼낼 때에는 상부 롤러를 위로 들어 올려야 하므로 손으로 하지 말고 이에 대처할 수 있는 기구를 사용한다.
(12) 공작물을 꺼낸 후 롤러를 안전하게 내릴 때 특히 전용공구를 이용하면 편리하다.
(13) 위 롤러를 다시 제자리에 넣고 고정 레버를 잠근 후 조정 롤러 조정 레브를 풀어둔다.
(14) 용접봉을 사용하여 용접하고, 용접 시작점 부분과 중간 끝 부분을 가접한 뒤 전진법으로 용접한다.
(15) 거스러미 및 외관을 잘 다듬고, 진원도, 직각도 등을 확인한다.

4. 측정 용구를 사용하여 치수를 측정 검사 한다.
(1) 제품 각 부분의 치수 정밀도를 버니어 캘리퍼스와 하이트 게이지 등의 측정 도구를 사용하여 측정한다.
(2) 용접부의 결함 유무와 용접 비드의 상태를 검사한다.
(3) 외관의 미려도를 검사한다.

5. 전원을 차단한다.
   (1) 성형롤러의 전원을 차단한다.
   (2) 전기용접기나 기타 용접기의 전원을 차단한다.
6. 정리정돈 한다.
   (1) 작업에 사용되었던 공구들을 정리하여 잘 닦은 후 보관한다.
   (2) 기계 장비의 이상 유무를 확인 점검한다.
   (3) 작업장을 청소한다.

수행 내용 / 3-2 NCT, CNC 절곡기를 사용한 굽힘 작업하기

재료 · 자료

- 스테인리스(1.6t × 500 × 500) 1장

기기(장비 · 공구)

- CNC 펀치기
- CNC 절곡기
- 버니어캘리퍼스, 강철자, 직각정규

안전 · 유의사항

- 작동행정이 최저가 되는 곳에 램이 위치하도록 한다.
- 전동식 램 조정 장치를 사용해서 금형의 간격을 적절히 맞춘다.
- 금형이 파손되는 것을 방지하기 위해, 금형의 용량톤수가 초과되지 않도록 확인한다.
- 발판스위치는 안전덮개 부착 형으로 사용한다.
- 작업발판은 작업자의 신체에 맞도록 하고, 가공품이 큰 것은 2인 1조로 작업한다.
- 금형의 조정, 청소, 점검은 전원 OFF후 작업 실시한다.

수행 순서

❶ CNC펀칭 프레스 및 절곡기에 굽힘 작업하기는 다음의 순서를 따른다.

1. 금형 입히기 작업을 한다.

(1) CAD파일(dwg)로 그려진 제품전개도를 불러온다.

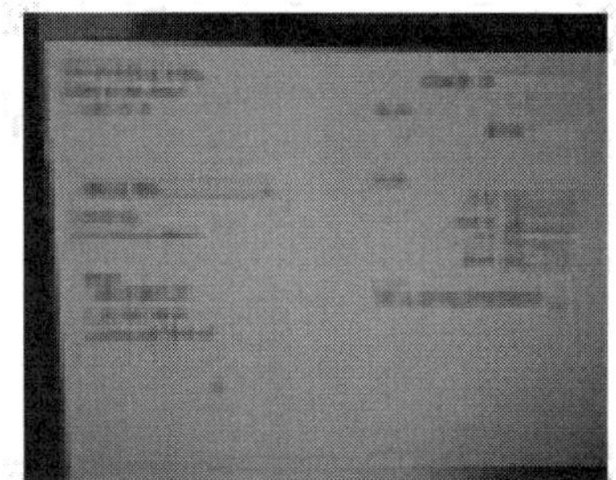

[그림 3-11] 금형 입히기 사량 금형과 라운딩 금형 불러오기

(2) 도면검사명령을 실시하여 열려있는 CONTOUR 화면 위에 있는 문제여부를 확인한다.(다른 프로그램은 모두 닫혀 있어야 함)

(3) 사용자가 보유한 해당금형을 선택하여 금형입히기(TOOLING)을 실시한다. 금형은 크게 원형(Round), 정사각형(Square), 직사각형(Rectangle), 장공(Obround), 기타특수금형으로 분류된다.
단발펀칭-선택된 엔티티에 한 번의 펀칭을 하는 것이다. 니블링-금형보다 긴 거리의 엔티티를 금형을 중복해서 펀칭하는 것이다. 클런치(전부쳐내기)-선택된 금형이 펀칭될 어떤 영역을 전부 쳐내는 것이다.

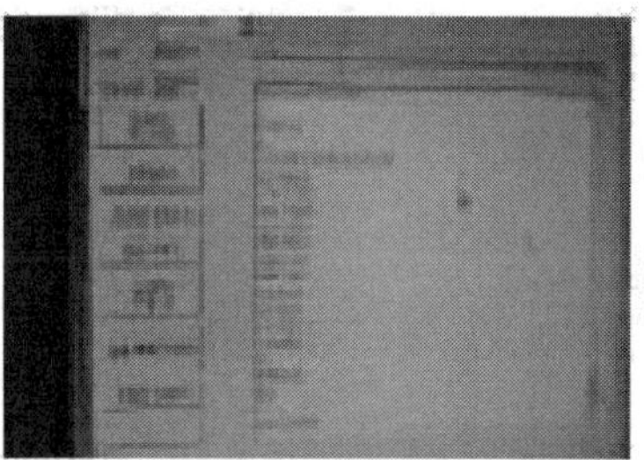

[그림 3-12] 펀칭기의 원점 및 다운로드

(4) 금형입히기가 끝났으면 작업을 위해서 X,Y의 크기로 철판의 크기를 정한다. 작업을 위한 원판크기를 입력함으로써 철판에 배열될 제품의 수량이 자동으로 계산되어 보여준다.

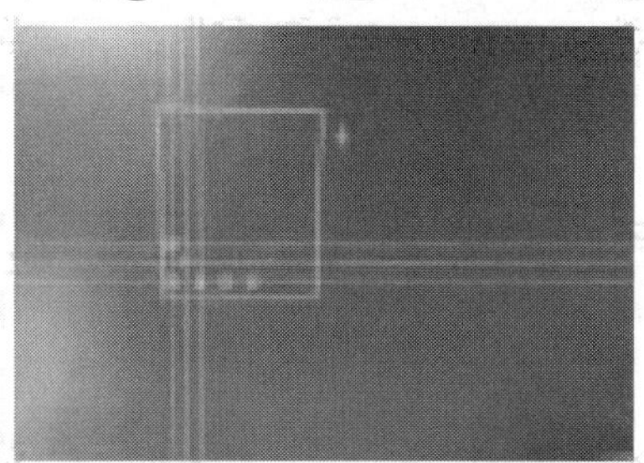

[그림 3-13] 형상 그리는 과정과 형상 그리기완성

2. NC코드생성 공정

(1) 캐드 그림 화면상에 툴링이 되고, 철판에 제품이 배열된 후 모든 설정이 완료되었으면, 프로그램 생성의 마지막 단계에 와 있는 것이다. 이제 기계가 인식할 수 있는 NC코드를 만들어주어야 한다. 프로그래밍이 제대로 되었는지 확인하기 위해 시뮬레이션 과정을 선택할 수 있다.

(2) 시뮬레이션 과정은 컴퓨터모니터 화면 상에서 실제 기계작업과정을 시연해 볼 수 있는 과정이다.

(3) 이 과정을 통해 금형수정, 타발순서 수정 등이 가능하다

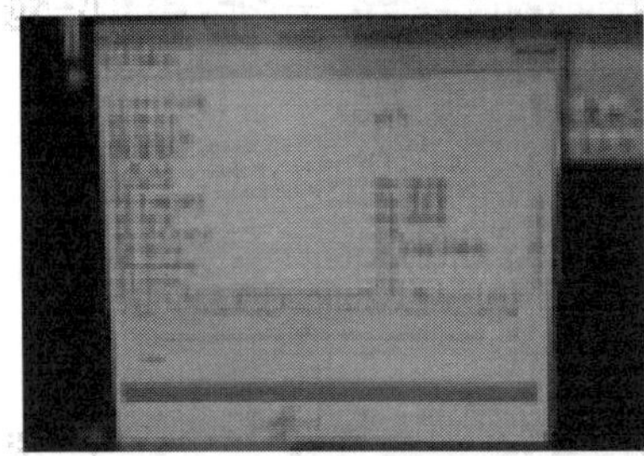
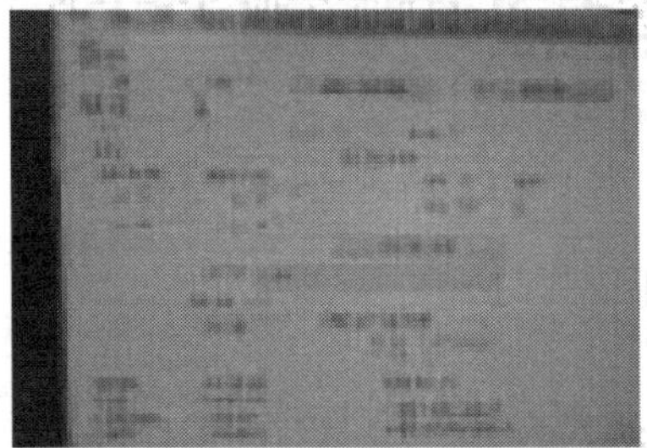

[그림 3-14] 프로그램 시뮬레이션 과정

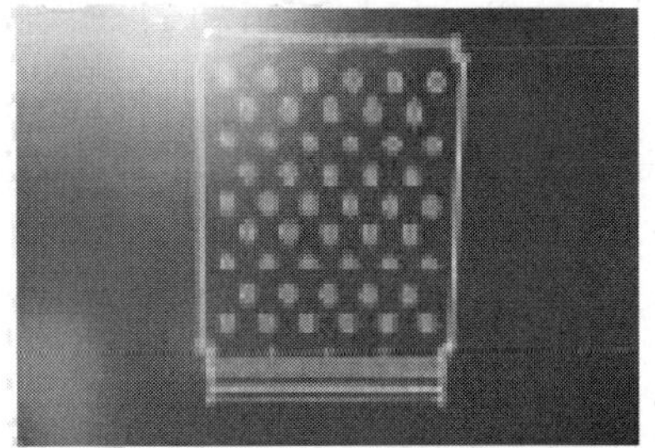

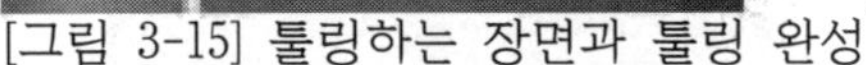
[그림 3-15] 툴링하는 장면과 툴링 완성

(4) NC코드가 생성되었으면 펀칭머신으로 전송한다.(LAN을 이용한 네트워킹 또는 USB에 저장하여 전달)

3. 자동 기계 가공 펀칭을 준비하고 펀칭한다.

(1) 작업지시서나 작업표준에 따라 작업방법을 정한다.

(2) CNC 펀칭 프레스를 이용하여 펀칭 작업을 할 수 있도록 준비한다.

(3) 도면의 형상에 맞춰 금형을 준비한다.

(가) $\varphi 25$ 가공을 위해 R(round) 25를 준비한다.

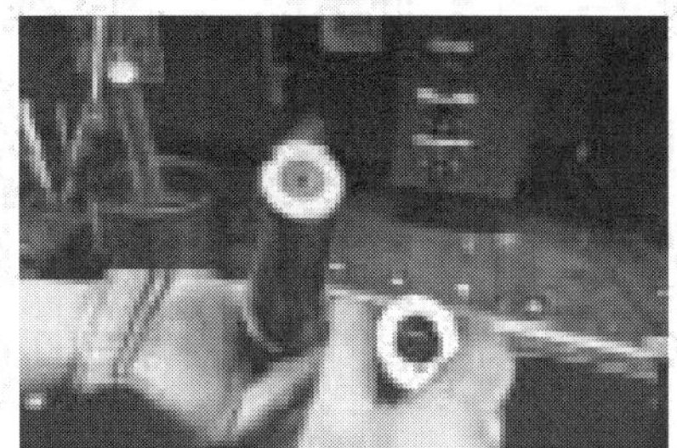

[그림 3-16] 금형 분해 및 금형 셋팅

(나) 판 재료의 외곽 다듬기 가공을 위해 SQ(square) 34를 준비한다.
외곽 다듬기 가공은 판 재료에서 제작할 각 부분의 필요한 재료를 제외하고 외곽의 여유 재료를 따내는 가공을 말한다.

(다) 부품을 절단하기 위해 RE(retangle) 5×56을 준비한다. 각각의 부품들을 분리시키는 작업을 위한 금형이다.

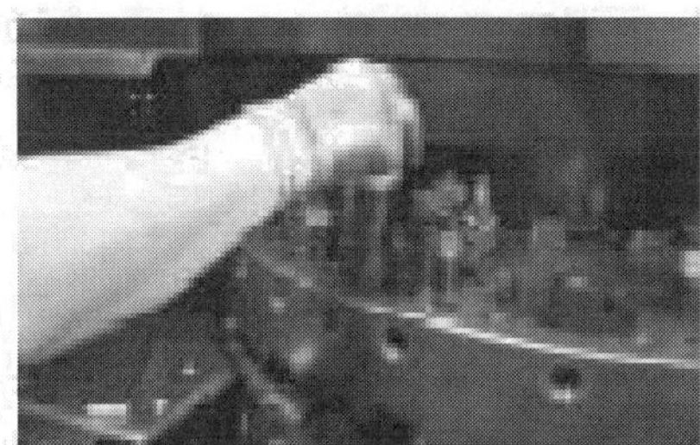

[그림 3-17] 금형TURRET 및 판 재료 가공 준비

3. 자동 기계 펀칭가공을 한다.

(1) 판 재료를 테이블에 창작하고 작업을 시작한다.

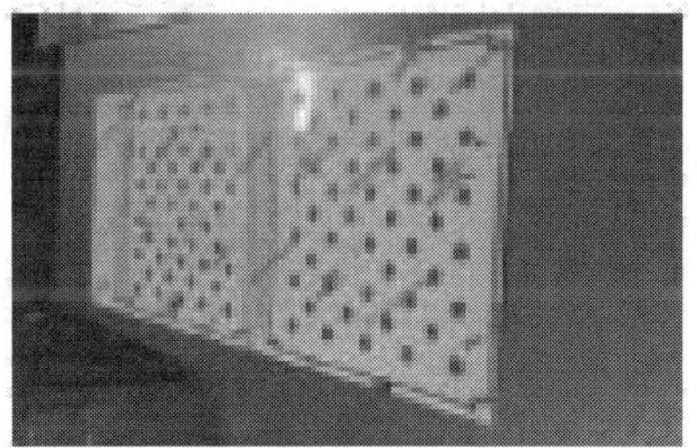

[그림 3-18] 펀칭과정과 펀칭완료

4. 절곡기에 의한 접기 작업한다.

(1) 절곡 가공 과정

(가) 펀치와 다이의 길이는 60mm 이상을 선택한다.

(나) 준비된 금형을 기계에 장착한다

[그림 3-19] 금형의 기계 장착과 장착 완료

(다) 굽힘을 시작한다.(절곡 가공)

(라) 판재를 윗날과 아랫날사이에 굽힘 선을 일치시킨 후 절곡한다.

[그림 3-20] 판재 장착과 각도측정

(마) 절곡이 완료 되면 각도와 치수를 확인한다.

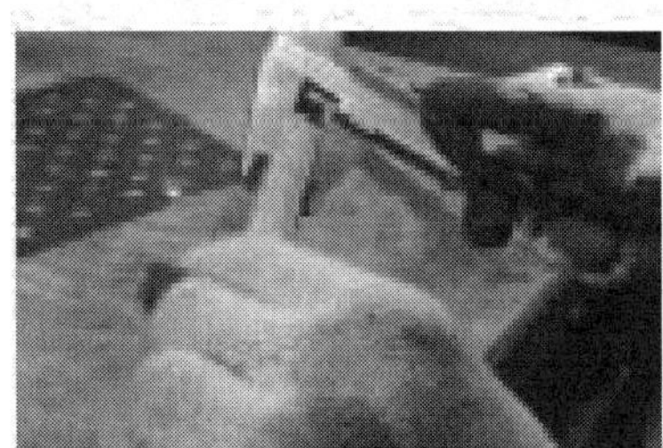

[그림 3-21] 절곡정밀도 측정과 금형의 기계의 보정치 입력

(바) 절곡기 모니터에 절곡치수 및 보정치를 입력하고, 판 재료를 기계에 장착 절곡하여 대량생산 한다.

(사) 굽힘이 완료되면 기계와 부품을 정리한다.

[그림 3-22] 금형 판재 절곡과정과 완제품

수행 내용 / 3-3 프로그램 작성하기

재료 · 자료

- CAD 프로그램
- CNC CAD 프로그램

기기(장비 · 공구)

- 컴퓨터 시스템
- CNC 펀치기
- CNC 절곡기

안전 · 유의사항

- 컴퓨터 시스템의 전원을 투입할 때는 주변기기부터 본체순서로 전원을 투입한다.
- 실습실의 전원 선이 빠지지 않도록 주의한다.
- CAD 작업 시 데이터가 소실되지 않도록 자동 저장한다.
- 전원을 OFF시킬 때는 역순으로 조작한다.

수행 순서

❶ CNC 프로그램 작동 순서로 작동한다.

(1) 처음시작 화면: 파일 → (새로 만들기)

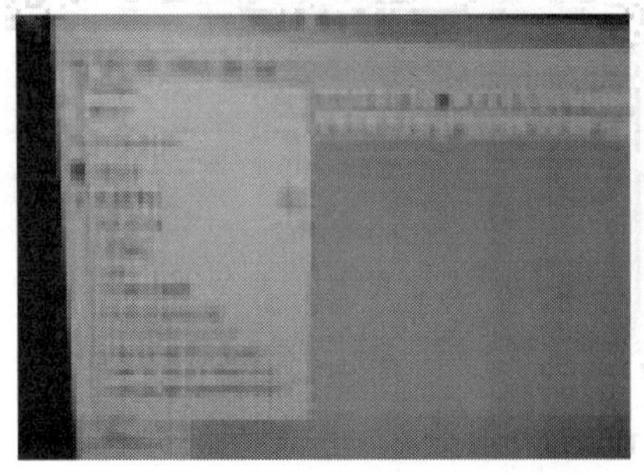
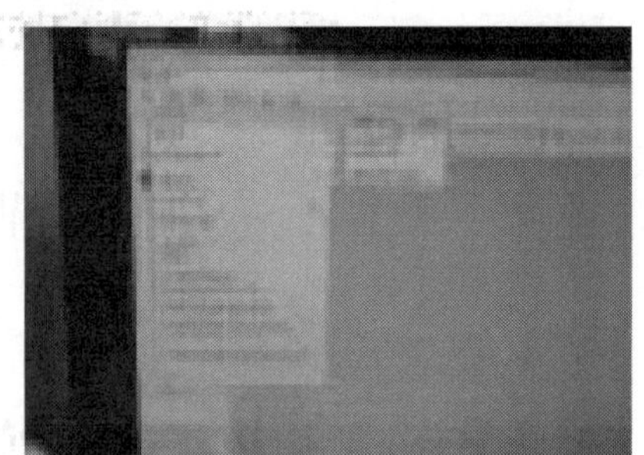

[그림 3-23] 시작 화면과 새 제품 시작

(2) 처음 시작 새 제품으로 선택 한다
(3) 제품이름 정하기 → "연습"이라고 명했음.
(4) 제품 사이즈 및 두께 지정 창 → 가로 300, 세로 200, 두께(R 1.0t)

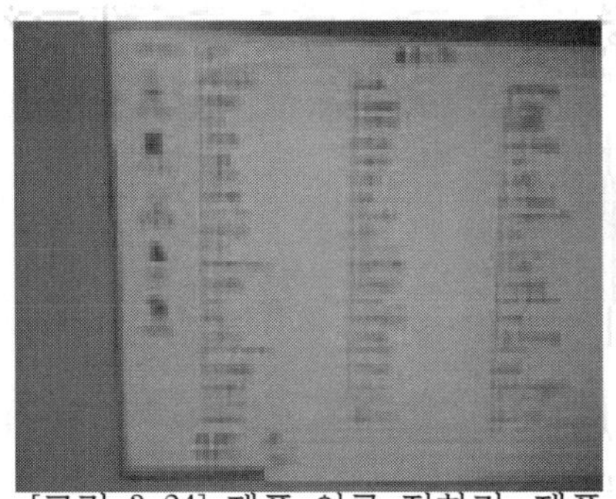

[그림 3-24] 제품 이름 정하기, 제품 사이즈 및 두께 지정 창

(5) 형상그리기 위한 좌표 정하기

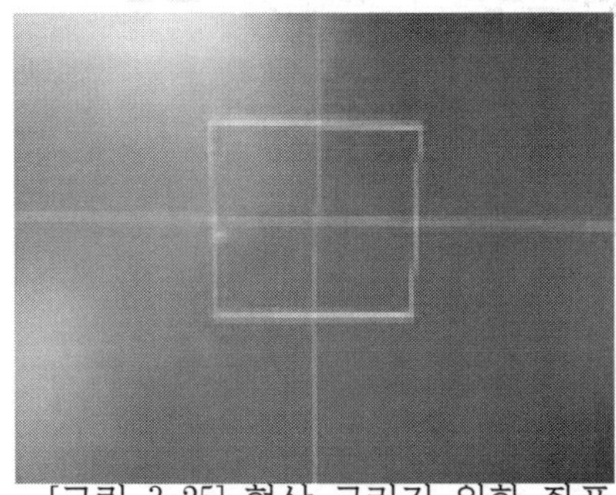

[그림 3-25] 형상 그리기 위한 좌표 정하기와 형상 그려 넣기

(6) 원형상 그려넣기(ROUND 100 적용)
(7) 원형상이 그려진 상태

(8) 원형상 가공을 위한 금형 선택(R30 적용)

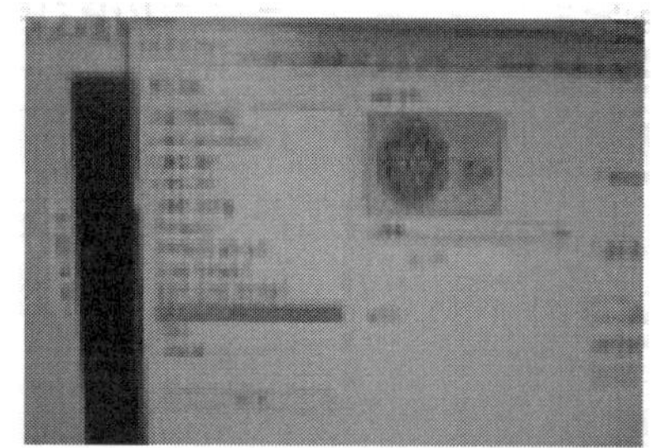

[그림 3-26] 원형상이 그려진 상태와 원형상 가공을 위한 금형 선택

(9) 원형상에 금형이 입혀진 상태

(10) 외곽 샤링을 위한 금형 선택(RECTANGLE 5X50 적용)

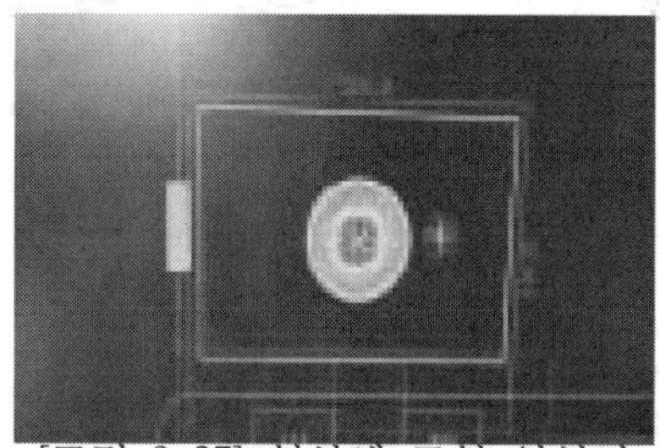

[그림 3-27] 형상에 금형 입혀진 상태와 외곽 샤링을 위한 금형 선택

(11) 외곽 샤링 금형물이 입혀진 상태

(12) 가공용 철판에 단품으로 배열된 상태(4X8 사이즈 적용 35EA생산 가능)

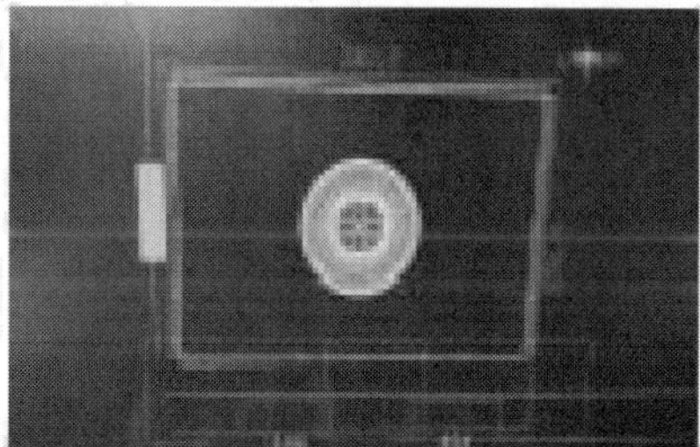
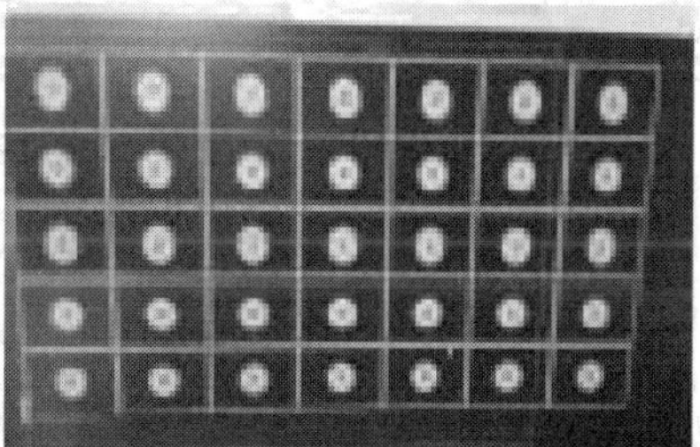

[그림 3-28] 외곽 샤링 금형물이 입혀진 상태와 가공용 철판에 단품으로 배열된 상태

(13) CNC펀칭기 인식을 위한 코드로 변환

3. 자동기계 성형하기 평가(평가자체크리스트)				
학습 내용	평가 항목	성취수준		
		상	중	하
동력 기계에 의한 성형	제품 도면에 의거 작업 범위를 설정하여 작업순서를 수립			
	재료 종류에 따른 성형용 자동기계를 선정			
	프레스, 동력포밍머신, 성형롤러를 사용하여 도면에서 요구된 형상을 성형			
자동기계에 의한 성형	NCT, CNC 절곡기를 사용하여 제품을 굽히			
자동기계의 프로그램 작성	자동성형기계의 프로그램을 작성과 동작 방법 이해 치수를 측정여부			
결과 평가 방법; 피평가자체크리스트, 평가자체크리스트중 택일				

제5장 판금제관 조립작업

1. 박판 시임하기

2. 판금제관 용접하기

3. 나사 조립하기

4. 리벳 조립하기

작업과제 1. 박판 시임하기

학습 목표

1. 시임 방법에 맞게 재료와 공구를 준비할 수 있다.
2. 시임 여유를 고려하여 판재에 금긋기 작업을 할 수 있다.
3. 금긋기한 선을 꺾음대 끝에 맞춰 박자목, 나무해머를 사용하여 판재의 한쪽 끝을 90°로 굽힐 수 있다.
4. 연결부가 빠지지 않도록 하기 위해 시임도구를 사용하여 완성할 수 있다.
5. 측정기를 사용하여 완성한 부분을 검사할 수 있다.

수행 내용 / 1-1 박판 시임하기

재료 · 자료

- 연강판(1.0t)

기기(장비 · 공구)

- 해머, 핸드그루브, 판금 스테이크, 금긋기 바늘, 강철자, 항공가위, 핸드시어, 플라이어, 판금정, 박자목, 버니어 캘리퍼스, 바이브러 시어, 프레스브레이크, 포밍머신

안전 · 유의사항

- 소음 방지용 귀마개를 착용한다.
- 해머의 쐐기부분을 확인하여 해머머리와 자루가 분리되지 않도록 한다.
- 판금정 작업시 무리하게 타격하여 재료가 상하거나 균열이 생기지 않도록 한다.

수행 순서

❶ 그루브 시임 하기는 다음의 순서를 따른다.

1. 작업 준비를 한다.
 (1) 실습에 필요한 기계, 공구 및 재료를 준비한다.
 (2) 도면을 확인하고 작업순서를 결정한다.
2. 마름질 한다.
 (1) 동력전단기로 도면의 치수에 맞게 재료를 전단한다.
 (2) 재료에 시임 여유 치수를 표시한다.
 (3) 판재의 두께가 1mm 이므로 시임 여유를 3 × (시임 나비 + 5) × 판재의 두께로 한다.
 (4) 금긋기 선은 강철자를 사용하여 정확히 한번만 긋도록 한다.

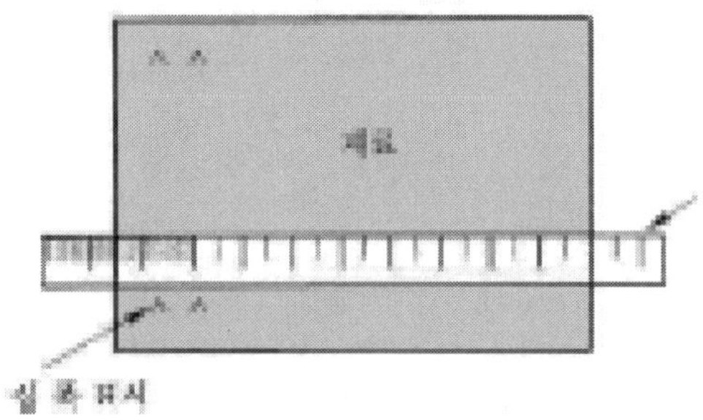

[그림 1-1] 금긋기 작업

3. 시임 작업을 한다.
 (1) 판재를 작업대의 고무판위에 놓는다.
 (2) 시임 부분의 꺾어 씌우는 부분을 판재의 두께만큼 판재의 뒷부분과 안쪽 부분에서 판금정으로 꺾는다.
 (3) [그림 1-2]에서 ③부분을 꺾는다.
 (4) 판재와 판재의 시임부를 끼운다.
 (5) 시임부를 연질해머로 타격하여 밀착시킨다.
 (6) 밀착된 시임부에 핸드그루브를 갖다 대고 성형한다.
 (7) 시임 판재를 작업대 위에서 플라스틱 해머나 고무 해머로 변형을 수정한다.

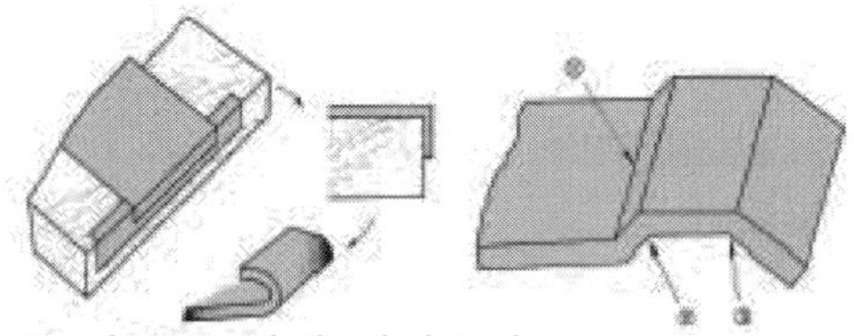

[그림 1-2] 판재 꺾기순서

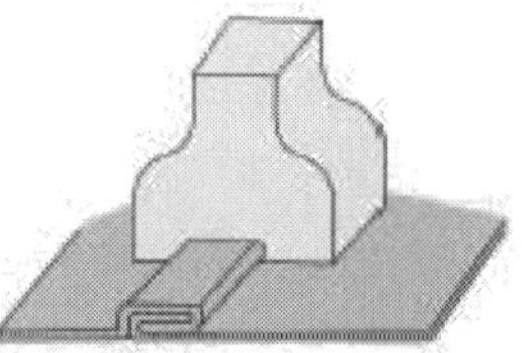

[그림 1-3] 그루브 시임

4. 굽힘 및 시임작업을 한다.
 (1) 재료를 고무판 위에 놓는다.
 (2) 꺾어 겹치는 부분을 접는다.
 (3) 시임 부분의 꺾음선을 판금정으로 굽힘 작업한다.
 (4) 원통의 가장 자리를 굽힌다.
 (5) 굽힘 롤러로 원통을 성형한다.
 (6) 박자목으로 시임을 밀착시킨다.
 (7) 핸드그루브로 시임을 마무리하고 원통의 치수를 맞춘다.
 (8) 위와 같은 방법으로 반복 작업한다.

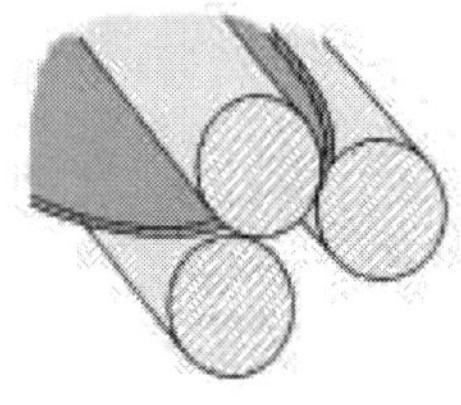

[그림 1-4] 굽힘 롤러에 의한 굽힘

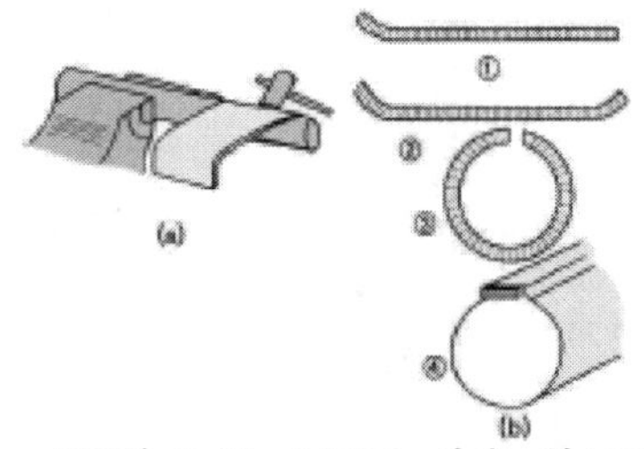

[그림 1-5] 수공구 사용 원통말기

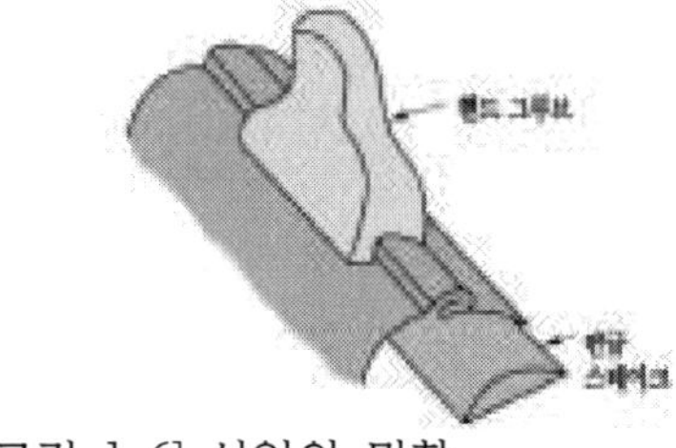

[그림 1-6] 시임의 밀착

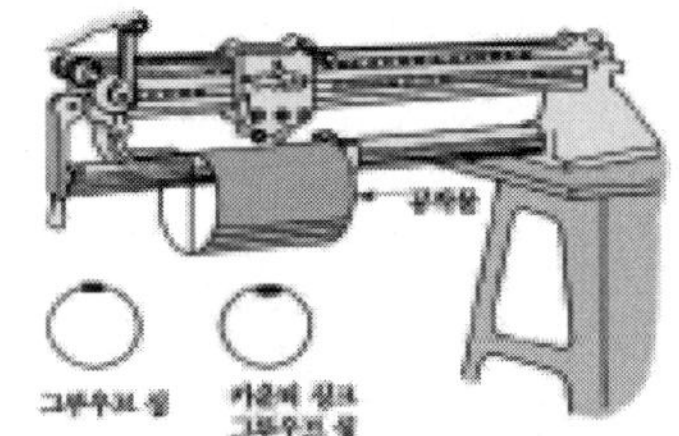

[그림 1-7] 기계를 이용한 시임작업

5. 측정 및 검사한다.
 (1) 제품의 전체 및 부분 치수를 측정한다.
 (2) 시임의 결합상태를 검사한다.
 (3) 제품을 정반위에 놓고 평면을 검사한다.
 (4) 시임 폭을 버니어캘리퍼스 또는 강철자로 측정한다.

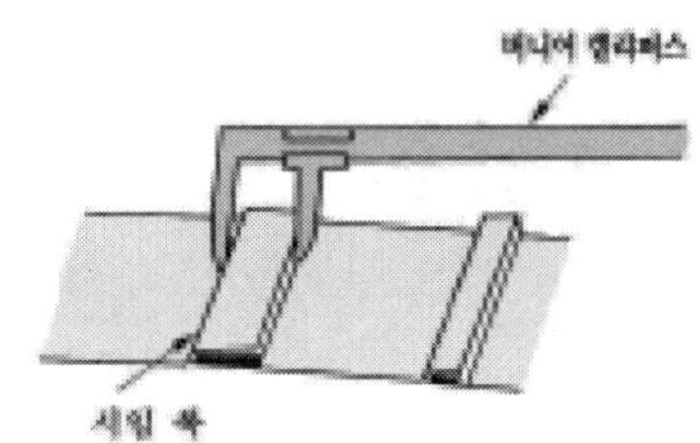

[그림 1-8] 시임 폭의 치수 측정

❷ 스탠딩 시임하기는 다음의 순서를 따른다.

1. 작업 준비를 한다.
   (1) 도면을 보고 실습 방법과 실습 순서를 결정한다.
   (2) 실습에 필요한 소요 재료와 기계 공구를 준비하고 점검한다.
2. 마름질한다.
   (1) 강철자와 금긋기 바늘을 이용하여 연강판에 사각통을 마름질한다.
   (2) 사각통을 마름질한 다음 플랜지 부분을 그린다.
   (3) 시임 여유를 그린다.
   (4) 스탠딩 시임 부분을 마름질한다.
   (5) 시임 여유 부분과 플랜지 여유 부분의 마름질은 강판의 두께를 고려하여 금긋기 한다.

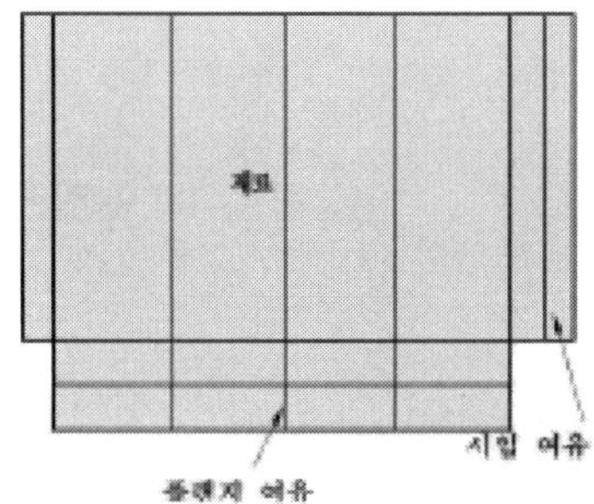

[그림 1-9] 사각통의 마름질

3. 전단한다.
   (1) 직선 전단기로 전단한다.
   (2) 직선 가위로 플랜지 부분을 모따기 작업한다.
4. 성형한다.
   (1) 플랜지와 시임 여유 부분을 줄로 다듬는다.
   (2) 탄소 공구강 받침대 위에서 플랜지와 시임 부분을 판금 정으로 홈을 낸다.
   (3) 사각통을 성형한다.
   (4) 사각통의 치수를 확인한다.
   (5) 플랜지 작업을 한다.
   (6) 플랜지 부분을 줄 가공으로 폭을 맞춘 후 스탠딩 시임 부분을 스테이크 위에서 판금 정으로 홈을 낸다.
   (7) 접합부를 판금 스테이크와 판금 해머를 이용하여 직각으로 꺾어 세운다.

(8) 판금 스테이크 위에서 스탠딩 시임으로 사각통을 연결한다.
(9) 스탠딩 시임을 완성하여 변형을 수정한다.

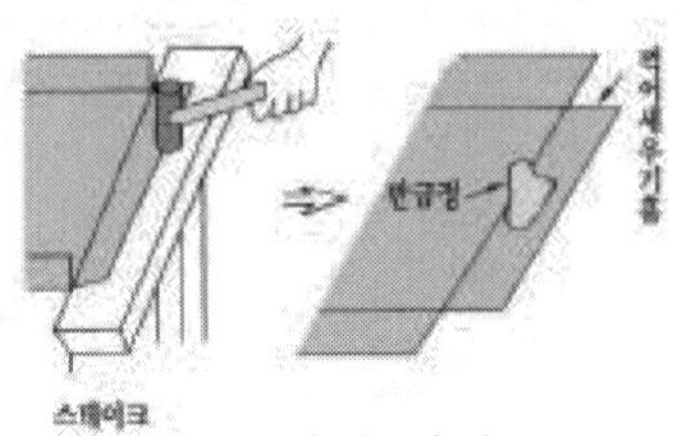

[그림 1-10] 꺾어 접기

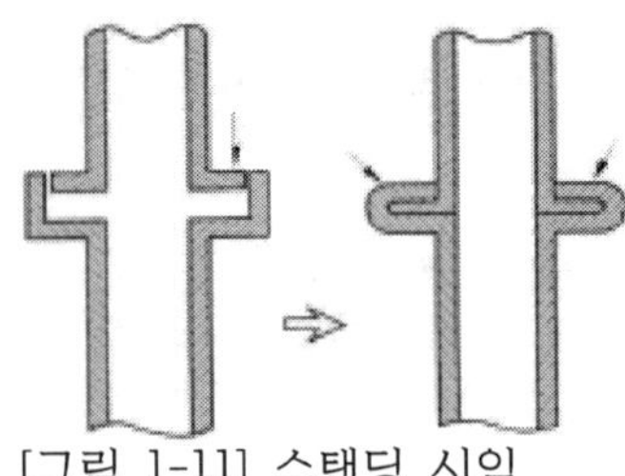
[그림 1-11] 스탠딩 시임

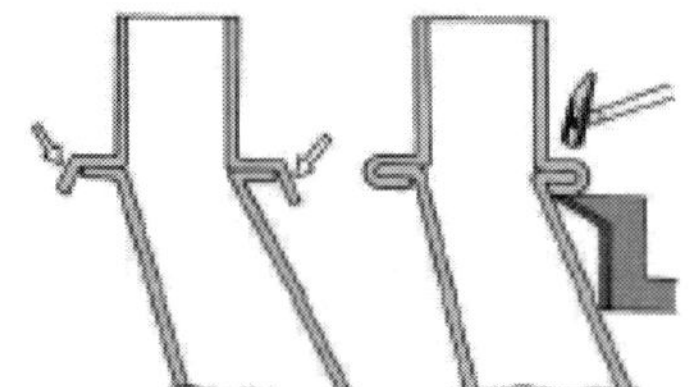
[그림 1-12] 복잡한 모양의 스탠딩 시임

5. 측정 및 검사한다.
   (1) 제품의 외경 치수와 높이를 버니어 캘리퍼스와 하이트 게이지로 측정한다.
   (2) 스탠딩 시임의 접합부를 검사한다.
   (3) 외관을 검사한다.
   (4) 정반위에 제품을 올려놓고 평형도 측정을 한다.
6. 정리 정돈한다.
   (1) 실습 공구를 정돈한다.
   (2) 동력 전단기의 전원 스위치를 내린다.
   (3) 측정기를 보관함에 넣어 보관한다.
   (4) 판재의 스크랩을 청소한다.

❸ 원형 스탠딩 시임하기는 다음의 순서를 따른다.
1. 작업 준비를 한다.
   (1) 도면을 보고 실습 방법과 실습 순서를 결정한다.
   (2) 실습에 필요한 소요 재료와 기계 공구를 준비하고 점검한다.
2. 원통을 연강판 위에 마름질한다.
   (1) 강철자와 금긋기 바늘을 사용하여 연강판 위에 원통을 마름질한다.

(2) 원통을 마름질한 다음 시임부와 플랜지부를 금긋기 바늘로 금긋기 한다.

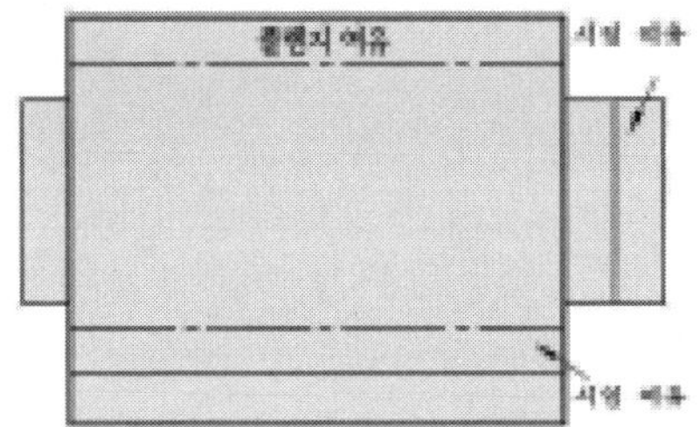

[그림 1-13] 시임과 플랜지 여유

3. 마름질한 재료를 전단용 기계와 공구를 사용하여 전단한다.

(1) 직선 전단기 또는 판금 가위 및 바이브로시어를 사용하여 마름질한 재료를 전단선에 따라 전단한다.

(2) 시임부와 플랜지부의 겹쳐지는 부분은 판금 가위를 이용하여 잘라낸다.

[그림 1-14] 플랜지작업

4. 판금용 수공구를 사용하여 원통의 성형과 스탠딩 시임 작업을 한다.

(1) 판금정으로 시임부와 플랜지부를 금긋기 선에 따라 정작업을 한다.

(2) 스테이크와 판금 해머를 사용하여 시임부를 꺾고 원통으로 성형한 다음, 그루우브 시임 작업을 완료한다.

(3) 원통이 완전하게 성형이 되있는가를 확인한 후 플랜지 작업을 한다.

(4) 플랜지 폭을 치수에 맞게 줄가공을 한 후 다시 스탠딩 시임 꺾임 부분을 곡정으로 약하게 정작업을 한다.

(5) 접합부를 스테이크와 판금 해머를 이용하여 직각으로 꺾어 세우기 작업을 한 후 끝부분을 줄다듬질한다.

(6) 원통과 원통을 스테이크와 판금 해머를 사용하여 스탠딩 시임 작업을 한다.

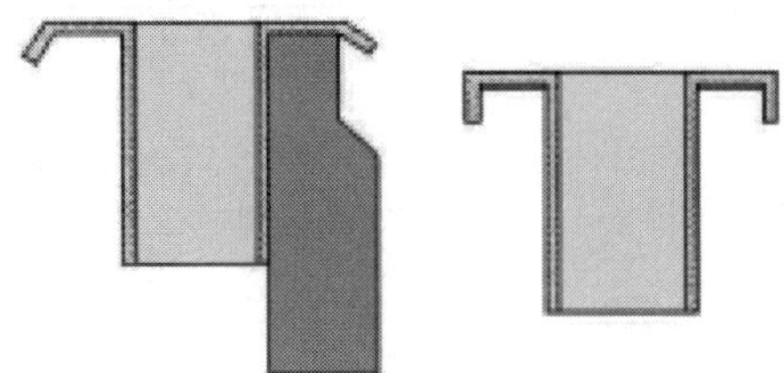

[그림 1-15] 직각 꺾어 세우기 작업

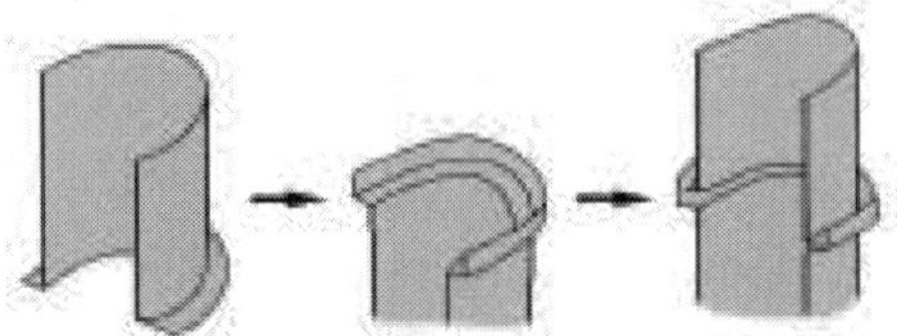

[그림 1-16] 스탠딩 시임

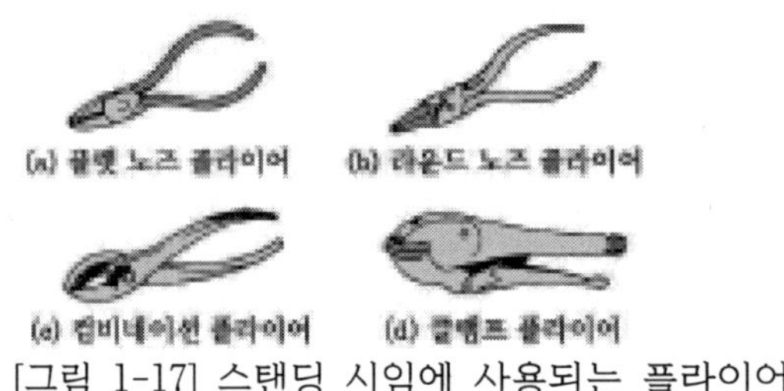

[그림 1-17] 스탠딩 시임에 사용되는 플라이어

5. 측정 용구를 사용하여 치수를 측정하고 각 요소 작업별로 외관 검사를 한다.
   (1) 원통의 내외측 치수와 높이 부분의 치수를 버니어 캘리퍼스와 하이트 게이지를 사용하여 측정한다.
   (2) 원통과 원통의 (스탠딩 시임의 접합부)접합 상태를 검사한다.
   (3) 제품의 외관을 검사한다.
   (4) 정반위에 제품을 올려놓고 평형도를 측정한다.

❹ 덕트 시임

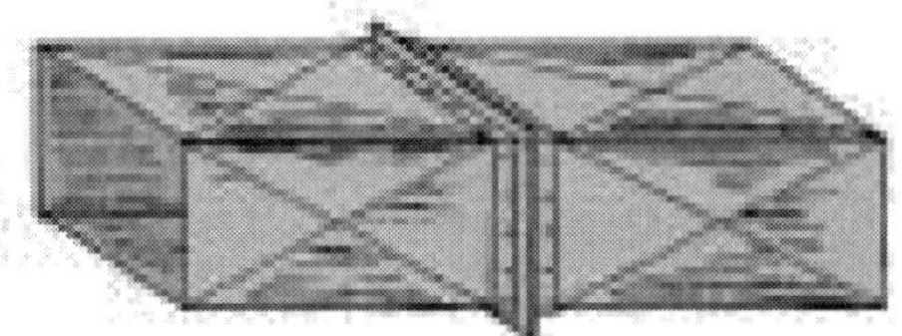

[그림 1-18] 덕트

1. 덕트에 이용되는 시임(seam)의 종류

(1) 피치버그 록 시임(pitsburg lock seam)은 모서리 부분의 이음에 사용된다.

(2) 버튼 펀치 스냅록(button puch snaplock)은 모서리 부분의 이음에 사용된다.

(3) 그루브 시임(groove seam)은 평판부의 이음에 사용된다.

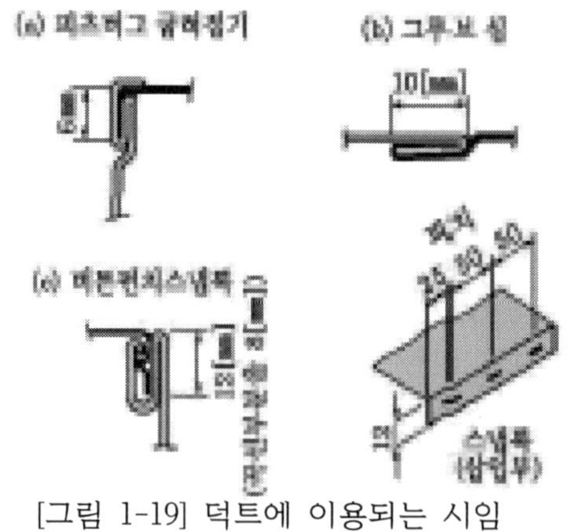

[그림 1-19] 덕트에 이용되는 시임

2. 에지 및 럭을 만든다.

(1) [그림 1-21]과 같이 에지(edge)를 만든다.(A, C판)

(2) B, D판을 [그림 1-21]의 (b)와 같이 긴 쪽을 프레스 브레이크에 넣고 25[mm] 되게 직각으로 구부린다.(수동으로 작업할 수도 있다.)

(3) [그림 1-21]의 (c)와 같이 브레이크에 다시 넣어 구부린다.

(4) [그림 1-21]의 (d)와 같이 나무 해머로 성형하여 양족 피츠버그 록을 만든다.

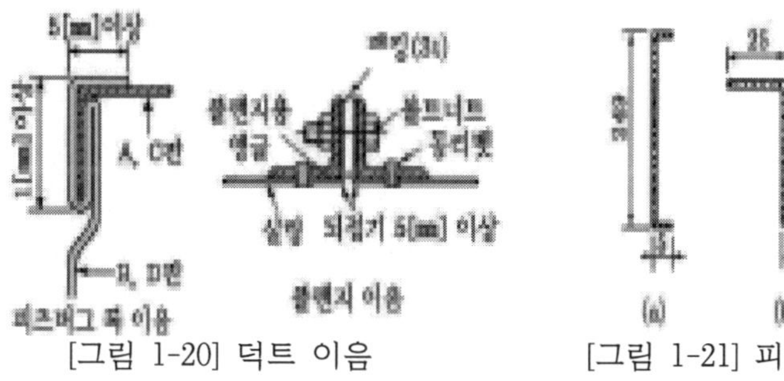

[그림 1-20] 덕트 이음

[그림 1-21] 피츠버그 에지 및 록의 성형

<table>
<tr><th colspan="5">1. 박판시임하기 평가(평가자체크리스트)</th></tr>
<tr><th rowspan="2">학습 내용</th><th rowspan="2">평가 항목</th><th colspan="3">성취수준</th></tr>
<tr><th>상</th><th>중</th><th>하</th></tr>
<tr><td rowspan="4">박판 시임</td><td>시임 방법에 맞는 재료와 공구의 준비 상태</td><td></td><td></td><td></td></tr>
<tr><td>시임 여유 계산법 숙지 여부</td><td></td><td></td><td></td></tr>
<tr><td>판재의 90°굽힘 상태 시임의 완성 상태</td><td></td><td></td><td></td></tr>
<tr><td>측정기 사용, 시임 검사 요령</td><td></td><td></td><td></td></tr>
<tr><td colspan="5">결과 평가 방법; 피평가자체크리스트, 평가자체크리스트중 택일</td></tr>
</table>

작업과제 2. 판금제관 용접하기

학습 목표

1. 용접절차서(WPS)에 따라 용접 작업을 할 수 있다.

수행 내용 / 2-1 용접절차사양서 내용 해석하기

재료 · 자료

- 제도통칙(KS B 0001), 용접 기호(KS B 0052), 용접시공시방서 및 도면 해독, 용접 관련 산업규격(KS, AWS, ISO, ASME, JIS 등), 용접절차사양서 및 절차 검정기록서

기기(장비 · 공구)

- 측정용 공구(용접 게이지, 버니어 캘리퍼스, 직각자, 줄자 등), 마킹용 공구 (강철 자, 직각자, 색필, 마킹 바늘, 디바이더, 컴퍼스 등)

안전 · 유의 사항

- 용접 제품의 품질의 신뢰성은 설계에서 시공까지의 전체의 공정에서 모든 절차를 철저하게 이행하여야 한다.

수행 순서

❶ 용접절차사양서에서 용접 일반에 관한 특정 사항 등을 파악한다.

1. 용접 제작물의 품질을 충족시키기 위한 공정
2. 용접 절차 사양
3. 용접절차사양서의 목적과 기준 근거
4. 용접절차검정과 용접절차인정기록서

❷ 용접절차사양서에서 요구하는 이음 형상을 파악한다.

1. 이음의 형상

2. 이음의 해석

❸ 용접절차사양서에서 요구하는 용접 방법을 파악한다.
1. 용접 방법별 기호의 해석
2. 용접절차사양서에 기입된 용접 방법의 기호

❹ 용접절차사양서에서 요구하는 용접 조건(종류)을 파악한다.

❺ 용접절차사양서에서 요구하는 용접 후처리 방법을 파악한다.
1. 용접 후처리 방법
2. 용접 후처리 방법의 표기
3. 용접절차사양서의 실 예

다음은 FCAW로 필릿 용접, 한면 V형 맞대기 용접, 베벨형 맞대기 용접, X형 맞대기용접 및 K형 맞대기 용접 이음부의 WPS를 보여주고 있다.

WELDING PROCEDURE SPECIFICATION 용접작업표준(WPS)
PREQUALIFIED X QUALIFIED BY TESTING Applicable Code(관련코드):
AWS D 1.1

수행 내용 / 2-2 판금제관용접하기

재료 · 자료

- 연강판, 피복아크용접봉, 가스용접봉, 솔리드와이어, 산소, 아세틸렌, 프로판가스, CO_2가스, 아르곤가스, 텅스텐전극봉

기기(장비 · 공구)

- 가스용접토치, 교류아크용접기, 용접집게, 용접헬멧, 치핑헤머, 와이어브러쉬, CO_2용접기, TIG용접기

안전 · 유의사항

〈가스용접안전〉
- 호스 위에 뜨거운 용접물이 닿지 않게 한다.

- 비산하는 용접 스패터(산화물)에 의한 화상을 입지 않도록 주의한다.
- 가스 용접봉의 한족 끝을 2~3cm 정도 구부린 후 용접에 임한다.
- 용접 중에 얼굴을 용접부에 너무 가까이하여 화상을 입지 않도록 한다.
- 작업 전에 반드시 보호구와 보안경을 착용한 후 작업에 임하도록 한다.

〈피복아크용접 안전〉

- 작업장 주위의 인화 물질을 제거한다.
- 용접기의 결선 상태, 절연 상태를 점검하고 이상이 있으면 안전한 조치를 취한다.
- 용접물을 잡을 때는 집게를 사용한다.
- 슬래그는 냉각된 후에 제거한다.
- 아크 발생 중에는 전류 조절을 금한다.
- 전기 용접봉이 단락되었을 때는 즉시 좌우로 흔들어서 떼어낸다.

수행 순서

❶ 가스용접하기는 다음의 순서를 따른다.

1. 아래보기 비드 가스용접을 한다.

(1) 작업준비를 한다.

(가) 필요한 공구와 재료를 준비한다.

(나) 가스 용접 장치의 각부를 점검하고, 누설 유무를 확인한다.

(다) 산소 압력을 2~5kg/mm²로, 아세틸렌 압력을 0.2~0.5kg/mm² 로 맞춘다.

(라) 와이어 브러시나 샌드 페이퍼로 모재 표면의 흑피 부분을 깨끗이 청소하고 용접봉도 샌드 페이퍼로 깨끗이 닦는다.

(마) 모재에 석필 등으로 금긋기한 다음 용접선이 가로 방향이 되게 작업대 위에 수평으로 놓는다.

(바) 모재 두께에 적합한 팁을 토치에 끼운다.

(2) 불꽃을 조절한다.

(가) 토치의 산소밸브를 약간 열고 아세틸렌 밸브를 열면서 점화 라이터로 점화한다.

(나) 곧 산소 밸브와 아세틸렌 밸브를 조작하여 중성 불꽃으로 조절한다.

(다) 이때 용접부 형상에 따라 적정 세기의 불꽃으로 조절한다.

(라) 불꽃을 세게할 경우: 아세틸렌 밸브를 먼저 열고 산소를 열어 중성 불꽃으로 조절한다.(약하게 할 경우는 반대로 한다.)

(3) 용접 자세를 바르게 잡는다.

(가) 작업대 정면에 위치하여 편안한 자세로 앉는다.

(나) 토치를 가볍게 잡고 팔꿈치를 몸에서 적당히 뗀다.

(다) [그림 2-1]과 같이 작업각 90°, 토치 진행 반대각은 45~50°, 용접봉 진행각은 30~40°로 유지한다.

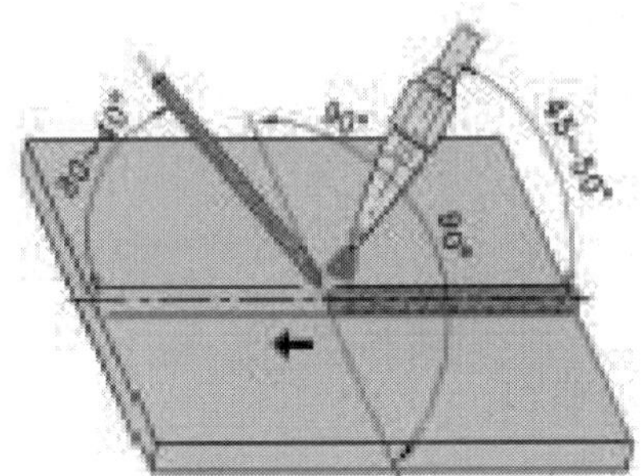

[그림 2-1] 토치와 용접봉 각도

(4) 비드 놓기를 한다.

(가) 좁은(직선) 비드를 놓는다.

1) 용접 시점(전진법에서는 우측 선단부)을 가열하여 용융지를 만든다.
2) 모재와 백심 불꽃의 거리는 2~3㎜ 정도 유지한다.
3) 토치는 일정한 높이에서 직선으로 진행하며, 용접봉 끝이 겉불꽃 내에서 규칙적으로 상하운동을 하여 공급하며 진행한다.
4) 비드 폭과 높이가 일정하도록 토치와 용접봉을 움직인다.
5) 비드의 끝부분은 크레이터를 채운다.
6) 산화물을 와이어 브러시로 청소한다.

(나) 넓은 비드를 놓는다.

1) 용접 시점을 가열하여 용융지를 형성한다.
2) 용접봉을 용융지 중심에 찍어주듯이 상 · 하 운동을 하며 진행하고, 토치는 대파형 운봉이나 원형 운봉을 하며 일정한 속도로 진행한다.
3) 크레이터 지점에서 토치는 진행 반대각을 적게 하여 상 · 하 운동하며 진행하고, 용접봉은 용융지에 대고 위빙하듯 진행한다.

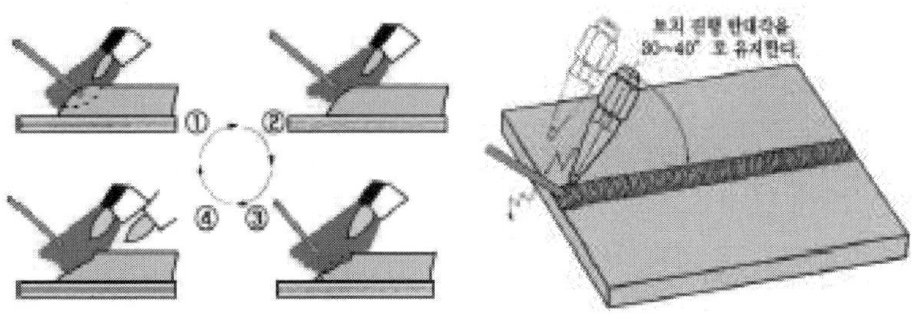

[그림 2-2] 용접봉의 상 · 하 운동　　　　[그림 2-3] 크레이터 처리

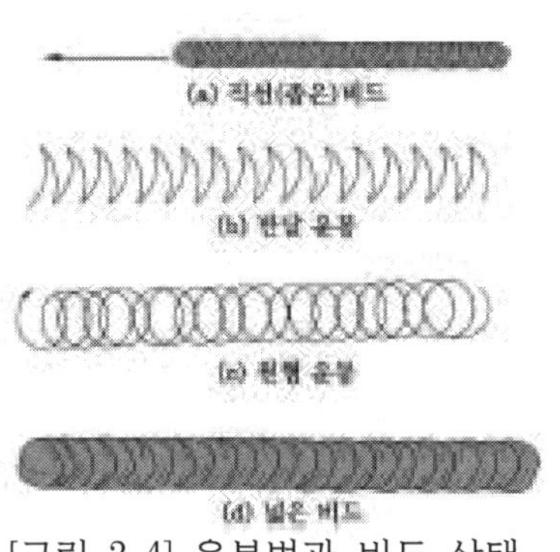

[그림 2-4] 운봉법과 비드 상태

(5) 토치의 산소 및 아세틸렌 밸브를 잠근다.

(가) 비드 놓기가 끝나면 토치의 산소와 아세틸렌 밸브를 잠근다.

(나) 산소 밸브를 약간 열어준 후 냉각수에 토치를 담그어 냉각시킨다.

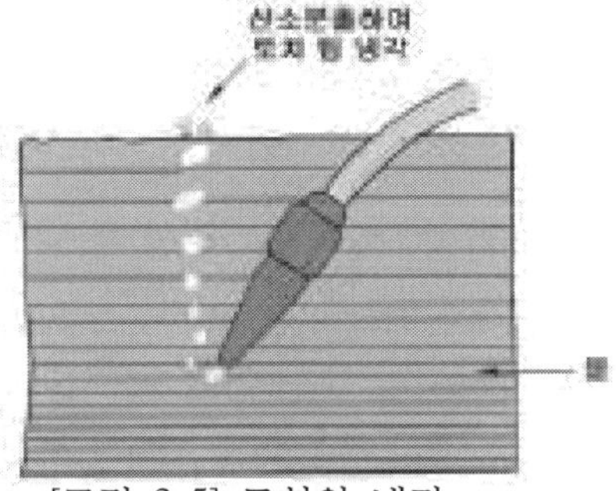

[그림 2-5] 토치의 냉각

(6) 용접부를 깨끗이 청소한다.

(가) 산화막을 제거하고 와이어 브러시로 깨끗이 청소한다.

(7) 검사한다.

(가) 평가 기준에 의해 비드의 적선도, 폭과 높이, 파형, 언더 컷, 오버 랩,

용접 시점과 크레이터 처리 상태 등을 검사한다.

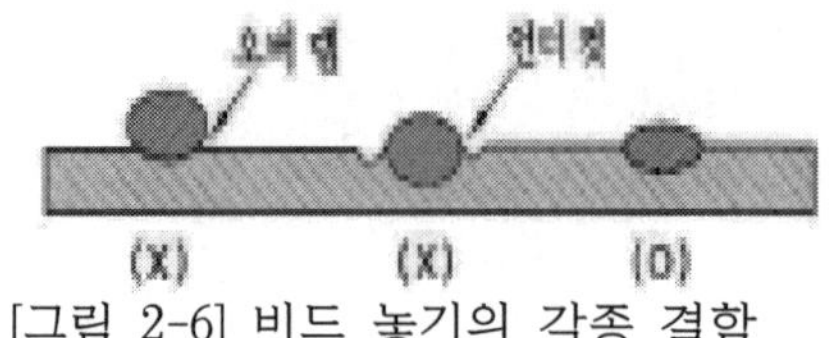

[그림 2-6] 비드 놓기의 각종 결함

2. 아래보기 겹치기 가스용접을 한다.

(1) 작업준비를 한다.

(가) 지급된 재료의 치수를 확인하고 흑피 표면을 와이어 브러시나 샌드페이퍼로 깨끗이 닦는다.

(나) 팁 클리너를 사용하여 팁을 청소한다.

(다) 용접할 모재에 알맞은 팁을 선정하여 토치에 끼운다.

(라) 용접봉에 부착된 불순물을 샌드페이퍼로 깨끗이 닦아낸다.

(마) 작업장 주위에 인화성이나 발화성 물질이 없도록 한다.

(바) 보호구를 착용한다.

(2) 모재를 가공한다.

(가) 모재의 평면과 용접면이 직각이 되도록 가공하여 모재 사이에 틈이 생기지 않도록 한다.

(3) 불꽃을 조절한다.

(가) 산소 압력을 2~5kg/㎟로, 아세틸렌 압력을 0.2~0.5kg/㎟ 정도로 조절한다.

(나) 점화 후 산소와 아세틸렌을 조금씩 증가시켜 적당한 세기의 중성 불꽃으로 조절한다.

(다) 비드 놓기 용접의 경우보다 20%이상 불꽃을 세게 한다.

(4) 가접한다.

(가) 모재를 가접대(또는 작업대) 위에 놓고 10㎜정도 겹쳐서 가접한다.

(나) 실재 제품의 가접시는 모재 양끝에서 20~30㎜ 안쪽에 가접하는 것이 원칙이나 실습시는 모재를 최대한 활용하기 위해 양 끝에 가접한다.

(다) 가접은 모재의 두께와 용접선의 길이에 따라서 100~150㎜ 마다 1개소를 한다.

(라) 가접한 부분을 청소하고 가접 상태를 확인한다.

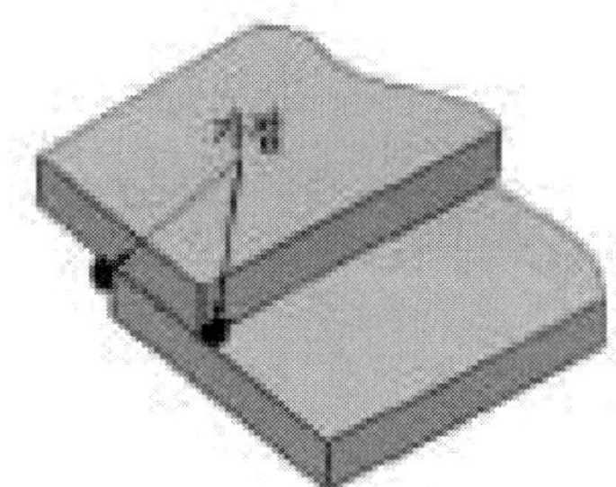

[그림 2-7] 가접 위치

(5) 모재를 고정한다.

(가) 가접된 모재를 아래보기 자세로 고정한다.

(6) 1층 용접을 한다.

(가) 가장 편안하고 안정된 자세를 취한다.

(나) 토치의 진행반대 각은 45~50°, 작업각은 아래판에 대하여 45~50°로 한다.

(다) 용접봉의 각도는 진행 방향에 30~40°로 유지한다.

(라) 겹침선에서 백심을 2~3㎜ 띄어 겹침부를 충분히 용융시키며 용저봉을 공급한다.

(마) 이 때 겹침선 중심에서 밑판 쪽으로 백심을 약 1㎜정도 떨어지게 하며, 용접봉의 공급은 겹침선 주위에 한다.

(바) 윗 판의 모서리가 살짝 용융되어 비드가 살짝 덮일 정도로 비드를 놓는다.

(사) 모서리가 녹아서 흘러내리면 위쪽이 늘어지고 아래판은 오버 랩이 생기며 용입이 불량해진다.

(아) 겹침부 구석의 용입 불량을 방지하기 위하여 아래판 겹침부가 충분하게 용융된 후에 용접봉을 공급한다.

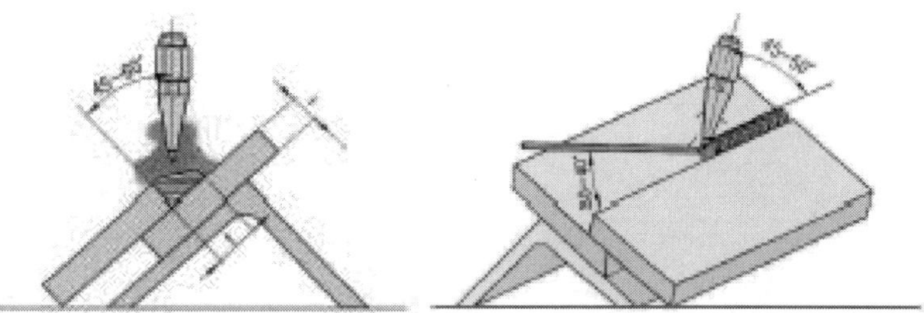

[그림 2-8] 토치 각도 및 불꽃 방향 [그림 2-9] 토치 및 용접봉 각도

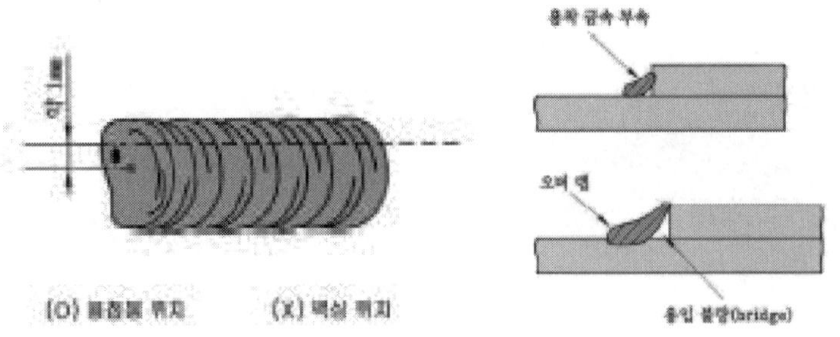

[그림 2-10] 불꽃 및 용접봉 공급 위치　　[그림 2-11] 겹치기 용접의 결함

(7) 2층 용접을 한다.

1층 용접으로 용착 금속이 부족한 경우 2층으로 완성한다.

(8) 크레이터 처리를 한다.

(가) 용접이 종료되는 지점이 가까워지면 토치의 진행 반대 각도를 작게 하여 열의 집중을 피하면서 용접봉을 첨가하여 크레이터 처리를 한다.

(나) 토치를 살짝 들었다, 내렸다 하며 전진하고 용접봉을 용융지에 대고 위빙하듯 후진하여 크레이터를 채운다.

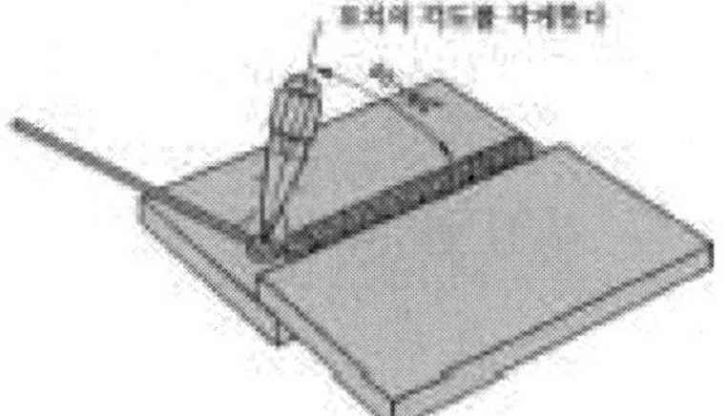

[그림 2-12] 크레이터 처리 시 토치각도

(9) 토치의 산소 및 아세틸렌 밸브를 잠근다.

(10) 용접부를 깨끗이 청소한다.

(11) 검사한다.

언더 컷, 오버 랩, 비드 폭, 파형, 높이, 다리 길이의 균일 정도 등을 검사한다.

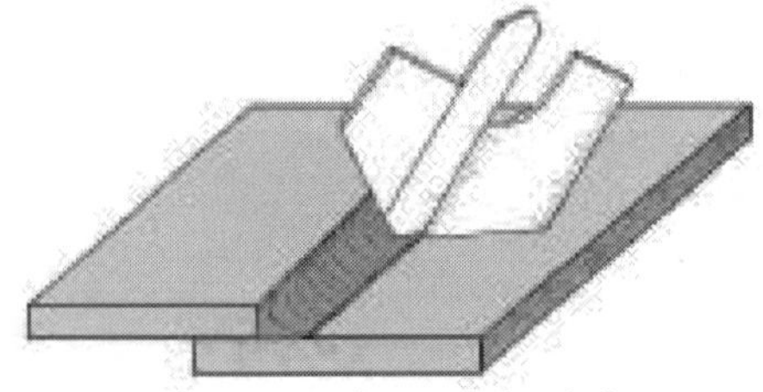

[그림 2-13] 비드 높이 검사

❷ 피복아크 용접하기는 다음의 순서를 따른다.

1. 아래보기비드 피복아크용접을 한다.

(1) 작업 준비를 한다.

(가) 도면을 보고 용접부의 형상, 치수 등을 확인한다.

(나) 작업에 필요한 공구와 재료를 준비한다.

(다) 모재 표면을 와이어 브러시로 닦아서 표면을 깨끗이 한다.

(라) 보호구를 착용한다.

(마) 석필 등으로 모재 표면에 안내 용접선을 긋는다.

(바) 전기 용접봉을 홀더의 90°홈에 물린다.

(2) 전류를 조절한다.

(가) 관계되는 전원 스위치를 넣는다.

(나) 용접기의 전류 조절 손잡이를 조작하여 사용할 전기 용접봉 지름에 맞는 전류를 조절한다.(3.2는 80~120?, 4.0은 120~160?)

(3) 자세를 바르게 잡는다.

(가) 모재의 용접선과 평행하게 앉은 다음 발은 어깨 넓이 정도로 벌린다.

(나) 홀더선을 홀더 걸이에 걸어 놓는다.(홀더 무게를 줄이기 위해)

(다) 홀더를 가볍게 쥐고 팔의 힘을 빼며, 어깨와 팔은 수평을 유지하고 바른 자세에서 상반신만 약간 앞으로 구부린다.

(라) 위의 범위 내에서 자세를 편하게 취하며 시선은 모재와 용접봉이 일치하는 곳에 둔다.

(마) 모재 위에서 아크 발생 없이 작업각을 90°, 진행 방향각을 70~80°로 유지하며 운봉 연습을 한다.

(4) 좁은 비드를 놓는다.

(가) 아크를 발생한다.

1) 전기 용접봉 끝을 시점에서 10~20㎜ 앞으로, 모재 면에서 약 10㎜ 높이까지 수직으로 접근시켜 아크 발생 위치를 잡는다.

2) 핸드 실드나 헬멧으로 얼굴을 가림과 동시에 전기 용접봉을 모재에 접촉시켰다가 빨리 들어 올려 아크가 발생되면 모재와 2~3㎜ 유지하며 아크를 안정시킨다.

3) 전기 용접봉이 모재에 달라붙었을 경우 스위치를 끄고 전기 용접봉을 좌우로 흔들어 떼어낸다.

4) 아크 길이는 사용하는 전기 용접봉 심선의 지름 정도를 유지한다.

(나) 좁은(직선)비드를 놓는다.

1) 용접선 좌측 시작점이 용입 되면 작업각 90°, 진행 방향각 70~80°를 유지하며 좌측에서 우측으로 직진한다(왼손잡이는 반대).

2) 비드 폭과 높이가 일정하도록 용융지의 폭을 관찰하며 용접 속도와 아크 길이를 일정하게 유지한다.

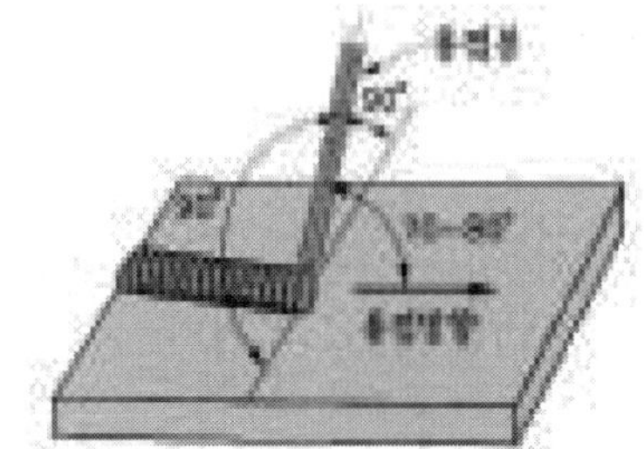

[그림 2-14] 전기 용접봉 각도

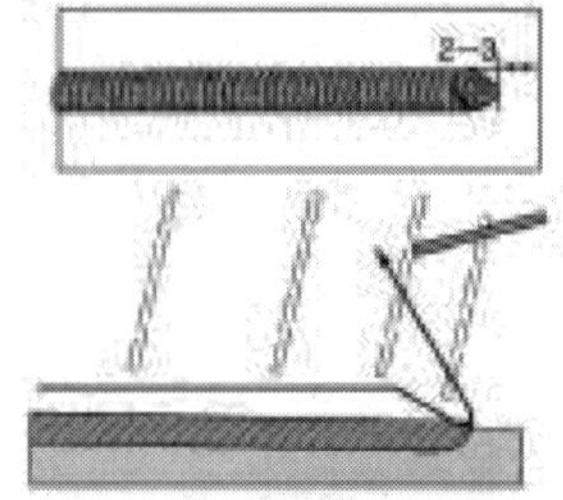

[그림 2-15] 아크 끊는법

(다) 아크를 끊는다.

1) 비드가 끝나는 위치의 2~3㎜ 앞에서 아크 길이를 짧게 하면서 빨리 아크를 끊는다.

(라) 비드를 잇는다.

1) 이음 부분 주위의 슬래그 및 스패터를 슬래그 해머로 제거하고 와이어 브러시로 깨끗이 청소한다.

2) 용접봉 끝의 피복통을 장갑을 낀 손으로 가볍게 문질러 제거한다.

3) 이음부보다 10~20㎜ 앞에서 아크를 발생하여 이음부로 와서 용착 금속이 전 비드와 같아지면 정상적인 속도로 진행한다.

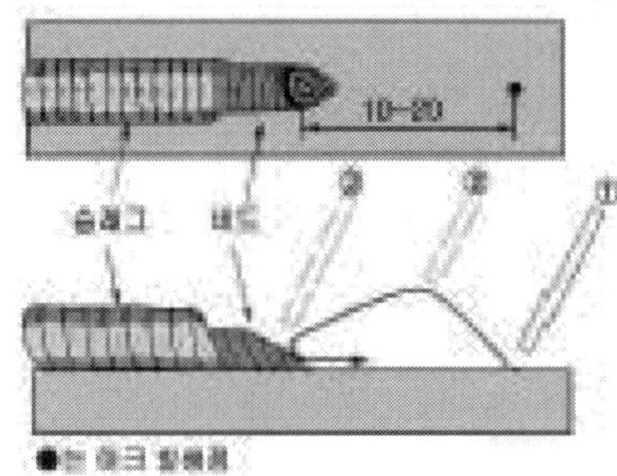

[그림 2-16] 비드 잇는 법

(마) 크레이터 처리를 한다.

1) 용접선 끝부분의 2~3㎜ 앞에서 전기 용접봉을 모재에 접근시켜 아크 길이를 짧게 한 후 잠시 들어 아크를 끊었다가 다시 아크를 발생시켜 용접봉을 두 세번 회전한 후 진행 방향 반대쪽으로 아크를 빨리 끊는

다.

2) 용착 금속이 부족한 부분을 빨리 식별하여 ①의 방법을 2~3회 반복한다.

3) 이때 아크를 끊었다가 슬래그가 붉은 상태로 굳기 시작할 때 아크를 재 발생시킨다.

(바) 용접부를 깨끗이 청소한다.

1) 보안경을 쓰고 집게로 모재를 잡고 슬래그 해머로 슬래그와 스패터를 제거한다.

2) 와이어 브러시로 용접부를 깨끗이 청소한다.

(사) 검사한다.

1) 비드의 직선도, 시점, 크레이터 처리 상태를 검사한다.

2) 비드의 파형, 폭, 높이, 언더컷과 오버랩의 유무를 검사한다.

3) 표준이 되는 용접 시편과 비교하여 본다.

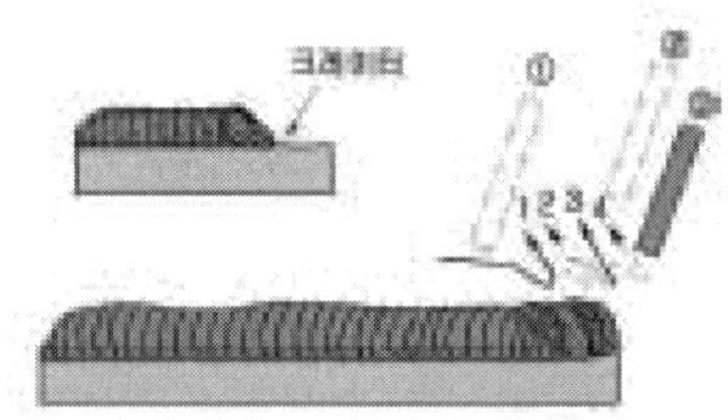

[그림 2-17] 크레이터 처리법

2. 아래보기 T(+)형 필릿 피복아크용접을 한다.

(1) 작업 준비를 한다.

(가) 도면에 지시된 재료 및 용접 공구와 보호구를 준비한다.

(나) 용접기와 케이블 연결부의 노출 여부를 점검하고 노출 부분을 절연한다.

(다) 모재 ($t6(9) \times 30 \times 200$) 삽입 2장의 한족 측변을 직각이 되도록 가공한다.

(2) 전류를 조절한다.

(가) 용접 절류를 맞춘다.(∮3.2 용접봉, 전류 100~130A)

(나) 전류 측정은 전류계(ammeter)를 사용한다.

(3) 가접한 후 역변형을 준다.

(가) 전기 용접봉을 홀더의 90°홈에 물린다.

(나) ($t6(9) \times 30 \times 200$) 모재를 수평으로 놓고 ($t6(9) \times 30 \times 200$) 모재를 및

판 중앙에 수직으로 세워 모재의 양끝을 견고하게 가접한다.

(다) T자로 가접된 모재를 뒤집어서 (t6(9)×30×200) 모재를 양면 T형(+자형)으로 가접한다.

(라) 가접시 V블록이나 마그네틱 척(magnetic chuck)을 사용하면 편리하다.

(마) 최초 용접 반대 방향으로 1~2° 역변형을 준다.

(4) 모재를 고정한다.

(가) 가접된 모재의 용접부가 위로 가게 하여 움직이지 않도록 고정한다.

(나) 이대 작업자와 용접선이 평행이 되도록 한다.

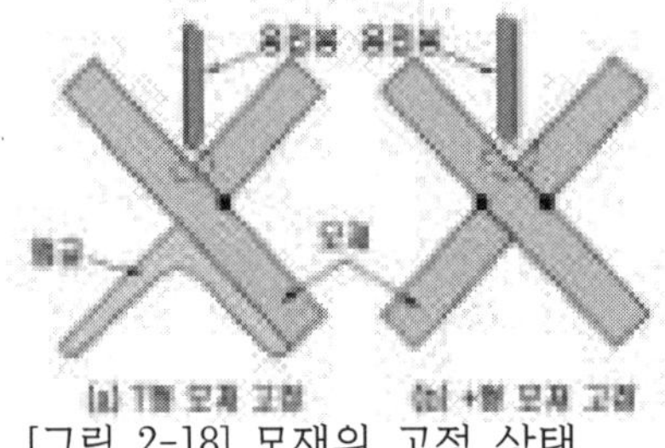
[그림 2-18] 모재의 고정 상태

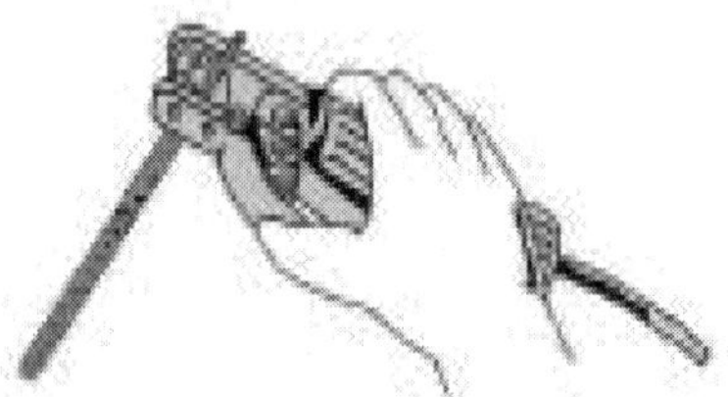
[그림 2-19] 홀더를 잡는 법

(5) 자세를 바르게 잡는다.

(가) 몸 위치는 작업대에 대하여 평행하게 앉은 다음 발은 자기 어깨 넓이 정도로 벌린다.

(나) 홀더를 가볍게 잡고 팔의 힘을 빼며 상반신은 약간 앞으로 숙이고 시선은 모재와 용접봉이 일치하는 곳을 주시한다.

(다) 팔은 옆구리에서 떼고 팔꿈치를 굽혀 편안하고 안정된 자세를 취한다.

(라) 아크를 발생하지 않고 작업각을 45~50°, 진행 방향각은 70~80°로 유지하는 연습을 한다.

(6) 1층 비드를 놓는다.

(가) 용접 시점보다 10~20㎜ 앞에서 아크를 발생시켜 아크 길이를 4~5㎜로 길게 하여 예열하면서 시점으로 온다.

[그림 2-20] 아크 발생 위치

(나) 시점이 용융되기 시작하면 작업각과 진행 방향각을 유지하며 직선으로 진행한다.

(다) 아크를 끊는다.

1) 아크를 끊을 때는 아크 길이를 짧게 하여 용접 진행의 반대 방향으로 들어 올려 아크를 끊는다.

(라) 비드를 잇는다.

1) 이음 부분의 슬래그를 제거하고 깨끗이 청소한다.

2) 이음부 보다 10~20㎜ 전방에서 아크를 발생시켜 아크 길이를 약간 길게 하여 예열 하면서 이음부로 온 후 정상적인 속도로 진행한다.

(마) 크레이터 처리를 한다.

(바) 1층 용접한 슬래그 및 스패트를 정과 슬래그 해머로 깨끗이 청소한다.

(7) 2층 비드를 놓는다.

(가) 전기 용접봉 4.0, 전류 130~160A로 조절한다.

(나) 위빙 운봉법으로 2층 비드를 놓는다. 단, 판 두께가 6㎜ 이하의 경우는 1층 비드로 끝낸다.(다리 길이는 판 두께의 80~100%)

(다) 크레이터 처리를 한다.

1) 용접선 끝부분의 2~3㎜앞에서 전기 용접봉을 모재에 접근시켜 아크 길이를 짧게 한 후 잠시 들어 아크를 끊었다가 다시 아크를 발생시켜 작은 원을 그리며 오목한 부분을 용착 금속으로 2~3회 반복하여 채운다.

[그림 2-21] 2층 비드 놓는 법

❸ CO_2 용접하기는 다음의 순서를 따른다.

1. 용접재료를 준비한다.

(1) V형 맞대기 용접재료를 준비한다.

(2) 필릿 용접 재료를 준비한다.

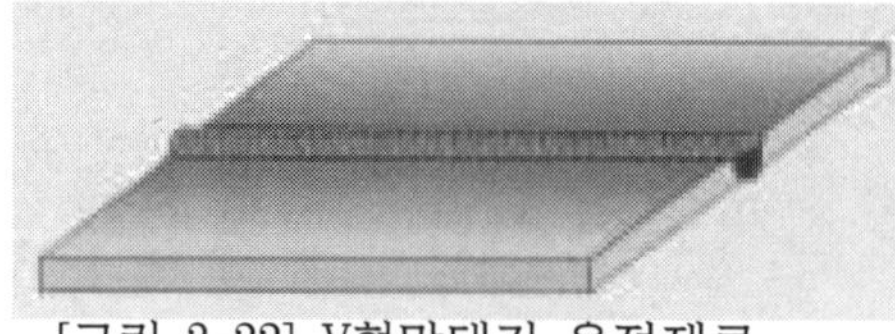

[그림 2-22] V형맞대기 용접재료

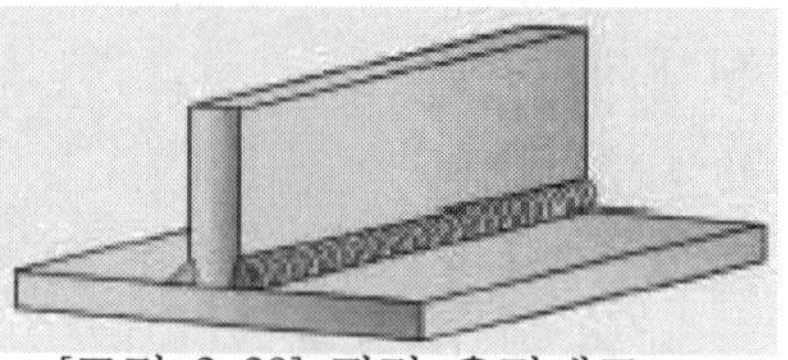

[그림 2-23] 필릿 용접재료

2. 모재를 가공한다.

(1) 도면을 보고 필요한 공구와 보호구를 준비한다.

(2) 용접할 모재와 와이어를 준비한다.

(3) 모재 표면의 녹이나 스케일 등을 샌드페이퍼나 와이어 브러시로 깨끗이 제거한다.

(4) 모재의 한쪽 측면을 가스 절단기(또는 베벨 머신)로 개선각 30~35°가 되게 가공한다.

(5) 그라인더나 줄을 사용하여 개선면을 다듬질하고, 루트면을 1.5~2.0[mm] 정도 되게 가공한다.

(6) 가공된 두 모재의 루트면이 일정하고 서로 맞대었을 때 틈이 없게 가공한다.

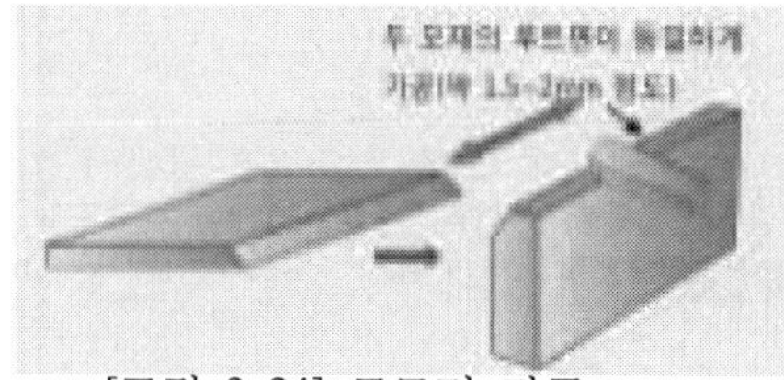

[그림 2-24] 루트면 가공

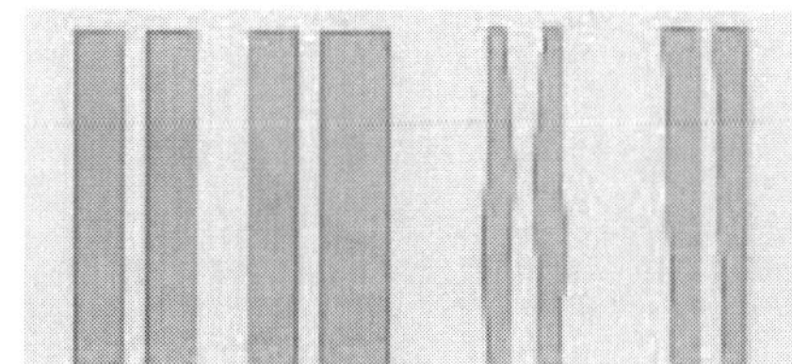

[그림 2-25] 루트면 가공 상태 양부

(7) 용접부 주위에 부착된 불순물이나 거스러미 등을 깨끗이 제거한다.

3. 용접와이어를 준비한다.

(1) 용접용 와이어를 준비한다.

(가) 와이어 지름은 0.8, 0.9, 1.0, 1.2, 1.6, 2.0, 2.4(mm) 등이 있으며 표준공차는 0.001~0.025(mm)로 되어 있으므로 모재와 적합한 와이어를 선정한다.

(나) 용접 와이어에 구리 도금의 얇은 표면 피복(coating)은 녹을 방지하며, 전류의 가속(pick-up)을 개선하도록 되어 있으며 와이어의 자연 수명을

넓히도록 윤이 있고, 고르게 피복되어져 있어야 한다.

(다) 크기로는 10, 12.5, 15, 20(kg) 등으로 구분하여 원활한 송급이 이루어지도록 릴(reel)에 감겨져 있으므로 보통은 20kg의 크기를 사용한다.

(라) 솔리드와이어를 선정할 경우는 사래 사항을 참조하여 선정한다.

1) AWS 규격: E70S-1 등이 있음(E: 전기용접봉, 70:최소인장강도, S: 솔리드와이어)

2) Y G A - 50W - 1.2 - 20(Y: 용접 와이어, G: 가스실드아크용접, A:내후성 강용, 50: 용착 금속의 최소 인장강도, W: 와이어의 화학성분, 1.2: 지름, 20: 무게)

3) 단락이행에 의한 박판이나, 전자세, 고전류에 의한 후판 용접까지 널리 사용된다. 보호가스에 아르곤을 혼합하면 아크가 안정되고 스패터도 감소하는 등 용접품질 향상을 기대할 수 있다. 또, 산소를 약 1~5% 혼합하면 용착강의 산화반응을 활발하게 하므로 좋은 효과를 얻을 수 있다.

(마) 복합 와이어를 선정할 경우는 사래 사항을 참조하여 선정한다.

1) 용제에 탈산제, 아크 안정제 등 합금 원소가 포함되어 있어 양호한 용착금속을 얻을 수 있고, 아크도 안정되어 스패터가 적고 비드 외관이 깨끗하며 아름답다.

탄소강 및 저합금강의 용접은 복합 와이어 용접(FCAW: flux cored arc welding)이 많이 이용되고 있다.

2) AWS 규격: E60-T(T: 준공 와이어)

3) 플럭스 코어 아크 용접은 CO_2아크 용접보다 용입이 깊다.

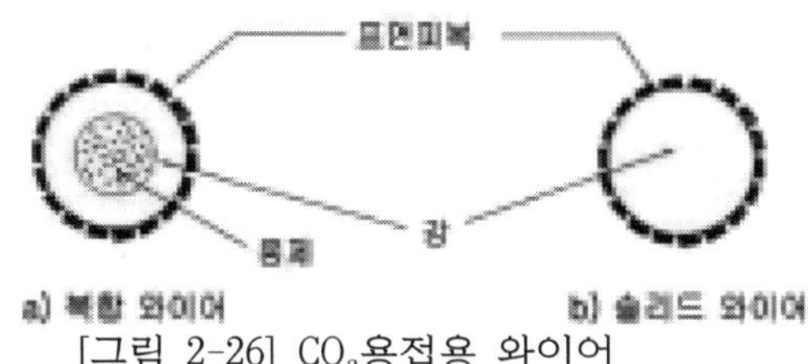

[그림 2-26] CO_2용접용 와이어

4. 보호가스를 준비한다.

(1) 보호 가스를 준비한다.

(가) 일반적으로 용접을 하는 데는 가능한 일정한 토오치 각도로 수평 판에서 행하는 것이 바람직하지만 경우에 따라서 판이 경사지기도 한다.

이럴 경우 비드 형상에 영향을 주기 때문에 어떤 결과를 가져오는지 이해할 필요가 있다.

(나) 용접은 전진법으로 하며 아아크 발생점 보다 용융 금속 또는 슬래그가 선행된다.

이때 비드는 얇고 넓어지며, 스패터는 비교적 큰 것이 토오치 전방으로 튄다. 반대로 후진법 용접하면 용융금속은 아아크 발생점 보다 뒤로 밀려나서 아크력은 모재에 직접적으로 작용할 수 있게 된다. 따라서 용입은 깊어지고 비드 폭은 좁고 높게 된다. 또한 스패터의 발생도 줄어든다. 모재가 경사진 경우는 중력의 영향을 받기 때문에 토치를 수직적으로 해도 앞에서 설명한 전진법과 후진법의

효과를 받는다.

(다) 즉 경사진 판을 거슬러 올라가면 용융지가 밑으로 흘러내려 마치 후퇴법과 같은 효과가 생겨 용입이 깊어지나 경사진 판을 거슬러 내려오면 마치 전진법과 같은 효과가 생겨 용입이 얕아진다.

(2) 보호 가스의 유량을 조절한다.

(가) 보호가스 아아크 용접에서는 용접부의 가스보호 효과가 나쁘면 블로홀이나 피트가 생겨 용접부의 품질이 저하된다. 보통의 용접에서 보호가스의 유량은, 200A이하에서는 10~15l/min, 200A 이상에서는 15~25l/min이 적당하다. 양호한 가스실드를 저해하는 요인으로서는 바람, 가스 유량부족, (노즐 ÷ 모재간 거리)의 과대, 노즐에 스패터가 부착하여 막힘 등이 있다. 보통 허용되는 바람의 세기는 용접물의 형상, 노즐의 구경과 가스 유량, (노즐 ÷ 모재간 거리), 풍향 등에 의해서 다르지만 약 1.5m/sec정도 이하이다. 바람에 의한 실드 불량을 막기 위해서는 유량을 증대시킴과 함께 방풍막을 설치하고 용접해야 한다.

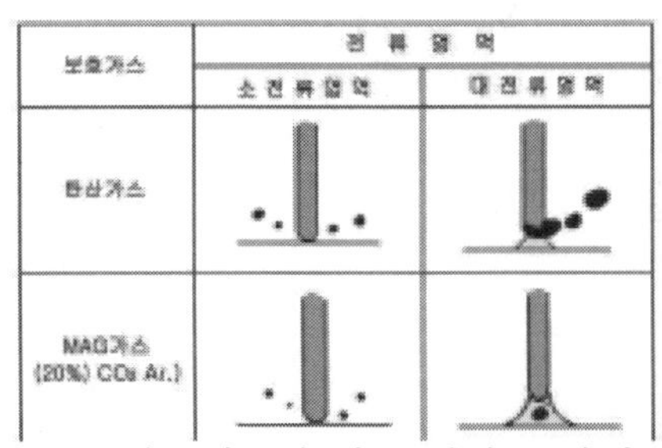

[그림 2-27] 가스실드에 따른 아아크 상태

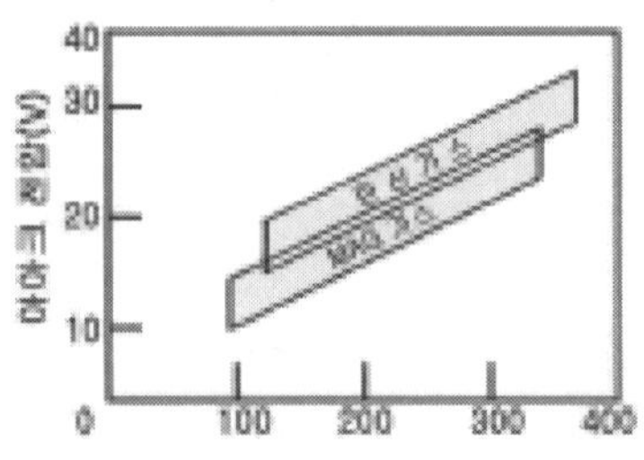

[그림 2-28] 실드가스에 따른 적정 아크전압

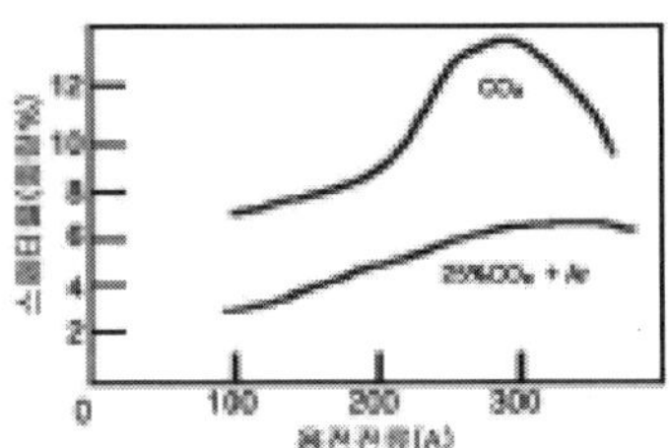

[그림 2-29] 스패터 발생률의 비교

(3) CO_2가스의 성질을 파악하고 공급한다.

(가) 순도는 99.9% 이상, 수분 0.002% 이하, 질소 0.1% 이하의 것을 사용하며 액화탄산의 임계온도는 31℃이므로 용기를 직사광선에 장시간 노출시키면 폭발할 위험이 있으며, 충격을 피하고, 밸브가 부러지면 가스가 급격히 분출하여 용기가 날아갈 위험이 있으므로 주의한다.

(나) 비중 1.53으로 공기보다 무겁고 아르곤보다 1.38배 무겁다. 무색, 무취, 무미이나 공기중의 농도가 높아지면 눈, 코, 입 등에 자극을 느끼게 되므로 누설에 주의한다.

(다) 공기 중 농도가 3~4%이면 두통이나 뇌빈혈을 일으키고, 15% 이상이면 위험 상태가 되며, 30% 이상이면 치사량이 되므로 주의한다.

(라) CO_2가스 특징

1) 가격이 저렴하다.
2) 깊은 용입을 얻을 수 있다.
3) 비교적 큰 용적이 단락되지 않고 이행한다.
4) 일부 CO_2가 CO와 산소로 분해되어 발생한 산소로 인해 용접부를 산화시키기 때문에 적당한 양의 탈산제를 Flux를 통해 공급해야 한다.

(마) 아르곤(Ar)가스

순도는 99.99% 이상을 시판하고 있고, 150기압으로 고압 충전, 내용적 46.7*l*의 경우 대기 중에서 7000*l*가 되므로 유량 20*l*/min로 연속 사용할 때 약 6시간 사용할 수 있다. CO_2와 Ar을 1개의 용기에 충전하면 가장 이상적이다.

(바) MAG 가스

1) Porosity(다공)의 발생이 적다.
2) 용접부의 산화가 작다.
3) 인장강도 등 용접부의 기계적 성질이 좋아진다.
4) Spray Transfer가 얻어진다.

5) 아아크 안정성이 좋다.

(사) 보호 가스의 유량

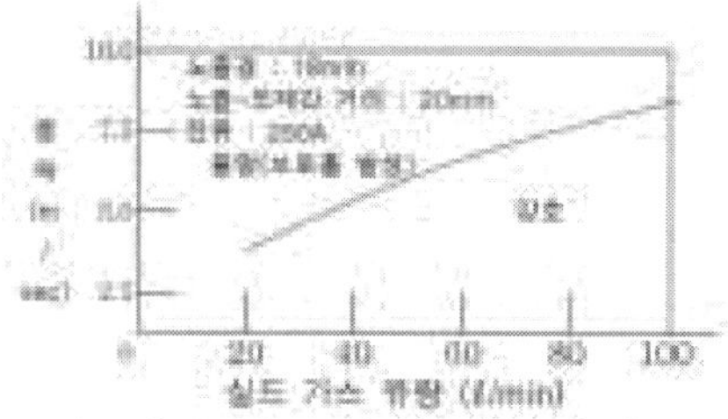

[그림 2-30] 풍속과 가스 유량

(아) 양호한 가스실드를 저해하는 요인

양호한 가스실드를 저해하는 요인으로서는 바람, 가스유량부족, 노즐과 모재간 거리의 과대, 노즐에 스패터가 부착하여 막히는 현상이 있다. 특히 바람의 영향이 가장 크며 용접부에 바람을 받으면 용융지로 공기가 들어갈 우려가 있다.

5. 용접기를 조작한다.

(1) CO_2용접기를 점검하고 조작한다.

(가) 용접기 각부의 이상 유무를 검사한다.

(나) 메인 전원과 용접기의 전원을 접속한다.

(다) 와이어 지름 전환 스위치 '∅1.2/1.4'를 '∅1.4'에, '일원/개별' 전환 스위치를 '개별'에 놓는다.

(2) 가스 유량을 조절한다.

(가) 용접기 패널의 '점검/용접' 전환 스위치를 '점검'에 놓는다.

(나) CO_2가스 용기의 밸브를 1~2바퀴 열어준다.

(다) 압력을 2~3[kg/cm2]로 조절하고 유량 조절 밸브를 열어 유량을 15~25[l/min]으로 조절한다.

(라) 용접기 패널의 '점검/용접' 전환 스위치를 '용접'에 놓는다.

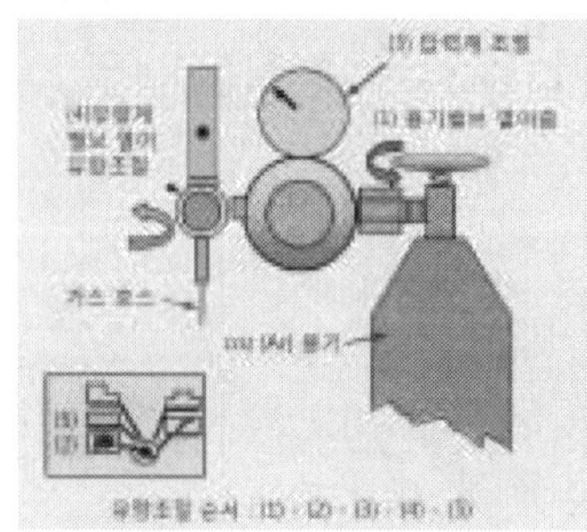

[그림 2-31] 유량 조절 순서

(3) 전류와 전압을 조절한다.

(가) 용접 전류를 140~180[A], 전압은 22~24[V]로 조절한다.

(4) 크레이터 전류와 전압을 조절한다.

(가) 용접기 패널에서 크레이터 '유/무' 전환 스위치를 '유'에 놓는다.

(나) 크레이터 전류를 용접 전류보다 20~30[A] 낮게 조절한다.

(다) 크레이터 전압을 용접 전압보다 1~2[V] 낮게 조절한다.

6. 솔리드와이어 용접을 한다.

(1) 필렛용접을 한다.

(가) 진행각을 맞추어 용접한다.

와이어와 용접선이 이루는 각도로서 와이어와 수직선 사이의 각도로 표시한다.

(나) 작업각을 맞추어 용접한다.

와이어 이음 방향에 나란히 세워진 수직 평면과의 각도로 표시한다.

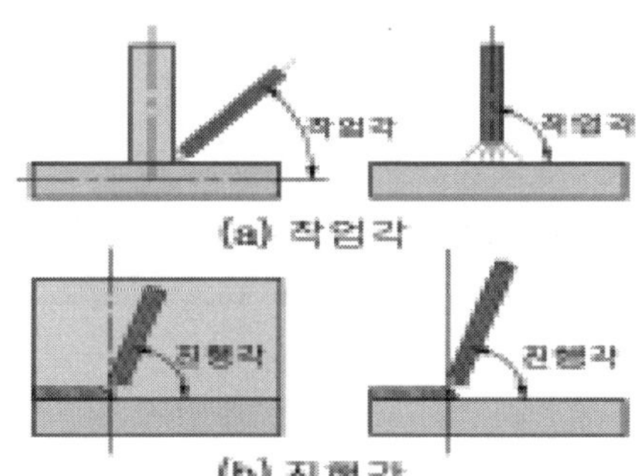

[그림 2-32] 작업각과 진행각

(다) 필렛용접부의 다리길이와 목두께를 정하고 용접한다.

1) 필렛 용접부의 치수는 용접부 단면에 그릴 수 있는 최대 이등변 삼각형의 크기로써 정한다.

2) 일반적으로 다리길이는 재료두께(t)의 80~100%로 하고, 목두께는 재료두께의 0.707배로 한다.

(라) 가스유량, 용접전류 및 전압을 조절한다.

(마) 필렛 용접 상태로 가접을 한다.

1) 용접선 양끝부분을 20mm 이내로 가접한다.

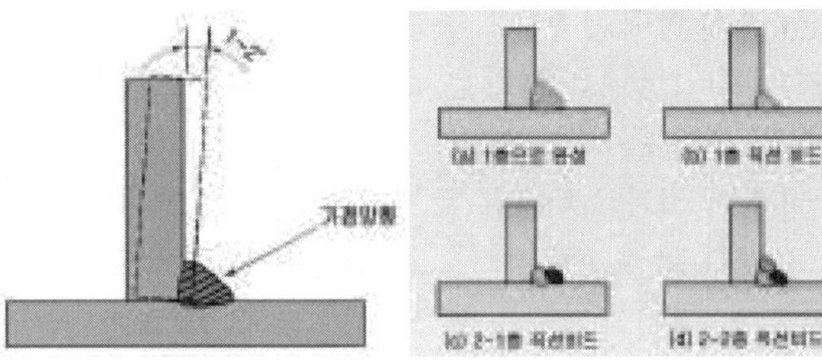

[그림 2-33] 가접후 역변형 주기　　　[그림 2-34] 1층 및 2층 완성비드

2) 가접부쪽으로 역변형을 준다.

3) 가접은 본 용접과 동일하게 튼튼하게 한다.

(바) 수평T형 필렛용접을 한다.

1) 전진법으로 1층필렛 용접을 한다.

2) 2층 필렛 용접을 한다.

(사) 필렛 용접부를 깨끗이 청소한다.

(2) V형맞대기 용접을 한다.

(가) 가접하고 역변형을 준다.

1) 모재를 가접대 위에 개선 홈이 아래로 향하여 이음부가 어긋나지 않게 놓는다.

2) 루트 간격을 한쪽은 2~2.5[mm]로 하고 수축여유를 고려하여 다른 한쪽은 약간 넓게(보통 용접부 길이 100[mm]마다 0.5~1[mm] 넓게)한 후 가접한다.

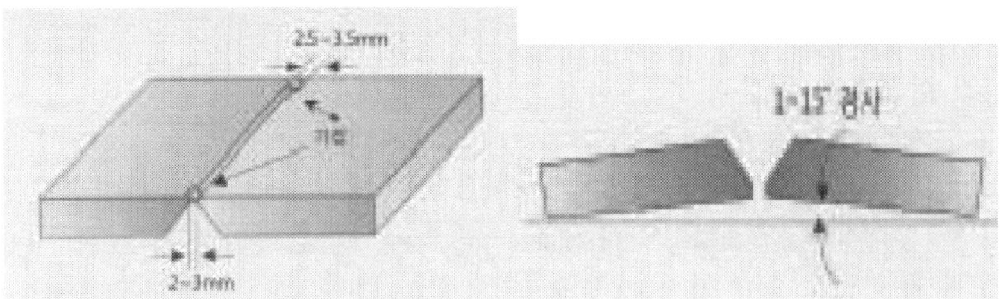

[그림 2-35] V형 맞대기 용접　　　[그림 2-36] 역변형주기

3) 가접부를 깨끗이 청소한다.

4) 용접 후의 변형량을 고려하여 역변형을 준다.

(나) 아래보기 V형 맞대기 용접을 한다.

1) 모재를 고정한다.

- 모재의 용접선이 아래보기가 되도록 작업대(또는 지그에 고정)에 올려 놓는다.
- 용접 방향은 작업자 중심으로 좌우가 되게 놓는다.

2) 1층 비드(이면 비드)를 놓는다

- 용접 토치의 작업각은 90°, 진행(반대)각 75~85°로 유지하고 자세를 취한다.

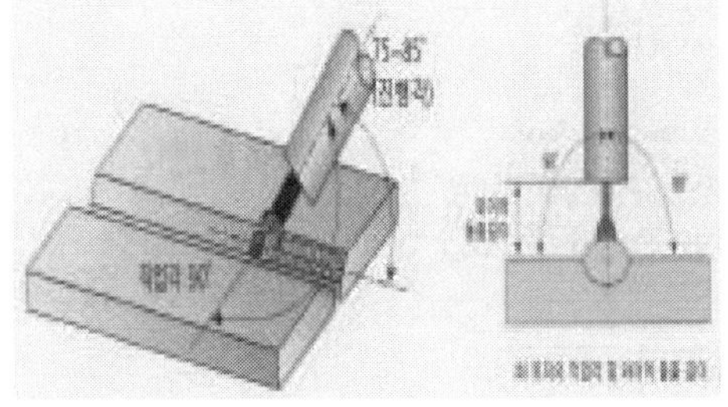

(a) 토치의 작업각과 진행각
(b) 토치의 작업각 및 와이어돌출길이
[그림 2-37] 토치의 유지각도

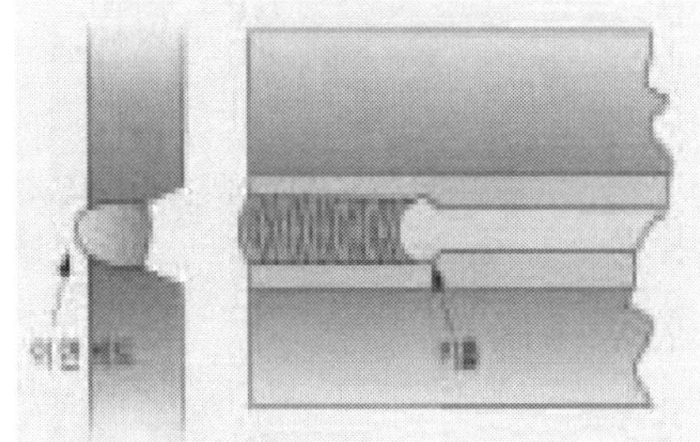

[그림 2-38] 키홀 유지의 예

- 용접 토치를 좌측(또는 우측) 끝부분에 대고 스위치를 눌러 아크를 발생한다.
- 와이어 돌출 길이를 10~15[mm]로 유지하며 후진법(또는 전진법)으로 운봉한다.
- 운봉 요령은 루트 간격보다 1~2[mm] 넓게 톱니형이나 부채꼴형으로 운봉하며, 운봉 양끝에서 약 0.5~1초 머물러 준다.
- 키홀을 잘 관찰하여 일정한 크기의 키홀이 형성되도록 한다.
- 와이어 끝이 이전 비드를 1~2[mm] 정도 겹치게 운봉한다.(와이어가 키홀에 빠질 우려가 있음)
- 이면 비드의 높이(모재 두께 6[mm]의 경우)는 모재 표면보다 1~1.5[mm] 정도 낮게 놓는다.
- 용접부와 스패터를 완전히 제거하고 와이어 브러시로 깨끗이 청소한다.

7) 2층 비드(표면 비드)를 놓는다.

- 토치의 각도를 1층 비드 놓기와 동일하게 유지하며 모재의 양 모서리까지 운봉한다.
- 언더컷, 오버랩 등의 결함이 없고 균일한 비드가 형성되도록 용융지

를 잘 관찰하면서 진행한다.

- 솔리드 와이어 사용시 보다 운봉 속도를 조금 느리게 운봉한다.
- 표면 비드의 높이는 1.5~2[mm] 정도가 되게 진행한다.(비드 높이는 모재 두께의 20% 이하로 한다.)
- 용접부 끝 가까이에서 토치 스위치를 눌러 크레이터 전류로 크레이터를 채워준다.

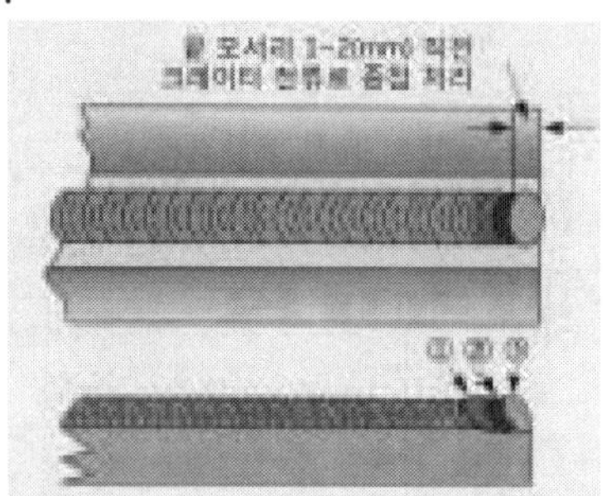

[그림 2-39] 크레이터 처리법의 예

8) 용접부를 깨끗이 청소한다.

❹ TIG 용접은 다음의 순서를 따른다.

1. 가접을 한다.

(1) 홈 가공을 끝낸 판은 제품으로 제작하기 위해 조립 또는 가접을 실시한다. 가접(Tack weld)은 본 용접을 쉽게 하기 위해 두 모재를 고정시키는 작업으로 볼 수 있다. 이는 용접시공에 있어서 중요한 공정의 하나이며, 그의 좋고 나쁨을 용접 결과에 직접적인 영향을 준다. 가접은 본 용접을 실시하기 전에 좌우의 홈 또는 이음부분을 잠정적으로 고정하기 위한 짧은 용접인데 균열, 기공 등 많은 결함을 수반하기 쉬우므로 강도상 중요한 곳은 가접을 피하는 것이 좋다.

(2) 가접은 맞대기 이음과 파이프 가접이 서로 다르게 나타난다.

(3) 지그에 고정한다.

(가) TIG용접은 다른 용접에서 곤란한 각종 자세의 용접이 가능하므로 작업 능률을 향상시키고 용접 품질을 높이기 위해서는 가능한 아래보기 자세로 용접하는 것이 좋다. 그래서 용접 시 용접 위치를 쉽고 정확하게 정하기 위해 지그를 사용한다.

(나) 지그의 이점

1) 동일제품을 다량 생산할 수 있다.

2) 제품의 정밀도와 용접부의 신뢰성을 높인다.

3) 작업을 용이하게 하고 용접능률을 높인다.

(다) 지그의 유의 사항

1) 구속력이 너무 크면 잔류용력이나 용접 균열이 발생하기 쉽다.

2) 지그의 제작비가 많이 들지 않아야한다.

3) 사용이 간편해야 한다.

2. TIG 본용접을 한다.

(1) TIG용접을 준비한다.

(가) 용접 시 위험요소를 파악하고 준비한다.

용접 시 가장 먼저 준비해야 하는 사항은 안전을 위한 보호구 착용이다. 기본적으로 보호구 착용과 이상 유무를 반드시 확인해야 한다.

1) 용접기에 직접 닿으면 감전의 위험

2) 자외선 노출에 의한 악성 눈 질환, 시력장애 등에 위험

3) 아크에 노출된 피부 화상의 위험

4) 유해물질로 인한 구토, 두통 등의 다양한 증상

(나) 비드 안내선을 긋는다.

모재 표면을 깨끗이 청소한 후 석필로 비드를 놓을 안내 선을 긋는다. 간격은 최소 15㎜를 유지한다.

(다) 용접기를 조작한다.

1) 각종 전환 스위치를 용접 조건에 맞게 조작하는 것이 중요하다.

2) 먼저 교류/직류 전환 스위치를 직류로 스위치를 조작한다.

3) 다음, 용접기에 크레이터 스위치를 1회 상태로 돌린다.

4) 다음, 용접기와 1차 전원인 용접/가스점검 전환 스위치를 ON 한다.

5) 다음은 가스밸브를 열고 기화기에 부착되어 있는 유량계 밸브를 좌우로 조절하여 유량을 용접에 적합한 6~10l/min, 아르곤가스 지연유출시간을 상황에 맞게 5~10초 정도로 조절한다. 유량은 용접조건에 따라 조금씩 차이가 나므로 용접조건에 맞는 유량을 잘 숙지하고 조절하도록 한다.

(2) 아래보기 자세로 용접한다.

(가) TIG용접 전류를 조절한다.

1) 용접전류는 90~140[A] 정도로 하며 크레이터 전류는 용접전류 보다 10~30[A] 정도 낮게 조절한다. 이 조건은 다른 TIG용접에 서도 모두 동일한 조건이므로 유의하도록 한다.

(나) 아래보기 자세 용접 시 작업 각도에 유의하면서 용접한다.

1) 용접 전에 준비된 모재를 작업대 위에 수평으로 올려놓고 용접보호구 착용한 후 용접자세를 취한다. 용접시작점에서 토치를 모재에 50° 정도 경사되게 잡고 노즐 끝만 가볍게 모재에 접촉시키고 토치스위치를 눌러 아크를 발생시킨다.

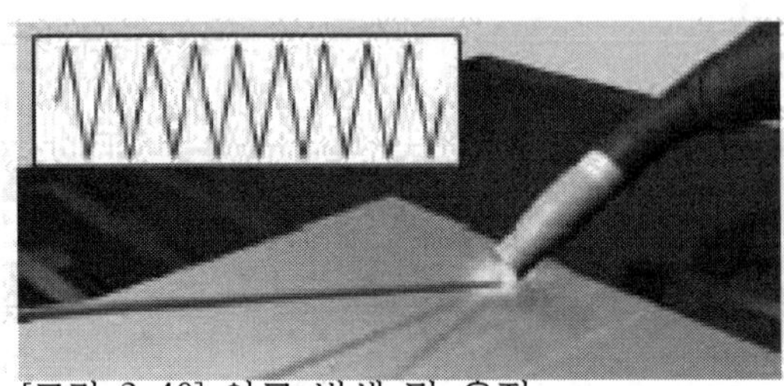

[그림 2-40] 아크 발생 및 용접

2) 아크가 발생된 후에는 아크길이를 일정하게 유지하고, 크레이터 "유" 상태이므로 토치 스위치를 놓아 용접전류로 용융지를 형성한다.
용접 시 용접을 마무리할 때까지의 올바른 각도를 유지하는 것이 중요하다.

3) 아크를 발생시킨 후 토치를 진행 반대방향에서 약 70~80° 정도 기울이고, 용접봉은 석필을 그은 용접선과 10~30° 정도 기울이며 작업한다.

4) 용융지가 형성되면 용접봉을 용융지에 일정한 속도와 양으로 공급하는 동시에 토치의 위빙동작을 유지하면서 전진 법으로 비드를 놓는다.

5) 용접 중에 용접사는 용접부를 주시하며 아크와 용융풀의 상태를 계속 안정된 상태로 유지해야 한다.

(다) 크레이터를 처리한다.

1) 비드 종점에 가까워지면 열 집중이 커져 용락이 생길 수 있으므로 토치스위치를 눌러 크레이터 전류를 흐르게 하여 끝부분 용융지의 산화작용을 방지하게 한다.

2) 아크가 꺼진 후 지연 가스가 용접부를 충분히 보호할 수 있도록 지연 가스 유출 설정시간 만큼 토치를 크레이터부에서 머물러 주도록 한다.

(라) 1차 용접을 종료한다.

1) 1차 용접이 끝나면 반드시 비드 표면을 청소한다.

2) 외관 검사 후 반복 작업을 한다. 외관 검사는 비드의 미려도, 폭과 높이, 파형상태, 직선도 뿐 아니라 언더컷, 오버랩과 크레이터처리 상태

등을 육안으로 검사한다. 이때 비드형상은 용접의 속도에 따라 다르게 나타나는데 제일 적당한 속도로 용접을 실행하여 가장 아름다운 비드를 얻을 수 있도록 한다.

<table>
<tr><th colspan="5">2. 판금제관 용접하기 평가(평가자체크리스트)</th></tr>
<tr><th rowspan="2">학습 내용</th><th rowspan="2">평가 항목</th><th colspan="3">성취수준</th></tr>
<tr><th>상</th><th>중</th><th>하</th></tr>
<tr><td rowspan="6">판금제관 용접</td><td>재료의 표면 청소 및 준비 상태</td><td></td><td></td><td></td></tr>
<tr><td>가스용접 작업 숙련도</td><td></td><td></td><td></td></tr>
<tr><td>피복아크용접 작업 숙련도</td><td></td><td></td><td></td></tr>
<tr><td>CO2용접 작업 숙련도</td><td></td><td></td><td></td></tr>
<tr><td>TIG용접 작업 숙련도</td><td></td><td></td><td></td></tr>
<tr><td>용접부 육안검사(비드 폭, 높이, 직진도)</td><td></td><td></td><td></td></tr>
<tr><td colspan="5">결과 평가 방법; 피평가자체크리스트, 평가자체크리스트중 택일</td></tr>
</table>

작업과제 3. 나사 조립하기

학습 목표

1. 용도와 구조에 맞는 나사의 종류를 선택할 수 있다.
2. 나사종류에 맞는 공구를 준비할 수 있다.
3. 강판의 두께에 알맞은 크기의 나사를 선정하여 조립할 수 있다.
4. 부품의 형상에 따라 나사 체결 순서를 결정하고 작업에 용이한 공구를 사용하여 조립할 수 있다.
5. 도면에 표기된 토크대로 체결할 수 있다

수행 내용 / 3-1 나사 조립하기

재료 · 자료

- 연강판(1.0t), 앵글, 볼트너트

기기(장비 · 공구)

- 탁상용드릴, 핸드드릴, 드릴날셋, 드릴바이스, 스패너

안전 · 유의사항

- 소음 방지용 귀마개를 착용한다.
- 드릴 작업시 회전체에 작업복이나 손이 끼지 않도록 주의한다.
- 스패너 작업시 무리하게 결합하여 볼트너트가 상하거나 균열이 생기지 않도록 한다.

수행 순서

❶ 나사 체결하기는 다음의 순서를 따른다.

1. 작업 준비를 한다.
   (1) 실습에 필요한 기계, 공구 및 재료를 준비한다.
   (2) 도면을 확인하고 작업순서를 결정한다.
2. 드릴 작업을 한다.

3. 스패너로 조인다.

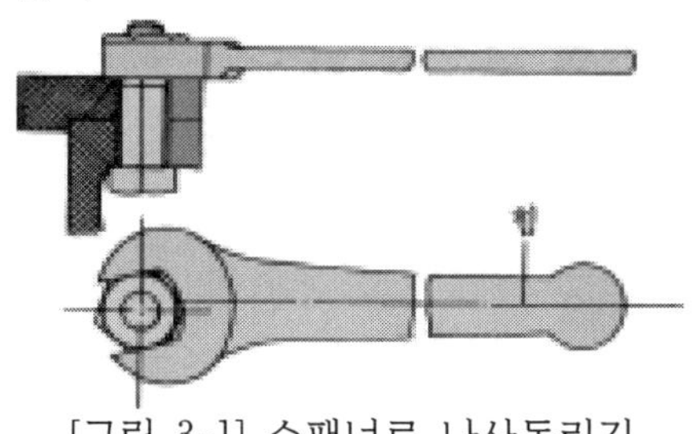

[그림 3-1] 스패너로 나사돌리기

3. 볼트를 체결한다.

(1) [그림 3-2]의 (a)는 볼트의 평행부가 결합면을 넘어서기 때문에 전단하중이 나사부에는 걸리지 않고, 볼트의 평행부에서 걸린다.

(2) 그림(b)의 스터드와 너트에 의한 체결은 결합이 정기적으로 해체되는 곳에 사용한다.
너트를 풀면 스터드는 본체에 체결되어 있는 상태에서 커버를 용이하게 분리시킬 수 있다. 스터드가 마멸되면 스터드만을 용이하게 교체할 수 있다. 이것은 값비싼 주조물이나 단조물로 된 본체의 나사부에 마멸이 발생하는 것을 방지한다.

(3) 그림(c)의 육각구멍붙이 볼트는 고장력강을 업셋 단조와 전조가공에 의해 만들고 열처리하므로 보통의 육각머리볼트에 비해 값이 비싸고, 강도, 인성 및 내마멸성이 크며, 부품의 표면 밑으로 볼트의 머리부를 삽입할 수 있기 때문에 외관상 보기 좋고 안정성이 높다.

(4) 그림(d)는 작은 황동제 십자홈머리 볼트로 전기부품에 전선을 고정시키는데 쓰이고 있다.

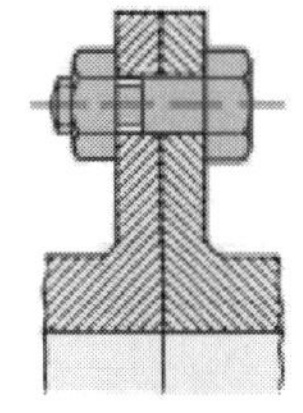

(a) 볼트의체결

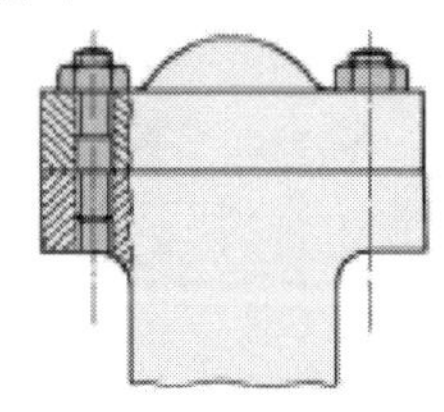

(b)스터드와 너트의체결

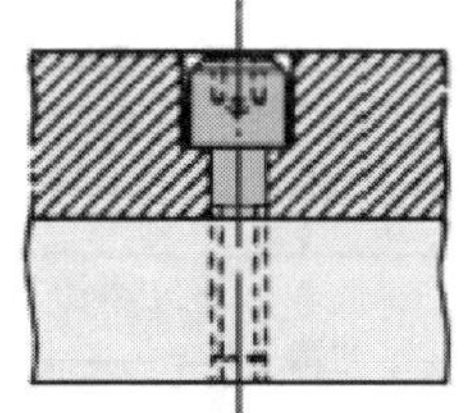

(c) 볼트 체결

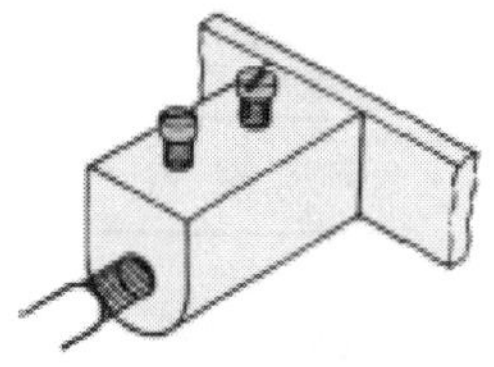

(d) 치즈머리 볼트의 체결

[그림 3-2] 나사의 체결

3. 다음 사항에 주의해서 체결한다.

(1) 두 가지의 물체를 하나로 결합할 때 정확하게 지정된 토크를 초과하거나 지정된 볼트를 사용해서 조립한다.

(2) 1회 사용으로 지정되어있거나 재사용금지로 지정된 볼트와 너트는 재 사용시에는 완벽한 조립을 할 수 없으며 이것을 생각하여 지정된 토크를 추가하여 잠그더라도 볼트의 길이만 늘어날 뿐 정확한 조립이 되지 않으므로 주의한다.

(3) 지정된 토크와 앵글렌치를 이용하여 조립하여야 한다.

❷ 철 구조물 볼트 체결을 한다.

1. 고장력 볼트 접합 방식을 결정한다.

고장력 볼트는 볼트자체의 인장력을 이용하여 부재의 마찰을 극대화로 접합력을 높이는 공법이다.

(1) 마찰접합: 부재의 마찰력으로 볼트축과 직각 방향의 응력을 전달하는 전단형 접합방식

(2) 인장접합: 볼트의 인장내력으로 볼트 축방향의 응력을 전달하는 인장형 접합방식

(3) 지압접합: 볼트의 전단력과 볼트구멍의 지압내력에 의해 응력을 전달하는 접합방식

2. 드릴 작업한다.

(1) 볼트구멍은 표면에 직각으로 뚫고, 드릴로 뚫는 것을 원칙으로 한다.

〈표 3-1〉 볼트구멍 지름 기준(건축공사표준시방서)

볼트 호칭경	볼트구멍 지름	최소 연단 거리			구멍의 간격(피치)	
		(1)	(2)	(3)	최소	최대
M16	17.0	40	28	22	40	60
M20	21.5	50	34	26	50	70
M22	23.5	55	38	28	55	80
M24	25.5	60	44	30	60	90

〈표 3-2〉 볼트구멍 지름 기준(도로교표준시방서

볼트 호칭경	볼트구멍 지름	최소 연단 거리		최대 연단 거리
		(1)	(2)	
M20	21.5	42	37	표면 판두께의 8배, 150 이하
M22	23.5	37	32	
M24	25.5	32	28	

* 연단거리: 철판의 가장자리에서부터 볼트구멍중심까지의 거리

* 간격(피치): 볼트 중심에서 중심까지의 거리

3. 조립 부재 구멍을 일치시킨다.

(1) 조립부재를 정확히 접합하기 위해서는 각각의 구멍의 중심이 정확히 일치하도록 해야 하며, 구멍주위에 생긴 찌그러짐이나 변형, 경사진 구멍 등은 조립부재간의 틈새를 유발시켜 볼트의 체결 및 마찰력에 지장을 초래하므로 반드시 제거되어야 한다.

(2) 공사현장에서 조립시에 부재간 볼트구멍이 잘 맞지 않아 볼트삽입에 지장이 생기게 될 수 있다. 이러한 차이량이 2mm 이하이면 리머 (reamer)로 볼트구멍을 수정하여도 된다. 만일, 2mm를 초과하게 되면 리머로 구멍을 수정하면 부재의 단면 결손이 심하므로 첨가판을 교체하는 등 조치를 강구해야 한다.

(3) "ㄷ"형강 및 "I"형강의 플랜지와 같이 서로 평행하지 않은 면에 볼트를 체결하면 볼트가 구부러져 나사부 및 볼트머리 밑에 응력 집중이 되므로 경사면의 경사가 1/20을 초과하는 경우에는 테이퍼와셔를 사용하여 볼트에 편심이 생기지 않도록 하여야 한다. "ㄷ"형강 플랜지의 경사는 5°(1/11.43), "I"형강 플랜지의 경사는 8°(1/7.115) 이기 때문에 플랜지 이음시 테이퍼와셔나 경사판을 사용하여야 한다.

4. 다음 순서대로 조인다.

(1) 1차조임(가조립): Torque wrench, impact wrench를 사용하여 볼트군마다 중앙에서 끝부분으로 조여 나간다.

(2) 금매김(마킹): 1차 조임 후 볼트, 너트, 와셔 및 부재에 페인트로 표시 한다.

(3) 본조임: (가) Impact wrench법 (나) Torque control법 (다) Nut 회전법

(4) 접합부의 조임 순서는 접합부의 중심으로부터 바깥쪽으로 순차적으로 체결해 나간다.

* 고장력 볼트를 1차, 2차 체결의 2단계로 실시하는 것은 접합부의 각 볼트에 균등한 볼트축력을 얻기 위한 조치이다.

3. 나사조립하기 평가(평가자체크리스트)				
학습 내용	평가 항목	성취수준		
		상	중	하
나사 조립	용도와 구조에 맞는 나사의 종류 숙지 여부			
	나사종류에 맞는 공구의 준비 상태			
	강판의 두께에 알맞은 크기의 나사의 계산 방법 숙지 및 조립 능력 여부			
	부품의 형상에 따라 나사 체결 순서 결정 능력과 작업에 적합한 공구의 사용 여부			
	토크렌치를 사전점검하고 도면에 표기된 토크대로 체결할 수 있는 능력			
결과 평가 방법; 피평가자체크리스트, 평가자체크리스트중 택일				

작업과제 4. 리벳 조립하기

학습 목표

1. 판재의 두께에 알맞은 크기의 리벳을 선정하여 조립할 수 있다.
2. 리벳용 해머로 리벳을 두들겨 머리를 성형시킬 수 있다.
3. 부품의 형상에 따라 리벳 체결 순서를 결정하고 작업에 용이한 공구를 사용하여 조립할 수 있다.
4. 브라인더 리벳의 경우, 리벳 사이즈에 맞게 장착구를 교환할 수 있고 적정한 공기 압력을 조절하여 조립할 수 있다.
5. 검사용 해머로 리벳의 머리 부분을 때려 맑은 소리가 나는지 검사할 수 있다.

수행 내용 / 4-1 리벳 조립하기

재료 · 자료

- 연강판(1.0t), 앵글, 볼트너트, 브라인드 리벳

기기(장비 · 공구)

- 탁상용 드릴, 핸드 드릴, 드릴날 셋, 드릴바이스, 리벳세트, 해머, 리벳 건, 절단 정

안전 · 유의사항

- 소음 방지용 귀마개를 착용한다.
- 해머의 쐐기부분을 확인하여 해머머리와 자루가 분리되지 않도록 한다.
- 리벳머리 성형 작업시 무리하게 타격하여 머리모양이 뒤틀리거나 균열이 생기지 않도록 한다.
- 열간 리벳 작업시 화상에 주의한다.

수행 순서

❶ 리벳 작업하기는 다음의 순서를 따른다.

1. 구멍을 뚫는다.

(1) 센터펀치로 표시한 곳을 드릴로 구멍을 뚫는다. 이때 구멍의 지름은 리벳지름보다 약간 크게 뚫는 것이 좋으며 표 1을 참조하여 작업한다.

〈표 4-1〉 리벳구멍지름의 공차

	상온작업								
리벳지름(mm)	2	3	4	5	6	8	10	12	16
공 차 (mm)	±0.2	±0.2	±0.2	±0.2	±0.2	±0.2	±0.2	+0.5 -0.2	+0.5 -0.2
구멍지름(mm)	2.2	3.2	4.3	5.3	6.3	8.5	11.5	13.5	17

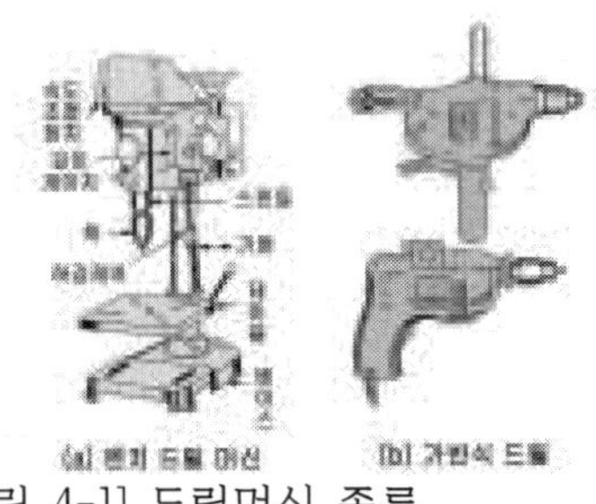

[그림 4-1] 드릴머신 종류

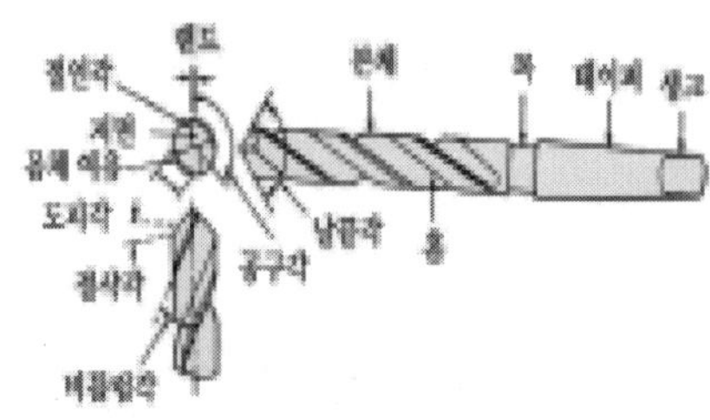

[그림 4-2] 드릴날의 각부명칭

2. 리벳 머리를 형성한다.

(1) 리벳을 구멍에 끼운 다음 리벳 세트를 대고 리벳팅 해머로 타격하여 재료와 재료를 밀착시킨다.

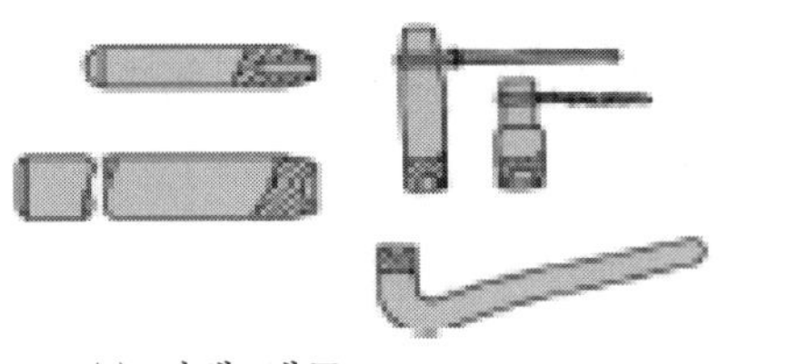

(a) 리벳 세트

(b) 리벳 구멍 맞추기

[그림 4-3] 리벳 이음 공구

(2) 머리를 대강 형성한 다음, 리벳 세트를 대고 때려서 리벳머리를 완전히 만들고 리벳 이음을 완성한다.

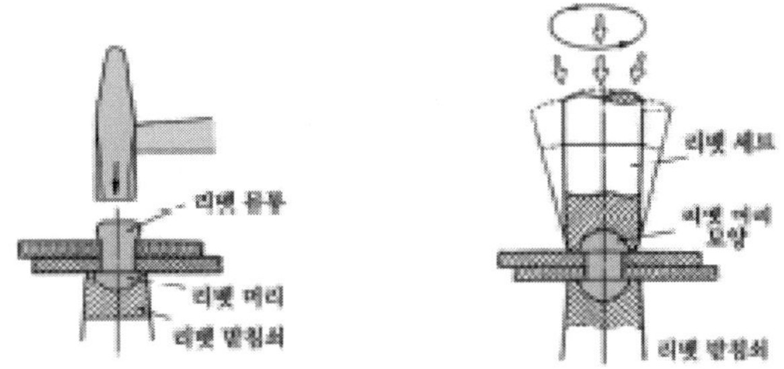

[그림 4-4] 리벳 머리 만들기

(3) 리벳머리 성형 도중 리벳머리가 비틀어지거나 휘어지면 절단정으로 머리를 따내고 다시 작업한다.

(4) 리벳을 빼낼 때에는 드릴을 사용하거나, 리벳을 받침쇠 위에 올려놓고 센터 펀치로 리벳 머리의 중심부에 자국을 낸 다음 솔릿 펀치를 사용하여 구멍에 상처를 내지 않고 제거한다.

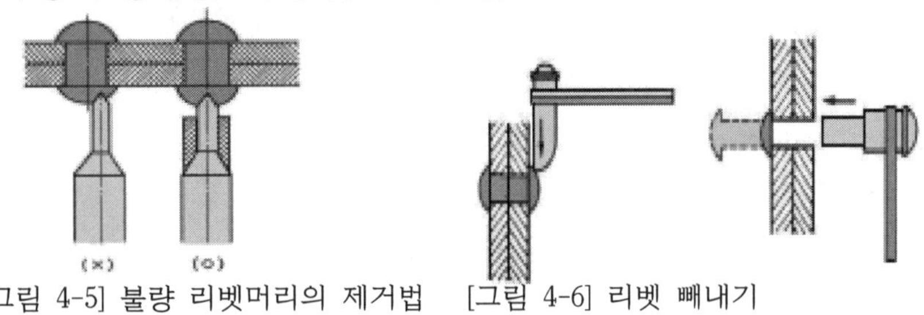

[그림 4-5] 불량 리벳머리의 제거법　[그림 4-6] 리벳 빼내기

3. 코킹과 플러링 작업을 한다.

(1) 리벳이음한 부분에 기밀, 수밀, 유밀을 기하고자 하면 얇은 판의 경우는 패킹(packing) 재료를 대고 리벳이음작업을 하면 된다. 만약 판두께 5mm 이상인 제품일 경우는 코킹과 플러링 작업을 하게 되는데 작업요령은 [그림 4-7]과 같다.

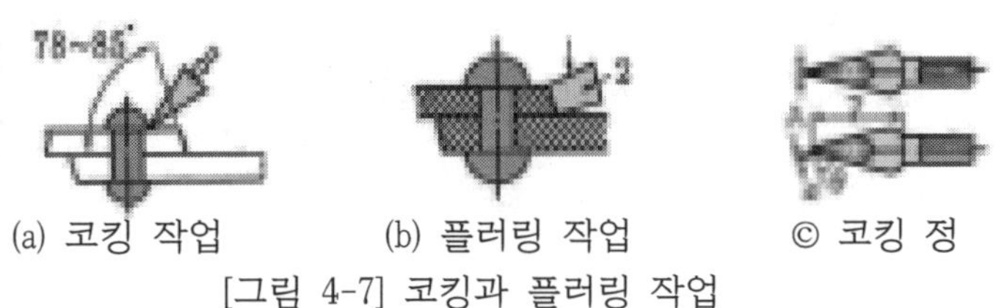

(a) 코킹 작업　(b) 플러링 작업　© 코킹 정

[그림 4-7] 코킹과 플러링 작업

4. 측정 및 검사한다.

(1) 제품의 치수를 측정하고 특히 리벳의 피치 머리도 재어본다.

(2) 리벳머리의 완전한 성형 여부와 리벳이음이 완전한가. 그리고 리벳에 균열이 생기지 않았는지 확인한다.

(3) 리벳 이음의 검사는 가는 자루 해머로 리벳 머리를 두들겨 보아 그 음향과 반동으로 식별 하며 다음과 같은 순서로 검사한다.

(가) 무게 500g 정도의 검사용 해머로 리벳 머리부를 수평에서 30°~45°의 방향으로 때린다.

(나) 리벳이 잘된 것은 해머가 반발하며 맑은 소리가 나고 소리가 탁하며 해머의 반동이 작은 것은 리벳 이음이 잘못된 것이다.

(4) 거스러미를 제거한다.

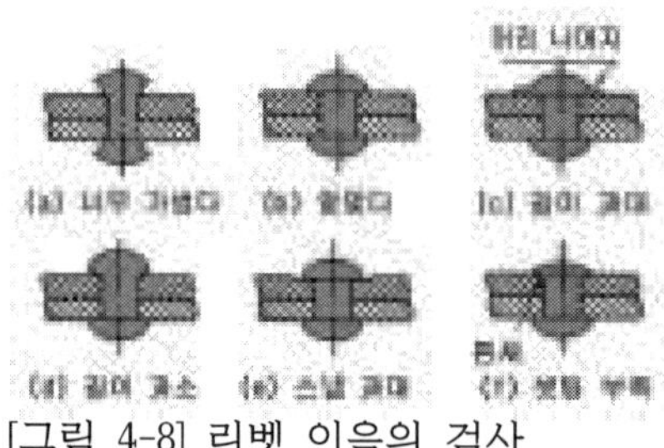

[그림 4-8] 리벳 이음의 검사

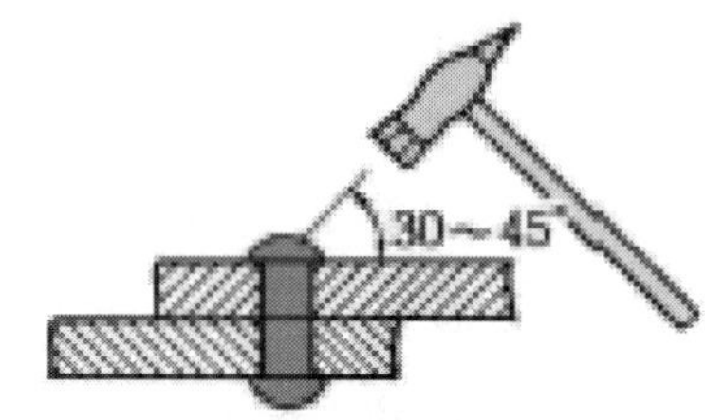

[그림 4-9] 리벳 이음의 헤머 검사

❷ 브라인드 리벳 작업하기는 다음의 순서를 따른다.

1. 조립 재료에 맞는 브라인드 리벳을 선정한다.

(1) 브라인드 리벳의 종류에는 알루미늄 리벳, 철 리벳, 스테인리스 리벳, 동 리벳 등이 있다.

(2) 브라인드 리벳의 색상은 재료에 맞도록 흑색, 브론즈색, 아연백색, 황색 등 도금이 가능한 색을 선택한다.

(3) 브라인드 리벳의 크기는 바디(body)의 크기로 나타내며 보통 2.4φ, 3.2φ, 4.0φ, 4.8φ 등이 있다

[그림 4-10] 브라인드 리벳

[그림 4-11] 브라인드 리벳 건

3. 브라인드 리벳의 맨드릴을 장착구에 장전 후 바디(body)를 모재에 삽입한다.

4. 맨드릴(mandrel)을 물고 리벳 건의 손잡이를 당겨 바디를 성형한다.
5. 바디가 완전히 성형되면 모재에 밀착되고 맨드릴은 절단되고 일부는 바디 내부에 남는다.

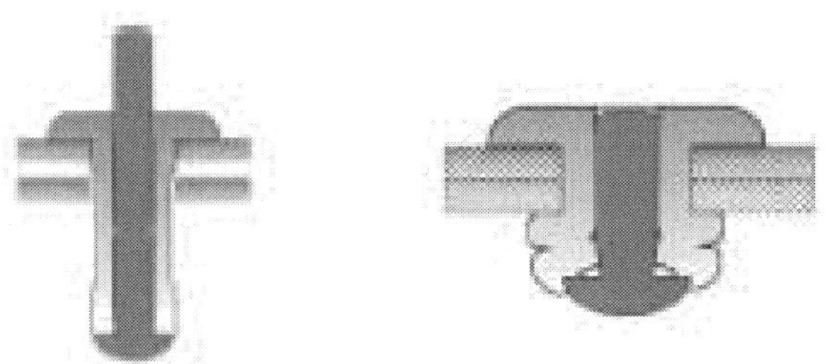

[그림 4-12] 브라인드 리벳 작업

<table>
<tr><th colspan="5">4. 리벳조립하기 평가(평가자체크리스트)</th></tr>
<tr><th rowspan="2">학습 내용</th><th rowspan="2">평가 항목</th><th colspan="3">성취수준</th></tr>
<tr><th>상</th><th>중</th><th>하</th></tr>
<tr><td rowspan="6">리벳 조립</td><td>리벳 종류의 선택 요령</td><td></td><td></td><td></td></tr>
<tr><td>리벳 크기의 선정 요령</td><td></td><td></td><td></td></tr>
<tr><td>리벳 체결 순서의 결정과 공구 사용 요령</td><td></td><td></td><td></td></tr>
<tr><td>리벳 머리 성형 능력</td><td></td><td></td><td></td></tr>
<tr><td>브라인더 리벳 조립 능력</td><td></td><td></td><td></td></tr>
<tr><td>리벳 조립 검사 능력</td><td></td><td></td><td></td></tr>
<tr><td colspan="5">결과 평가 방법; 피평가자체크리스트, 평가자체크리스트중 택일</td></tr>
</table>

에듀컨텐츠·휴피아
ECH Educontents Huepia

제6장　판금제관 제품검사

1. 외관 검사하기

2. 치수 검사하기

3. 교정 작업하기

4. 완성품 검사하기

작업과제 1. 외관 검사하기

학습 목표

1. 제품에 맞는 측정기 및 검사 방법을 선택할 수 있다.
2. 도면과 사양을 보고 제품의 결함 부위를 찾아낼 수 있다.
3. 제품 사양을 숙지한 후 규격 충족 여부를 확인할 수 있다.
4. 각종 기기나 시험기계를 이용하여 정확하게 검사할 수 있다.
5. 검사 결과 보고서를 작성할 수 있다

수행 내용 / 1-1 외관 검사하기

재료 · 자료

- KS, ASME, DIN, AWS, ISO 등 편람, 검사체크리스트, 시방서, 필기구
- 체크리스트 용지

기기(장비 · 공구)

- 컴퓨터, 출력장치, 강철자, 각도기, 줄자, 직각자, 버니어캘리퍼스 하이트게이지, 측정용 정반

안전 · 유의사항

- 검사제품 주변의 위험물이나 낙하물 등을 사전에 제거하고 정리 정돈을 하여 안전에 유의한다.
- 복장을 단정히 하고, 작업 안전에 특별히 유의한다.
- 측정물을 깨끗이 닦는다.

수행 순서

❶ 제품에 맞는 측정기 및 검사방법을 선택하여 제품의 결함부위를 찾아본다.

그림 [1-1] 도면의 작품

1. 외관 검사 전 준비사항을 점검 한다.
   (1) 제품 검사 전 조명이 밝은 장소에서 검사를 실시한다.
   (2) 제품을 외관 검사 전 녹, 도료, 기름 등을 청소한다.
   (3) 제품을 정반위에 놓고 검사 준비를 한다.
   (4) 외관 검사를 실시한다.
2. 성형 상 결함의 외관 검사를 실시한다.
   (1) 도면의 지시된 절곡이 되어 있는지 검사한다.
   (2) 절곡면이 캠버나 비틀림이 있는지 검사한다.

[그림 1-2] 절곡 부분의 외관

그림 1-3] 원 성형과 면 성형 부분의 외관

   (3) 도면에 지시된 성형작업이 되었는지 검사한다.
   - 면과 원형을 함께 성형 할 경우 면부분에 굴곡은 없는지 확인한다.
   (4) 원형 성형작업 시 진원도 검사를 한다.

3. 조립 상 결합의 외관 검사를 실시한다.

(1) 부품과 부품 사이의 절단면의 상태를 검사한다.

[그림 1-4] 원형 성형

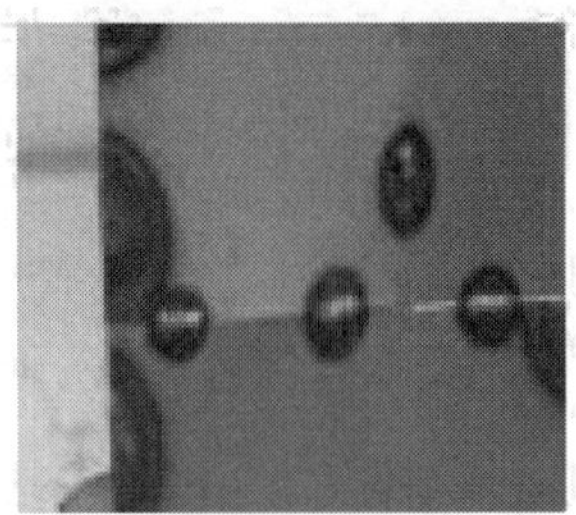

[그림 1-5] 제품의 부품과 부품의 절단면의 상태

(2) 도면에 지시된 용접선의 상태를 검사한다.

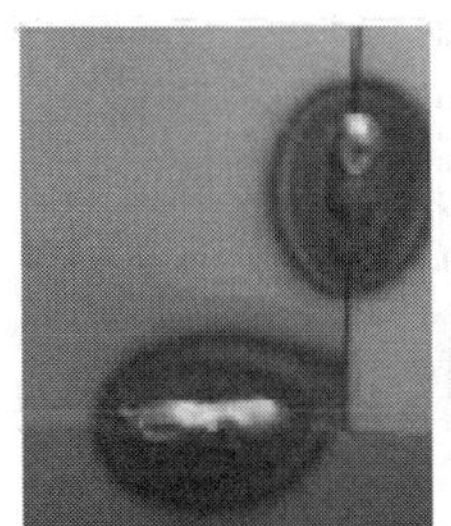

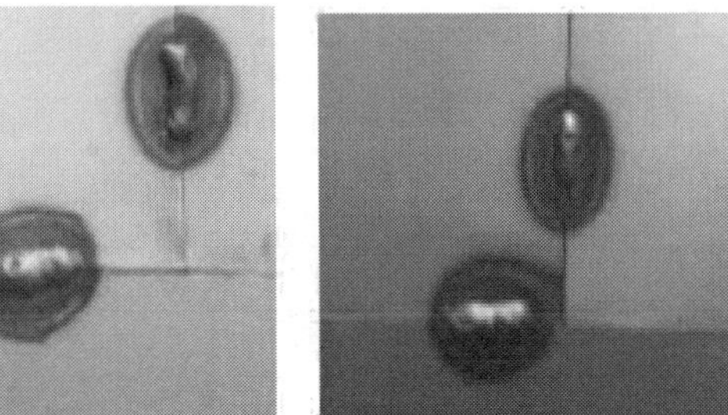

[그림 1-6] 지시된 용접선의 상태

CO_2용접

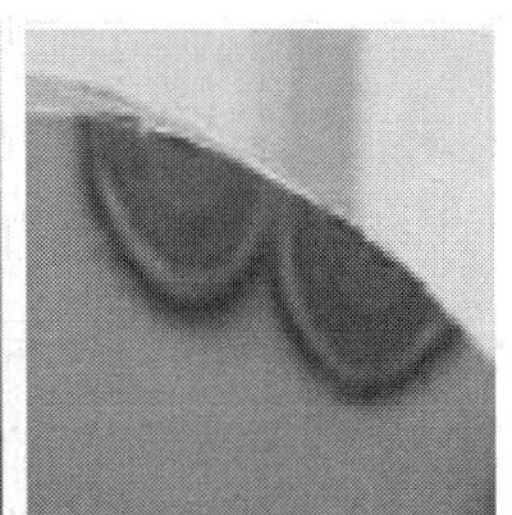

가스용접

[그림 1-7] 용접의 종류

(3) 도면에 지시한 용접의 종류를 확인한다.

(4) 용접의 결함을 검사한다.

용접 결함	그 림	설 명
비드불량		비드(bead)가 불균일한 것은 운봉자세가 나쁘기 때문에 발생되므로 이음효율을 나쁘게 한다.
스패터		스패터는 검사 시 제거하는 것이 상식이지만, 보통 안 할 경우도 있다. 스패터가 심한 것은 용접상태도 양호하지 못한 것으로 판단한다.
크랙		크랙은 중요한 결함으로서 방사선검사, 자분탐상법, 침투상법 등 검사방법에서 발견되지만, 육안관찰도 약간 가능하다. 압력이 걸리지 않는 필릿 용접은 이 검사법을 생략하기고 한다.

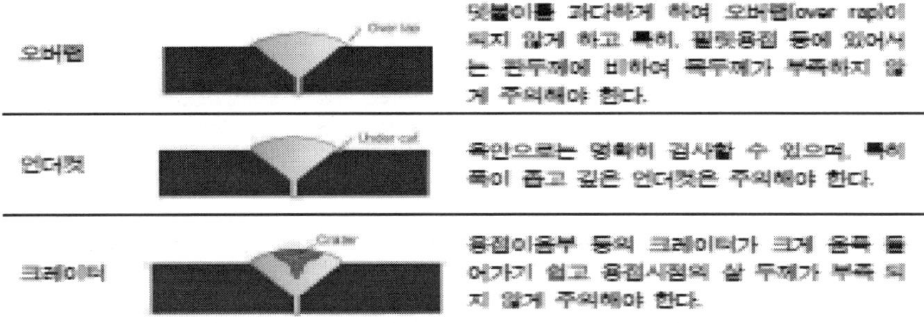

오버랩	Over lap	덧붙이를 과다하게 하여 오버랩(over rap)이 되지 않게 하고 특히, 필릿용접 등에 있어서는 판두께에 비하여 목두께가 부족하지 않게 주의해야 한다.
언더컷	Under cut	육안으로는 명확히 검사할 수 있으며, 특히 폭이 좁고 깊은 언더컷은 주의해야 한다.
크레이터	Crater	용접이음부 등의 크레이터가 크게 움푹 들어가기 쉽고 용접시점의 살 두께가 부족 되지 않게 주의해야 한다.

❷ 제품의 도면을 숙지 한 후 규격 충족여부를 확인한다.

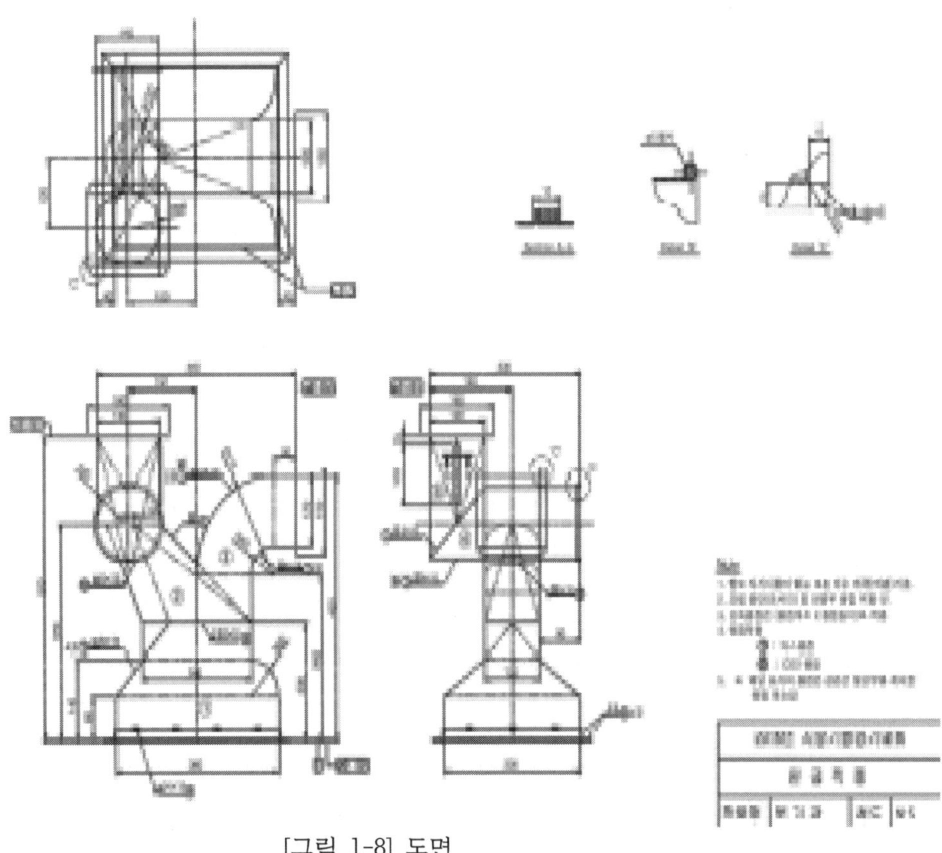

[그림 1-8] 도면

❸ 측정기 이용하여 측정한 후 결과 보고서를 작성한다.

협력업체				구매회사		
작성	검토	승인	검사 결과 보고서	작성	검토	승인

발행번호		생산일자					검사일자			
협력업체		검사수량					시료수량			
품명		규격명					검사레벨			
적용계측기(검사 전 확인)							AQL			검사보조
							검사자			
검사항목	시험 및 검사내용	x1 x6	x2 x7	x3 x8	x4 x9	x5 x10		판정		비고 (주기)
외관상태	성형									
	조립									
	용접									

1. 외관검사하기 평가(평가자질문)				
학습 내용	평가항목	성취수준		
		상	중	하
외관 검사의 이해	제품의 불량확인에 대한 지식			
	측정기의 사용방법			
결과 평가 방법; 서술형 시험, 평가자질문중 택일				

작업과제 2. 치수 검사하기

학습 목표

1. 제품별 치수검사에 맞는 측정기 및 검사 방법을 선택할 수 있다.
2. 도면과 사양을 보고 제품의 결합 부위를 찾아낼 수 있다.
3. 제품 사양을 숙지한 후 규격 충족 여부를 확인할 수 있다.
4. 각종 기기나 시험기계를 이용하여 정확하게 검사할 수 있다.
5. 검사 결과 보고서를 양식에 맞게 작성할 수 있다.

수행 내용 / 2-1 치수 검사하기

재료 · 자료

- KS, ASME, DIN, AWS, ISO 등 편람, 검사체크리스트, 시방서, 필기구 체크리스트 용지

기기(장비 · 공구)

- 컴퓨터, 출력장치, 강철자, 각도기, 줄자, 직각자, 버니어캘리퍼스, 하이트게이지, 측정용 정반

안전 · 유의사항

- 복장을 단정히 하고, 작업 안전에 특별히 유의한다.
- 측정물을 깨끗이 닦는다.

수행 순서

❶ 제품에 맞는 측정기 및 검사방법을 선택하여 제품을 정확히 측정한다.

1. 정확한 길이 측정 한다.

(1) 버니어 캘리퍼스의 올바른 사용법

(가) 버니어 캘리퍼스의 구조 및 명칭

버니어 캘리퍼스는 자와 캘리퍼스를 조합한 것으로, 공작물의 바깥지름, 안지름, 깊이, 단차 등을 측정하는데 사용된다. 측정 정도는 일반적으로 0.02~0.05mm까지 측정할 수 있으며, 디지털이나 다이얼 타입은 0.01mm까지도 측정할 수 있다.

측정 조(jaw)와 어미자, 아들자의 눈금에 의해 치수를 측정한다. 버니어 캘리퍼스는 M1형, M2형, CB형, CM형의 4종류로 규정하고 있으나 이 외에도 여러 가지 종류가 있다.

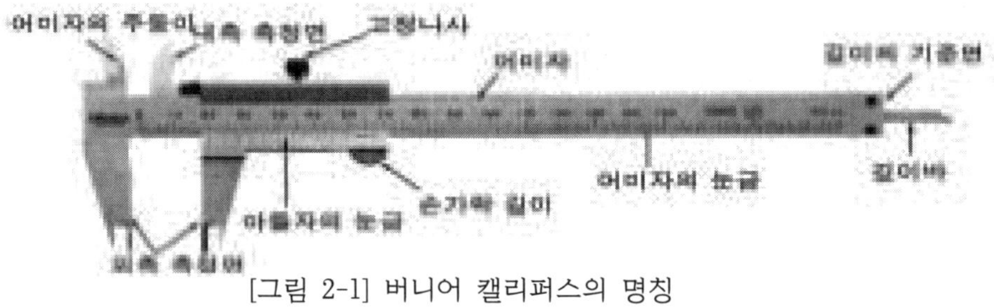

[그림 2-1] 버니어 캘리퍼스의 명칭

(나) 버니어 캘리퍼스를 점검한다.

1) 고정 나사를 푼다.
2) 측정면, 조의 슬라이드면, 눈금면 등을 깨끗이 닦아서 먼지나 기름 등을 제거하고 상처가 있는지를 확인한다.
3) 조를 닫은 상태에서 버니어 눈금이 0점에 일치되었는지를 확인한다.
4) 본척과 슬라이더 조의 외측 측정면을 가볍게 합치시켜 광선에 비춰 틈새 유무를 확인한다.
5) 광선이 약간 보일 정도면 3~5μm 정도의 틈이 생긴 것이다.

(다) 버니어 캘리퍼스로 공작물을 측정한다.

1) 측정물을 안정된 상태로 놓는다.
2) 슬라이더를 이동하여 양 측정면의 사이를 공작물보다 크게 벌린다.
3) 어미자의 측정면을 측정물에 접촉시키고 오른손 엄지로 슬라이더의 측정면을 서서히 밀어 가능하면 깊게 물린다.
4) 작은 공작물을 왼손에 잡고, 큰 공작물의 경우는 왼손에 어미자의 조를 잡고 오른손으로 버니어 캘리퍼스의 슬라이더를 조작한다.
5) 내측의 측정에 있어서 내경 측정에는 최대치를, 홈 간격의 측정에는 반대로 최소치를 잡는다.
6) 버니어 캘리퍼스의 눈금을 읽는다.

(2) 버니어 캘리퍼스의 눈금

(가) 눈금원리

어미자의 (n-1)개의 눈금을 n 등분한 아들자를 조합하여 만들며 19mm의 눈금을 20등분하면 1눈금이 0.05mm가 된다.

어미자의 눈금(mm)	아들자의 눈금 매김 방법	최소 지시 눈금값(mm)
1	9 mm를 10등분	0.1
	19 mm를 10등분	
	19 mm를 20등분	0.05
	39 mm를 20등분	
	49 mm를 50등분	0.02

눈금 매김 방법(KS B 5203:2001)

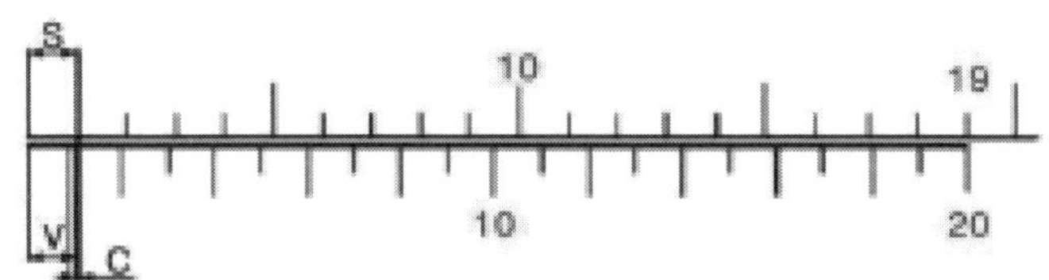

출처: 한국산업인력공단

[그림 2-2] 버니어 캘리퍼스의 눈금

■ 버니어 캘리퍼스의 눈금원리

위 그림에서 $) \frac{s}{n} = \frac{1}{20}$가 된다.

단, C = 최소 측정치, n = 등분수, S = 어미자의 한 눈금 간격,
V = 아들자의 한 눈금간격이다.

(나) 눈금 읽는 법

버니어 캘리퍼스의 눈금 읽는 방법은 아들자의 영점 위치를 우선 확인한 다음 어미자와 아들자의 눈금선이 서로 일치되는 부분의 치수를 읽어주면 된다.

■ 버니어 캘리퍼스의 눈금원리

1) 아들자의 영점이 27mm 부분에 있음을 기억해 둔다.
2) 어미자와 아들자의 눈금선이 서로 일치되는 선을 찾는다.
3) 일치되는 선이 아들자 2와 3사이에 있는 눈금선에 있으므로 아들자의 한 눈금이 0.05mm 이므로 0.25mm 임을 알 수 있다.

[그림 2-3] 눈금 읽는 보기(27.2)

2. 하이트 게이지를 이용하여 높이를 측정한다.

하이트 게이지(height gauge)는 대형부품, 복잡한 모양의 부품 등을 정반위에 올려놓고 정반면을 기준으로 하여 높이를 측정하거나 스크라이버(scriber) 끝으로 금긋기 작업을 하는데 사용한다. 하이트 게이지의 기본구조는 스케일과 베이스 및 서피스 게이지를 한데 묶은 것이다.

(1) 하이트 게이지의 각부 명칭 및 종류

종류는 하이트 게이지의 값 읽기 구조에 따라 어미자 눈금과 버니어 눈금에 의한 값 읽기, 어미자 눈금과 다이얼 눈금과 지침에 의한 값 읽기, 카운터에 의한 값 읽기 및 전자 디지털 표시에 의한 값 읽기의 4종류가 있고, 각각 미동 이송이 되는 것과 안 되는 것이 있다.

또 형식에 따라 HM형, HB형, HT형 및 HM형과 HT형의 병용형 등이 있다. 하이트 게이지의 최대 특정 길이는 150mm, 200mm, 300mm, 450mm, 600mm 및 1,000mm의 6종류로 한다.

(2) 하이트 게이지의 점검과 측정 준비를 한다.

1) 0점 조정이 되었는가 확인하고 0점 조정이 불가능한 하이트 게이지는 0점이 어긋남을 기억했다가 그 오차 만큼 측정치를 보정한다.
2) 스크라이버가 필요 이상 길게 나오지 않았는지 확인한다(아베의 원리에 어긋나는 구조를 갖고 있기 때문).
3) 정밀도가 좋은 정밀 정반을 사용하고 정반 상면을 깨끗이 닦는다.

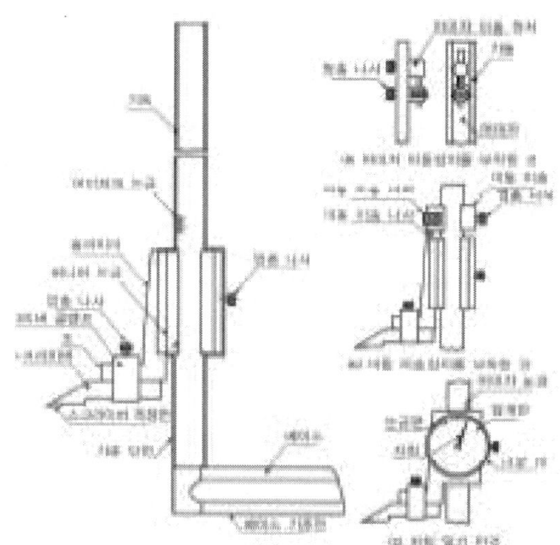

출처: 한국산업인력공단

[그림 2-4] 하이트게이지 구조

(3) 공작물을 측정한다.

(가) 하향 측정

1) 공작물을 깨끗이 닦아 정반 위에 측정할 수 있는 위치에 놓는다.
2) 하이트 게이지의 스크라이버 밑면이 공작물의 측정면에 닿도록 가볍게 접촉시킨다.
3) 눈금을 읽는다.(시차를 없애기 위하여 눈의 위치를 눈금면과 수평이 되도록 한다.)
4) 0점 조정을 하였을 때의 오차량 만큼 보정을 하여 기록표에 기록한다.

(나) 상향 측정

1) 공작물을 돌기가 없도록 깨끗이 닦는다.
2) 측정할 상면에 게이지 블록을 밀착시킨다.(게이지 블록의 밀착이 확실한지를 점검한다.)
3) 측정면이 하향인 경우와 같은 방법으로 게이지 블록의 면을 측정한다. (측정압에 의한 오차가 생기지 않도록 유의한다.)

3. 각도 측정한다.

(1) 베벨 각도기

2면간의 각도를 간단하게 측정하는 데는 베벨 각도기가 많이 쓰이며, 눈금 읽는 방법에 따라서 기계적인 각도기와 광학적인 각도기가 있다. 각도의 읽음을 5′또는 3′까지 읽을 수 있는 것이 있고, 여기서는 최소 눈금

5′의 베벨 각도기를 이용한 측정 작업에 대해서 설명한다. 원주 눈금이 새겨진 자와 읽음용 눈금 혹은 아들자 눈금을 가진 회전체로 되어 있으며, 기계적 베벨 각도기(bebel protractor)와 광학적 베벨 각도기가 많이 사용된다. [그림 2-5]는 기계적 베벨 각도기를 나타낸 것이다.

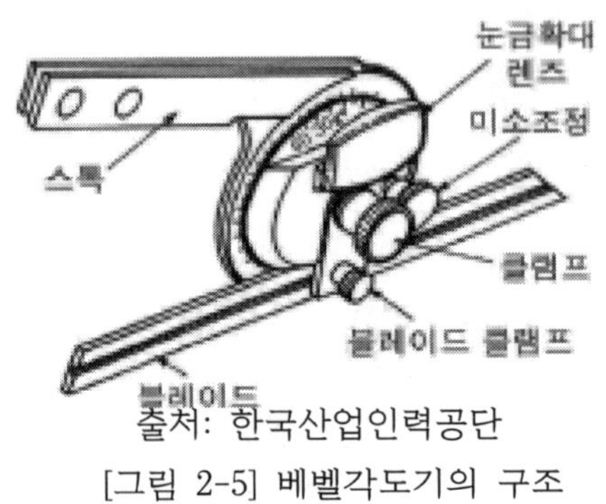

출처: 한국산업인력공단

[그림 2-5] 베벨각도기의 구조

(가) 각도 측정하기

1) 정반, 베벨 각도기, 피 측정면 등을 깨끗이 닦아서 기름, 먼지 등을 제거한다.

2) 정반 위에 피 측정물을 올려 놓는다.

(나) 측정한다.

1) 각도 A를 측정하기 위하여 스톡을 정반 면에 밀착시키고, 측정면에 블레이드를 접촉시켜서 눈금을 읽는다.

2) ①항과 같은 방법으로 각도 B를 측정한다.

3) 각도 B, C는 스톡을 피 측정물의 기준면에 접촉시키고 블레이드를 측정면에 접촉시킨 후 눈금을 읽는다. 눈금을 읽을 때는 본척의 눈금과 버니어 눈금이 일치하는 눈금을 읽는다.

(다) 측정값을 정리한다.

1) 각도 A, B, C, D 값을 5′단위까지 읽는다.

2) 측정값을 평가표에 기록한다.

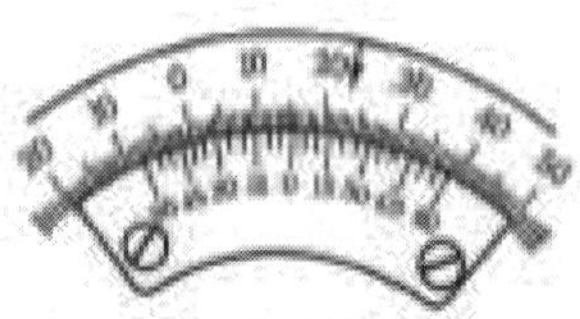

출처: 한국산업인력공단

[그림 2-6] 베벨각도기 눈금

(2) 직선자를 직접 제품에 대고 측정하기

[그림 2-7] 직각도 측정

(3) 수준기

수준기는 공작물의 표면이 수평 또는 수직이 되는가를 검사 할 때에 사용되며 알루미늄제 기포관 수준기와 디지털식 수준기가 있다.

알루미늄제 기포관 수준기는 무게가 가볍고 녹이 슬지 않으며 휘거나 비틀리지 않는 장점이 있어 판금공사 현장에서 많이 사용된다. 디지털 수준기는 평면의 수평을 정확하게 측정할 수 있어 작업대의 설치에 매우 편리하다.

출처: 한국산업인력공단

[그림 2-8] 수준기

❷ 제품의 도면을 숙지한 후 규격 충족여부를 확인한다.

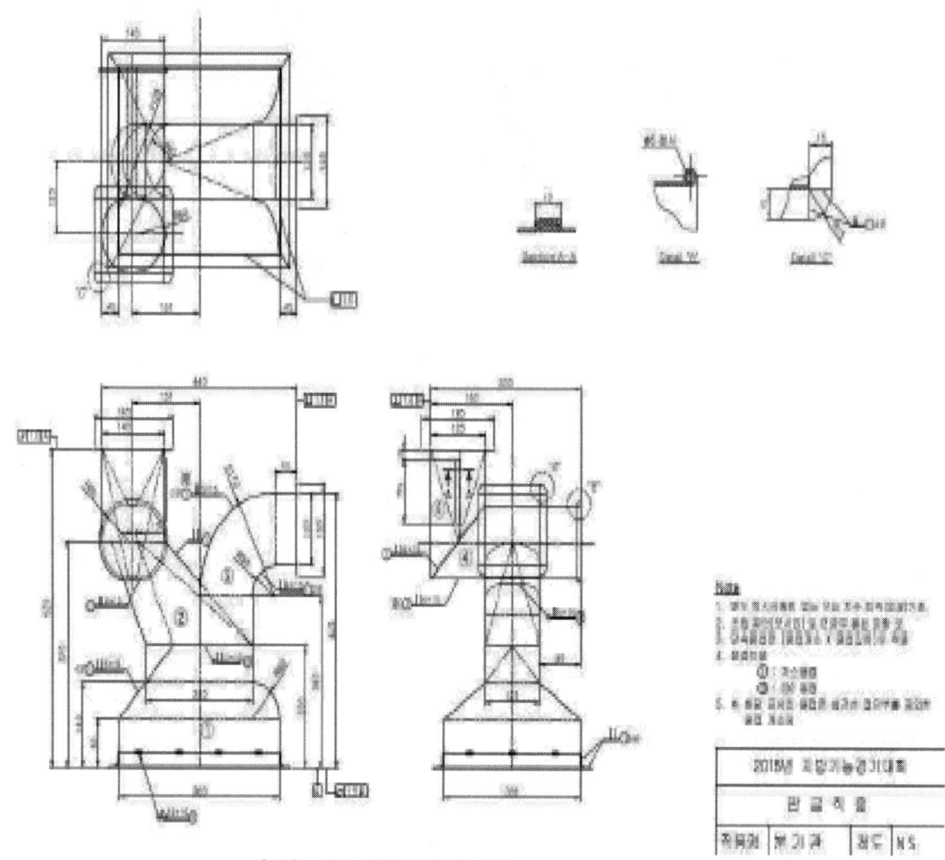

출처: 한국산업인력공단

[그림 2-9] 도면

❸ 검사결과 보고서를 양식에 맞게 작성한다.

협력업체			검사 결과 보고서		구매회사			
작성	검토	승인			작성	검토		승인
발행번호		생산일자			검사일자			
협력업체		검사수량			시료수량			
품명		규격명			검사레벨			
작용계측기(검사 전 확인)					AQL			검사보조
					검사자			
검사항목	시험 및 검사내용	x1 x6	x2 x7	x3 x8	x4 x9	x5 x10	판정	비고 (주기)
치수검사	치수							
	치수							
	치수							

<table>
<tr><th colspan="5">2. 치수검사하기 평가(평가자질문)</th></tr>
<tr><th rowspan="2">학습 내용</th><th rowspan="2">평가항목</th><th colspan="3">성취수준</th></tr>
<tr><th>상</th><th>중</th><th>하</th></tr>
<tr><td rowspan="3">치수검사하기의 이해</td><td>제품의 치수확인에 대한 지식</td><td></td><td></td><td></td></tr>
<tr><td>치수 측정기 사용방법</td><td></td><td></td><td></td></tr>
<tr><td>검사 순서 선정 능력</td><td></td><td></td><td></td></tr>
<tr><td colspan="5">결과 평가 방법; 평가자체크리스트, 평가자질문중 택일</td></tr>
</table>

작업과제 3. 교정 작업하기

학습 목표

1. 변형된 부위의 교정에 알맞은 공기구를 선택하여 변형 부위를 수정할 수 있다.
2. 변형 부위의 교정 상황을 점검할 수 있다.
3. 변형 부위의 수정 상태를 육안으로 검사할 수 있다.
4. 변형교정용 기계를 사용하여 변형 부위를 교정할 수 있다.
5. 변형교정용 열기구를 사용하여 변형 부위를 교정할 수 있다.

수행 내용 / 3-1 교정하기

재료 · 자료

- KS, ASME, DIN, AWS, ISO 등 편람, 검사체크리스트, 시방서, 필기구 체크리스트 용지

기기(장비 · 공구)

- 컴퓨터, 출력장치, 강철자, 각도기, 줄자, 직각자, 버니어캘리퍼스 하이트게이지, 측정용 정반

안전 · 유의사항

- 복장을 단정히 하고, 작업 안전에 특별히 유의한다.
- 변형 검사할 때 측정물의 주변의 위험물이나 낙하물 등을 사전에 제거하고 정리 정돈을 철저히 하여 안전에 유의 하도록 한다.

수행 순서

❶ 변형부위의 교정상황을 점검하고 변형된 부위의 교정에 알맞은 공기구를 선택하여 변형부위를 수정 부분을 검사한다.

변형부의 수정 후 수정 상태를 육안으로 검사 하거나 철자 및 도구를 사용

하여 검사한다.

출처: 한국산업인력공단

[그림 3-1] 아래는 직선자를 이용하여 철판의 평탄도를 검사

❷ 변형교정용 기계 및 변형교정용 열기구를 사용하여 변형부위를 교정한다.

1. 비틀림(꼬임)의 교정을 한다.

(1) 일반사항

(가) 박판(t3 이하)에는 본래 자중에 의한 처짐으로 교정이 필요 없이 부착 시 힘주어 누르면 가능하므로 본 사항에 해당되지 않으나 이는 판의 크기에 달려 있는 것이다.

(나) 비틀림의 교정에는 통상 점열 급랭 방법은 사용하지 말아야 한다. 점열 급랭 자리만 국부적으로 교정이 되어 오히려 악영향을 미친다.

(다) 극후판의 경우는 큰 힘이 필요하므로 균일하게 가열한 후 대형 프레스로 눌러 교정하나 이때는 산화막에 의해 두께가 얇아지므로 주의한다.

(2) [실례 1]

(가) 상태: [그림 3-11]에서 평철은 t6×50×600이며, 비틀림이 전단기에서의 전단각 때문에 발생하거나 또는 운반 도중에 발생한 것이다. 실제로 두께 6~20mm 정도의 것은 다음 교정 방법이 효과적이다.

(나) 교정방법([그림 3-2] 참조)

1) 인력으로 누르며, 힘이 부족할 때는 잭(jack)을 사용한다.

2) 이곳저곳을 조금씩 교정하지 말고 제품의 끝부분을 대고 한 번에 교정한다.

3) 화염은 절대 사용하지 말 것

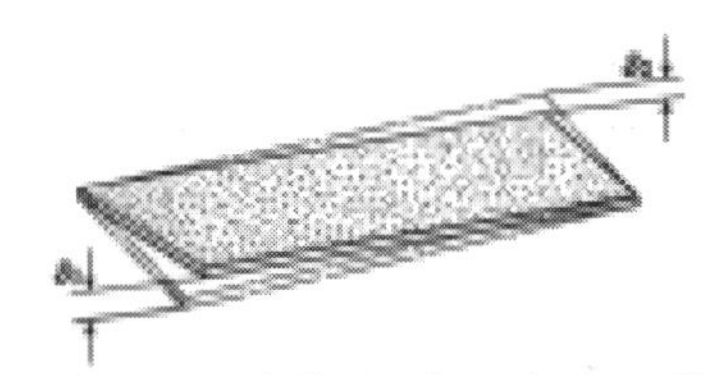

[그림 3-2] 평철의 비틀림의 모양

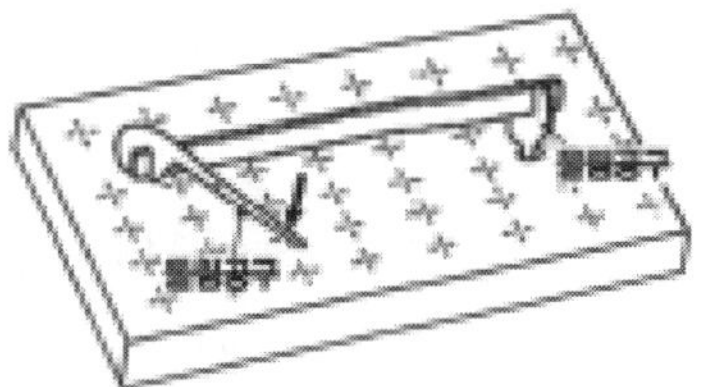

[그림3-3] 평철의 비틀림의 교정

(3) [실례 2]

(가) 상태: [그림 3-4]는 약간 거대한 사각 주강품 및 각관의 비틀림 제품이다.

(나) 교정방법

1) 이때는 [그림 3-5]와 같은 물림공구를 제작한다. 이때 물림공구의 폭(W)을 꼭 맞도록 하려고 하지 말고 넉넉하게 하여 호환성을 높이며, 공간은 라이너(liner)나 쐐기로 끼운다.

2) 화염을 사용하지 않는다.

3) 돌림 공구에는 보호판을 댄다.

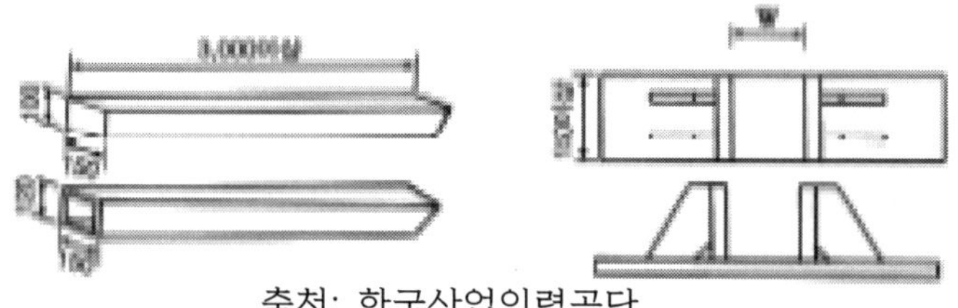

출처: 한국산업인력공단

[그림 3-4] 사각 각관의 비틀림 [그림 3-5] 물림공구

2. 굴곡의 교정을 한다.

(1) [실례 1]

(가) 상태: 가스 절단을 하게 되면 국부적인 열에 의하여 굴곡이 발생한다(W≤10t의 경우).

(나) 교정방법: 폭이 작을 경우(W≤5t)에는 기계적인 힘을 가한다.

1) 중량을 한손으로 들 수 있는 경우는 왼손으로 잡고 오른손으로 타격한다.

2) 약간 중량물일 경우는 1인이 피 교정물을 잡고 1인이 타격한다.

3) 중량물일 경우는 프레스로 누른다.

(다) 주의사항

1) 폭이 넓을 경우(W≥5t)에는 좌굴이 생기기 쉬우므로 양측면에 보조판을 대어야 하는 등 복잡하므로 [실례 2]와 같이 해야 한다.

2) 굴곡이 제일 심한 부분에서부터 교정을 시작한다.

3) 굴곡에 상처가 가지 않도록 제품을 똑바로 세우고 수직으로 타격하며 공구로 표면 상태를 점검한다.

4) 교정 작업대는 정반에 단단히 고정한다.

5) 한 번에 교정하지 말고 여러 차례 작은 힘으로 타격하여 교정한다.

6) [그림 3-7]에서 D는 제품의 폭 W에 관계되며 W에 비해 D가 작으면 해머 자국이 생기고 크면 변동으로 꼬일 염려가 있으므로 제 힘이 전달되지 않는다.

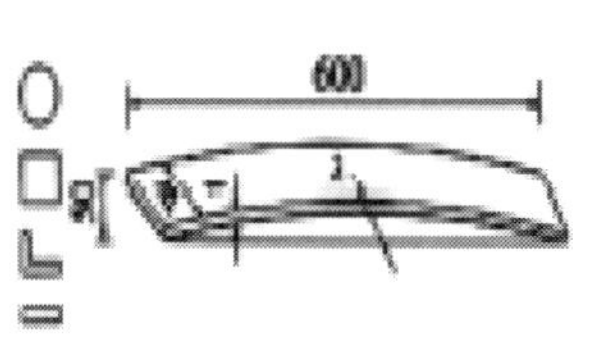

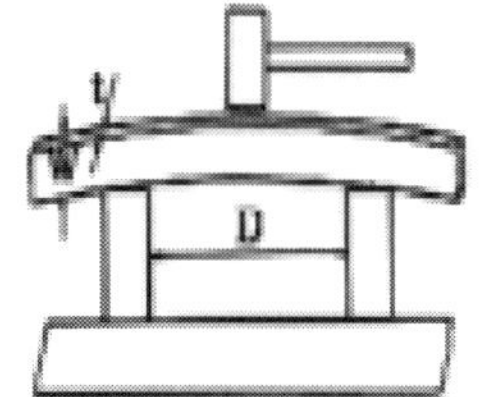

출처: 한국산업인력공단

[그림 3-6] 평판의 굴곡 [그림 3-7] 폭이 좁은 평판의 굴곡 교정

(2) [실례 2]

1) 상태: 이번에는 W≧10t 이상의 굴곡에 대한 제품이다. ([그림 3-8] 참조).

2) 교정방법: 이때 상부를 교정하는 것은 점열 급냉효과를 증대시킨다.

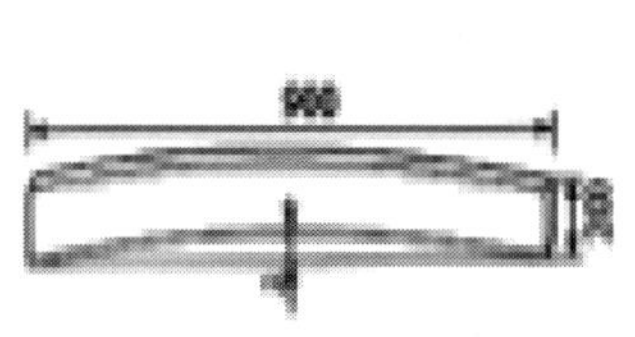

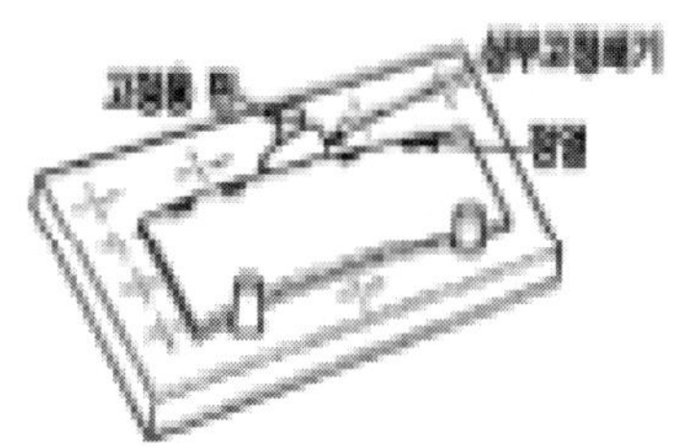

출처: 한국산업인력공단

[그림 3-8] 폭이 넓은 평판의 굴곡 [그림 3-9]폭이 넓은 평판의 교정

3. 각 변형의 교정을 한다.

(1) 일반 사항

1) 보통 각 변형은 T이음에서 수축이 많다.

2) 역변형을 용접 작업 전 적용시키면 사전에 예방이 가능하다.

3) 각 변형과 굴곡이 동시에 발생되었을 때는 각 변형을 우선 교정하고 굴곡을 교정한다.

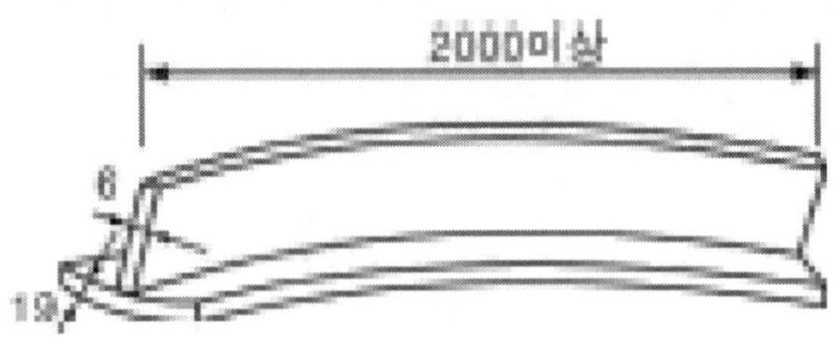

[그림 3-10] T형 이음의 변형

(2) [실례 1]

(가) 상태: [그림 3-10]는 용접구조로 인한 변형이다.

(나) 교정방법

1) 우선, 플랜지(flange)의 각 변화를 교정한다([그림 3-11]의 (a) 참조).

2) 웨이브의 굴곡을 교정한다([그림 3-11]의 (b) 참조).

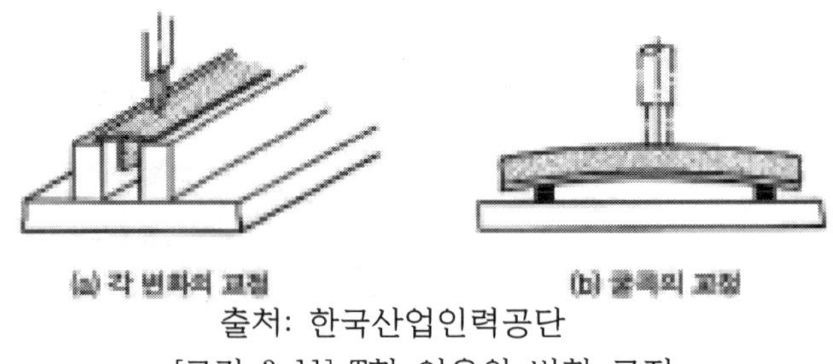

출처: 한국산업인력공단

[그림 3-11] T형 이음의 변형 교정

(다) 주의사항

1) 웨브 교정시 두께가 얇고 폭이 넓으면 찌그러지므로 화염을 이용한다.

2) 플랜지 교정시 화염을 사용하면 웨브의 굴곡이 더욱 심해지므로 화염 교정은 가급적 피한다.(단, H빔과 같은 것은 대칭적이므로 관계없음) ([그림 3-12] 참조)

출처: 한국산업인력공단

[그림 3-12] T이음 화염 교정 굴곡 증가

4. 치수의 교정(길이, 폭 등)한다.

조립 시 치수의 착오로 인한 교정은 일반적으로 바람직하지 못하다. 줄임은 비교적 간단하여 점열 급랭과 동일한 방법으로 실시하되 가열 부분을 좌우 동등하게 해야 한다. 그러나 약간의 변형은 피하기 어렵다. ㄷ형강(channel)의 경우 길이의 1%정도 줄임은 가능하며, 더 이상 줄임은 잘라서 용접이음을 하는 것이 재질 상 또는 작업 공수 상 유리하다. 늘림은 더욱 힘들게 되므로 다음과 같은 점을 고려해야 한다.

(가) 복잡한 구조가 아닐 것, 구조가 복잡하면 구속력이 커지고 늘림은 더욱 힘들어진다.

(나) 외판이 없는 것, 외판은 균일한 늘림이 거의 불가능하므로 골조만 늘리면 변형이 유발된다.

(다) 밀어내기 도구가 들어갈 수 있을 것

(라) 제품이 약해지고 상처가 생겨도 무방한 것 등 ㄷ형강의 경우 1% 이상도 가능하나 부재가 약해지게 된다.

[그림 3-13]은 늘림의 몇 가지 예를 나타낸 것이다.

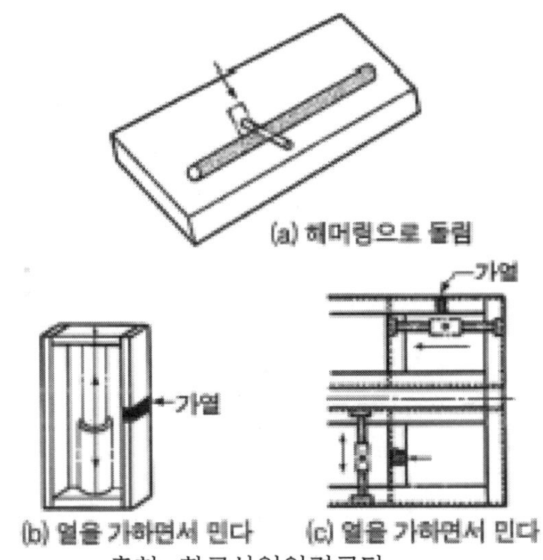

출처: 한국산업인력공단

[그림 3-13] 늘림의 예

<table>
<tr><th colspan="5">3. 교정 작업하기 평가(평가자 질문)</th></tr>
<tr><th rowspan="2">학습 내용</th><th rowspan="2">평가항목</th><th colspan="3">성취수준</th></tr>
<tr><th>상</th><th>중</th><th>하</th></tr>
<tr><td rowspan="3">교정 작업의 이해</td><td>교정용 수공구의 종류와 사용법</td><td></td><td></td><td></td></tr>
<tr><td>변형 상태 판정법</td><td></td><td></td><td></td></tr>
<tr><td>열기구를 사용한 변형교정에 관한 지식</td><td></td><td></td><td></td></tr>
<tr><td colspan="5">결과 평가 방법; 사례연구, 평가자 질문 중 택일</td></tr>
</table>

작업과제 4. 완성품 검사하기

학습 목표

1. 측정기 및 검사 방법을 선택할 수 있다.
2. 도면과 사양을 보고 제품의 결함 부위를 찾아낼 수 있다.
3. 제품 사양을 숙지한 후 규격 충족 여부를 확인할 수 있다.
4. 각종 기기나 시험기계를 이용하여 정확하게 검사할 수 있다.
5. 검사 결과 최종보고서를 작성할 수 있다.

수행 내용 / 4-1 완성품 검사하기

재료 · 자료

- KS, ASME, DIN, AWS, ISO 등 편람, 검사체크리스트, 시방서, 필기구 체크리스트 용지

기기(장비 · 공구)

- 컴퓨터, 출력장치, 강철자, 각도기, 줄자, 직각자, 버니어캘리퍼스, 하이트게이지, 측정용 정반

안전 · 유의사항

- 복장을 단정히 하고, 작업 안전에 특별히 유의한다.
- 측정물을 깨끗이 닦는다.

수행 순서

❶ 측정기 및 검사방법을 선택하여 정확히 검사한다.

1. 침투 탐상 검사(PT)법에 대하여 파악한다.

(1) 용접부 표면에 침투액을 침투시킨 후 침투액을 씻어내고 현상액을 분사하면 결함 중에 남아 있는 침투액과 작용하여 표면에 결함의 지시가 나

타나 결함을 판별할 수 있는 검사법이다.

(2) 철, 비철 재료 등 자성, 비자성 재료의 용접부에 미세한 균열이나 작은 구멍 등을 용이하게 검출할 수 있다.

(3) 형광 침투 탐상 검사 : 미세한 균열이나 흠집에 잘 침투하는 형광 침투액을 침투시킨 후 현상액을 써서 형광 물질을 표면으로 노출시키는 방법으로, 암실에 설치한 초고압 수은등(black right)을 사용하면 한층 관찰이 용이하다.

(가) 형광 침투 탐상 검사 방법 : 전처리(세척) → 침투 → 잔여액 제거 → 현상 → 건조 → 검사

(4) 염색 침투 탐상 검사 : 형광 염료 대신 적색 염료를 사용하며 일광, 전등불 밑에서 검사하는 방법으로, 형광 침투법에 비해 감도가 약간 부족하다.

(가) 염색 침투 탐상 검사 방법 : 전처리(세척) → 침투 → 세척 → 현상 → 건조 → 검사

2. 자분 탐상 검사(MT)법에 대하여 파악한다.

(1) 누설 자장에 자분이 부착되는 현상을 이용하여 결함을 검출하는 방법이며, 자화 방법은 축통전법, 관통법, 직각 통전법, 코일법, 극간법 등이 있다.

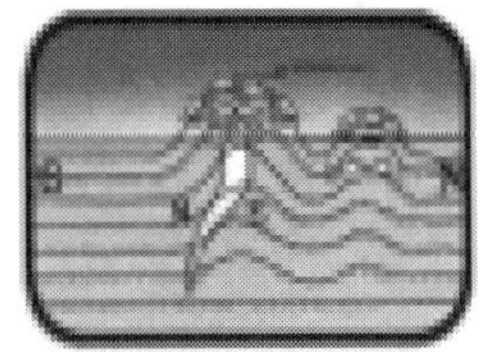

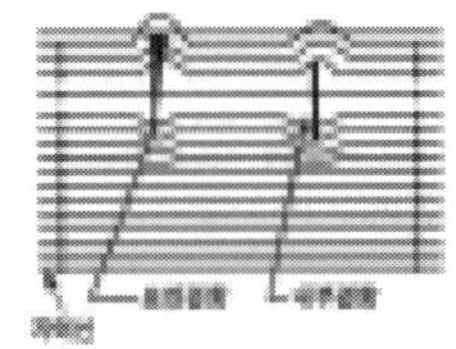

출처: 한국산업인력공단

[그림 4-1] 자분탐사의 원리

3. 초음파 탐상법에 대하여 파악한다.

(1) 초음파 탐상 검사법(UT)

(가) 사람의 귀로 들을 수 없는 짧은 음파(5~15MHz)를 시험체 내로 보내어 시험체 내에 존재하는 불연속을 검출하는 방법이다.

(나) 시험체 내의 불연속부로부터 반사되는 에너지량, 손상된 초음파가 시험체를 투과하여 불연속부로부터 반사되어 되돌아올 때까지의 진행시간, 초음파가 시험체를 투과할 때 감쇠되는 양의 차이를 적절한 표준 자료와 비교하여 결합의 위치와 크기 등을 측정하는 방법이다.

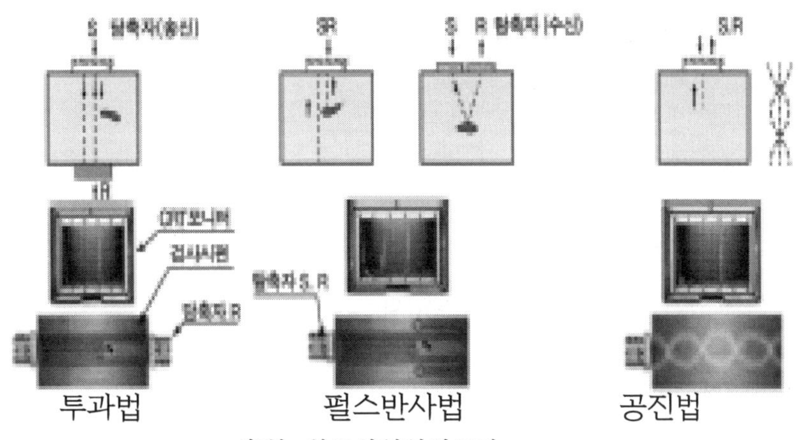

출처: 한국산업인력공단

[그림 4-2] 초음파 탐사의 종류

(2) 초음파 탐상 검사법의 종류

(가) 투과법 : 검사 물체 속에 펄스 초음파 또는 연속파를 투과하고 뒷면에서 이를 수신하여 결함으로 인한 초음파의 장해 및 쇠약 정도를 조사하는 방법이다.

(나) 펄스(pulse) 반사법 : 펄스 초음파를 검사 물체의 한쪽 면(탐상면)에서 송신하여 그 결함에서 반사되는 반사파(결함 에코)의 형태로 결함을 판정하는 방법으로 가장 많이 이용된다.

(다) 사각 탐상법(angle beam techinique) : 탐상면에 대하여 사각 탐촉자를 사용하여 초음파를 경사각으로 주사하여 탐촉자에서 멀리 떨어진 결함이나 불연속한 곳을 감지하는 방법으로 용접부나 복잡한 모양의 검사체에 적당하다. 용접부와 같은 비드파가 있을 경우에도 비드 표면을 가공하지 않아도 된다. 이 방법의 특징은 저면 반사가 나타나지 않는다는 것이다([그림 4-3] 참조).

(라) 공진법 : 검사 물체의 두께에 따라 어떤 특정 주파수일 때 검사 물체 속에 초음파의 정상파가 생겨 공진하므로 그 상황을 근거로 하여 라미네이션 등의 결함을 검출할 수 있는 방법이다.

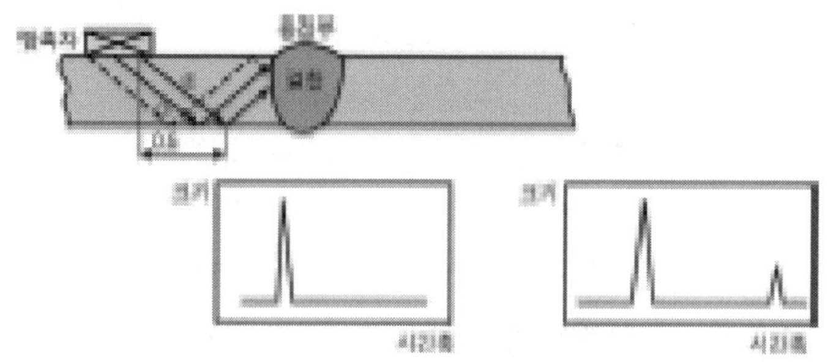

[그림 4-3] 사각 탐상법

4. 방사선 투과 검사(RT)법을 파악한다.

(1) 방사선 투과 검사법

(가) X선 또는 γ선 단파를 이용하여 용접부의 결함을 조사하는 방법으로, 비파괴 검사법 중에서 가장 신뢰도가 높으나, 미세한 라미네이션 등의 검출이 곤란하다. 방사선 종사자는 전문의로부터 자주 백혈구검사를 받고 X선량을 알아두어야 할 필요가 있다.

(2) 방사선 투과 검사법의 종류

(가) X선 투과 검사 : 용접 이음의 한쪽에서 X선을 입사시키고 반대편에 필름을 놓고 투과시키면 모재부와용 접부의 두께 차이에 의해 X선의 투과량이 달라지고, 용접부는 모재부와 구별된다. 용도는 균열, 융합불량, 용입불량, 기공, 슬래그 섞임, 비금속 게재물, 언더컷 등의 검사가 주목적이다.

출처: 한국산업인력공단

[그림 4-4] x검사장치와 검사원리

(나) γ선 투과 검사 : X선으로 투과하기 힘든 두꺼운 판에 사용하며, 사용되는 방사선 물질은 천연 방사선 동위 원소(라듐) 또는 인공 방사선 동

위 원소(코발트 60, 세슘 134 등)가 있다. γ선이란 자기장 내의 납으로 된 상자의 방사성 물질이 발생하는 α선, β선, γ선 중의 하나이며 전리 작용, 사진 작용, 형광 작용이 있으며, X선보다 더 투과력이 크고 방사선을 끊임없이 내고 있어 주의해야 한다.

5. 누설 검사(LT)에 대하여 파악한다.

(가) 기밀, 수밀, 유밀을 필요로 하는 제품에 적용하며, 보통 수압 또는 공기압을 이용하지만 원자로 부분과 같이 특수한 경우에는 할로겐 가스, 헬륨 가스를 사용한다.

❷ 도면과 사양을 보고 제품의 결합부위를 찾아낸다.

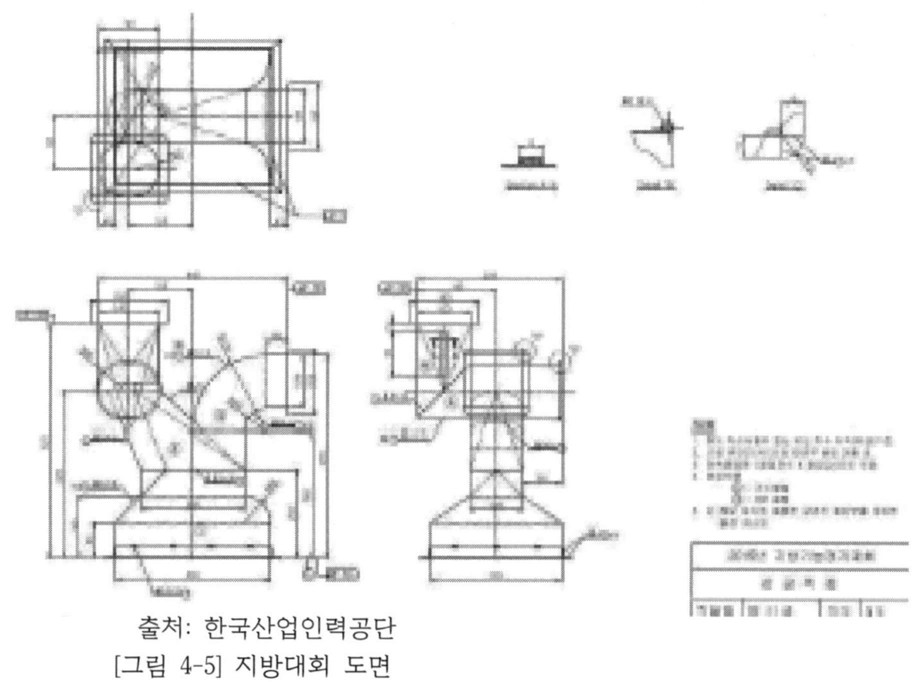

출처: 한국산업인력공단

[그림 4-5] 지방대회 도면

❸ 제품의 사양을 숙지한 후 규격 충족여부를 확인한다.

[그림 4-6] 도면의 의한 완성품

❹ 검사 결과 최종 보고서를 작성한다.

협력업체			검사 결과 보고서	구매회사		
작성	검토	승인		작성	검토	승인

발행번호		생산일자		검사일자	
협력업체		검사수량		시료수량	
품명		규격명		검사레벨	
적용계측기(검사 전 확인)			AQL		검사보조
			검사자		

검사항목	시험 및 검사내용	x1 x6	x2 x7	x3 x8	x4 x9	x5 x10	판정	비고 (주기)
완제품 검사	비파괴검사							
	재료검사							
	마킹검사							

4. 완성품 검사하기 평가(평가자 체크리스트)				
학습 내용	평가 항목	성취수준		
		상	중	하
완성품 검사의 이해	정확하게 검사방법에 관한 이해능력			
	보고서 작성 능력			
결과 평가 방법; 피평가자체크리스트, 평가자체크리스트중 택일				

에듀컨텐츠·휴피아
CH

제7장 판금제관 설비 관리

1. 설비 점검 기준 작성하기

2. 설비 점검하기

3. 설비 유지보수하기

작업과제 1. 설비 점검 기준 작성하기

학습 목표

1. 설비의 점검기준에 맞는 설비점검표를 작성할 수 있다.

수행 내용 / 1-1 설비점검표 실습하기

재료 · 자료

- 각종 설비 사용 매뉴얼
- 설비관리매뉴얼, 설비점검 체크리스트
- 환경관리규정, 환경관리기준서
- KS 및 ISO 규격집
- MSDS(물질안전보건자료)
- 각종 윤활유
- 기계 청소용품

기기(장비 · 공구)

- 측정기류
- 조립공구
- 급유기

안전 · 유의사항

- 작동 순서를 이해하고, 제어할 수 있는 능력을 갖춘다.
- 설비관리매뉴얼의 인지 유무를 확인할 수 있는 지식을 갖춘다.
- 비상조치 시 대응능력을 갖춘다.
- 작업복과 안전화 및 장갑을 착용한다.
- 손으로 확인할 경우 날카로운 부위나 위험한 부위가 없는지 살펴본다.
- 사용 중인 실습장의 기기는 임의로 손대지 않는다.

수행 순서

❶ 설비에 대한 청소점검, 주유개소를 파악한다.

❷ 일상점검표의 점검 항목란에 [그림 1-1]과 같이 청소점검, 주유항목을 기입한다.

관리번호		기간	20 년 월 일 ~ 월 일	결재	반장	담당	과장	부장
관리 NO.		기계명칭	공정명					

NO.	항목	1	2	3	4	5	6	7	8	9	10	11	12	13	14	15	16	17	18	19	20	21	22	23	24	25	26	27	28	29	30	31	계 V	계 X	계 [illegible]	계 [illegible]	계 ○
1																																					
2																																					
3																																					
4																																					
5																																					
6																																					
7																																					
8																																					
9																																					
10																																					
11																																					
12																																					
13																																					
14																																					
15																																					
16																																					
소요시간(분)																																					
담당자 (인)																																					
확인																																					

V: 양호 [illegible]
X: 기계 정지 후 수리 가능 [illegible] [illegible]

[그림 1-1] 설비 일일 점검 카드

❸ 점검내용을 기입한다.

❹ 점검항목을 이해한다.

1. 볼트와 너트를 점검한다.
   (1) 느슨함을 방지하기 위하여 다음과 같이 점검한다.
      (가) 긴 구멍에는 평 금속이 사용되는가?
      (나) 진동 부위는 스프링 재질을 사용하고 있는가?
      (다) 진동이 심한 부위에는 느슨함 방지 시공을 하고 있는가?
      (라) 중요한 볼트에는 합(合)마크를 부착하고 있는가?
   (2) 적정 조임을 확인하기 위하여 다음과 같이 점검한다.
      (가) 볼트, 너트에 느슨함, 탈락은 없는가?
      (나) 부착구멍이 있는 곳에는 볼트, 너트가 있는가?
      (다) 같은 부착 장소에 여러 재질이 사용되고 있지 않은가?

(라) 밑에서 볼트를 넣고 위에서 너트가 조여지고 있는가?
(마) 볼트 길이는 너트에서 나사산 2-3산 정도 나와 있는가?
(바) 레벨조정 볼트의 고정 너트가 느슨해져 있지 않은가?

2. 공기압이나 유압을 점검한다.

(1) 공기압을 다음과 같이 점검한다.
(가) 에어 누출은 없는가?
(나) 전자 밸브에 발열, 이상 음은 없는가?
(다) 실린더 로드 나사에 느슨함을 멈추는 시공은 되고 있는가?
(라) 에어 3점 셋트는 보기 쉬운 곳에서 바르게 사용되고 있는가?

(2) 유압 유니트를 다음과 같이 점검한다.
(가) 유면계에 한계표시는 되어 있고 유량은 적정한가?
(나) 유온계에 한계표시는 적정하고 유온은 적정한가?
(다) 압력계에 한계표시는 있으며 0점은 좋은가?
(라) 펌프 이상음, 발열, 진동은 없는가?
(마) 안전 밸브, 스피드 콘트롤의 잠금 너트는 조여져 있는가?
(바) 기기, 배관의 부착불량, 기름누출은 없는가?
(사) 전기 밸브의 이상, 발열은 없는가?

(3) 배관을 다음과 같이 점검한다.
(가) 배기, 고정 크램프에 느슨함은 없는가?
(나) 고압호스가 이동시에 서로 스치지 않는가?
(다) 실린더의 부착은 바르고 느슨하지 않는가?

3. 윤활을 점검한다.

(1) 윤활유를 다음과 같이 점검한다.
(가) 오일스테이션, 주유기의 정리, 정돈, 청소상태는 좋은가?
(나) 주유에 필요한 오일량은 적당한가?

(2) 윤활유 유니트를 다음과 같이 점검한다.
(가) 위치, 오염여부와 유면계의 한계표시는 가능한가?
(나) 유면계에 한계표시는 되어 있으며 양은 적당한가압력계에 한계표시는 있으며 압력은 적정한가?
(다) 펌프 모터에 이상 음은 없는가?
(라) 누출은 없는가?

(3) [그림 1-2]와 같이 급유기기를 점검한다.

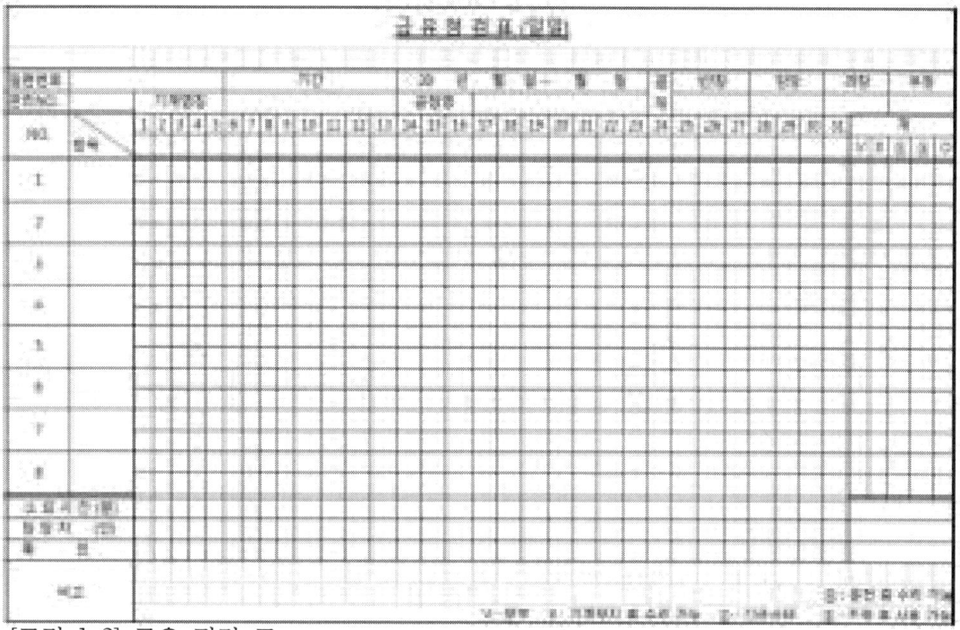

[그림 1-2] 급유 점검 표

(가) 자동주유기는 정상적으로 작동되는가?

(나) 밸브는 정상적으로 작동되고 각 부위에 오일이 돌고 있는가?

(다) 오일러의 내외면에는 오염이 없고 유량은 적정한가?

(라) 그리스 닛플(Grease Nipple)에 여분의 그리스와 먼지가 있지 않은가?

(마) 그리스 닛플과 컵에 결손이 없는가?

(바) 과잉주유로 주변 설비를 더럽히지는 않는가?

4. 구동을 점검한다.

(1) 벨트를 점검한다.

(가) 표면에 흠집, 파열, 오일 부착, 현저한 마모는 없는가?

(나) 다수의 V자형 벨트 장력은 일정한가?

(다) 자형 벨트풀리의 홈바닥이 빛나고 있지는 않은가?

(2) 전자클러치, 브레이크, 모터, 감 · 변속기를 점검한다.

(가) 모터에 이상발열 진동은 없는가?

(나) 감 · 변속기에 이상 음, 진동은 없는가?

(다) 변속핸들, 눈금에 손상, 오염은 없는가?

(라) 전자클러치, 브레이크에 이상음, 진동은 없는가?

(마) 라이닝 판에 유분이나 이물은 부착되어 있지 않은가?

5. 전기를 점검한다.

(1) 제어 조작반을 점검한다.

(가) 전압, 전류계에 한계표시가 있으며, 값은 적정한가?

(나) 램프류의 전구 끊김, 명판 불량은 없는가?

(다) 문의 밀폐상태는 양호하며 여분의 구멍은 있는가?

(라) 제어 조작 반에 쓰레기, 먼지, 불요물은 없는가?

(2) 전기기관을 점검한다.

(가) 광전스위치 부착 상태는 좋은가?

(나) 광전기 스위치, 근접스위치에 물, 기름, 절삭 칩이 붙어있지 않은가?

(다) 기기류의 파손, 부착불량, 헐거움은 없는가?

(라) 전원 개폐기에 사용 설비명이 부착되어 있는가?

(3) 배선을 점검한다.

(가) 배선, 배관, 유연 파이프의 어긋남은 없는가?

(나) 중계박스의 뚜껑은 바로 부착되어 있는가?

(다) 접지선은 있으며 어긋나 있지는 않은가?

(라) 필요이상으로 긴 배선은 없는가?

6. 금형치구를 점검한다.

(1) 공통항목을 점검한다.

(가) 헐겁게 부착된 곳은 없는가?

(나) 녹은 없는가?

(다) 구동에 흠집, 마모, 변형, 어긋남은 없는가?

(라) 내성에 문제는 없는가?

(마) 보관 시 녹 발생 방지용 기름을 도포하는가?

(2) 치구를 점검한다.

(가) 절삭찌꺼기가 막혀 있지는 않은가?

(나) 작업 대상물에 정확히 닿아 있는가?

(3) 금형을 점검한다.

(가) 냉각 배관에 막힘은 없는가?

(나) 가스 빼내기 홈에 비틀림이나 마모, 막힘은 없는가?

❺ 담당자를 기입한다.

❻ 점검부위에 대한 사진을 게재하고 점검부위를 화살표를 표시한다.

❼ 설비에 대해 일상점검을 1회 실시한다.

❽ 분임조별 실시 결과를 발표한다.

수행 내용 / 1-2 설비보전 계획을 수립하기

재료 · 자료

- 각종 설비 사용 매뉴얼
- 설비관리매뉴얼, 설비점검 체크리스트
- 환경관리규정, 환경관리기준서
- KS 및 ISO 규격집
- MSDS(물질안전보건자료)
- 각종 윤활유
- 기계 청소용품

기기(장비 · 공구)

- 측정기류
- 조립공구
- 급유기

안전 · 유의사항

- 작동 순서를 이해하고, 제어할 수 있는 능력을 갖춘다.
- 설비관리매뉴얼의 인지 유무를 확인할 수 있는 지식을 갖춘다.
- 비상조치 시 대응능력을 갖춘다.
- 작업복과 안전화 및 장갑을 착용한다.
- 손으로 확인 할 경우 날카로운 부위나 위험한 부위가 없는지 살펴본다.
- 사용 중인 실습장의 기기는 임의로 손대지 않는다.

수행 순서

❶ 보전계획의 대상을 확인한다.

1. 일상보전(청소, 주유, 부품교환, 조정 등 계획 중에서 정기적으로 실시하는 항목)을 확인한다.
2. 정기조사, 정기수리 확인한다.
3. 점검, 조사의 결과 발생하는 복원수리 확인한다.
4. 품질개선 및 작업성, 보전성, 안정성, 경제성 향상 등의 개량보전 항목을 확인한다.
5. 고장의 복원 및 재발방지를 위한 개선항목을 확인한다.

❷ 보전계획의 수립 시 아래의 사항을 유의한다.

1. 보전계획은 설비 자주관리의 기반위에 생산부문의 역할과 보전부문의 역할을 중심으로 협력하여 작성한다.
2. 년 간 보전계획은 한정된 자원(보전비용 및 인력)을 효과적으로 활용하기 위해 중점 관리 설비를 선정하여 계획한다.
3. 보전계획 수립 시 정기검사나 수리결과를 토대로 적정주기를 설정하고 개선에 의한 주기를 연장하여 보전비용을 절감한다.
4. 생산계획 및 기타의 요인으로 수정이 필요시는 계획을 변경하거나 재수립한다.
5. 월간보전계획은 주간 및 일간 계획을 검토하여 중복되지 않게 한다.

❸ 보전계획의 실시 시 아래의 사항을 유의한다.

1. 부품재고 부족, 불량발생 및 기타 사유로 인한 부품확보에 차질이 없도록 부품확보 체제를 확립한다.
2. 실시인원부족으로 인한 미실시 및 수리지연이 많은바 인력 검토 및 중요도순 작업 실시를 검토한다.
3. 대형공사의 경우 준비기간의 여유를 갖고 개별공사계획을 수립한다.
4. 정기수리, 고장수리 시는 수명연장, 보전성 향상, 수리시간단축 등 개선을 활성화한다.
5. 보전공사는 이동, 운반이 많은바 부품의 보관방법, 공구재료의 운반기준과 부품공구, 재료, 인원배치를 충분히 검토한다.
6. 개별공사에 앞서 기간, 비용을 미리 알리고 책임자를 표시하는 등 체계적으로 실시한다.

수행 내용 / 1-3 자주보전하기

재료 · 자료

- 각종 설비 사용 매뉴얼
- 설비관리매뉴얼, 설비점검 체크리스트
- 환경관리규정, 환경관리기준서
- KS 및 ISO 규격집
- MSDS(물질안전보건자료)
- 각종 윤활유, 기계 청소용품

기기(장비 · 공구)

- 측정기류, 조립공구, 급유기

안전 · 유의사항

- 작동 순서를 이해하고, 제어할 수 있는 능력을 갖춘다.
- 설비관리매뉴얼의 인지 유무를 확인할 수 있는 지식을 갖춘다.
- 비상조치 시 대응능력을 갖춘다.
- 작업복과 안전화 및 장갑을 착용한다.
- 손으로 확인 할 경우 날카로운 부위나 위험한 부위가 없는지 살펴본다.
- 사용 중인 실습장의 기기는 임의로 손대지 않는다.

수행 순서

❶ 자주보전의 주요활동을 실시한다.

자주보전의 활동방법과 전개하는 방향을 설명하기에 앞서 자주보전의 주요활동을 나열하면 다음과 같다.

1. 5행(정리, 정돈, 청소, 청결, 습관화) 활동을 한다.
2. 눈으로 보는 관리체제를 구축한다.
3. 초기청소 활동을 한다.
4. 발생원 곤란개소 개선활동을 한다.
5. 청소, 점검, 주유기준을 작성한다.
6. 총 점검을 한다.

7. 자주점검을 한다.
8. 공정품질보증을 한다.
9. 자주보전 시스템화 활동을 한다.
10. 자주관리 활동을 한다.

❷ 자주보전 활동하기는 다음과 같다.

자주보전을 전개하는 방법은 [그림 1-3]과 같이 모델설비를 중심으로 활동을 실시하여 점진적으로 동종설비 중심의 블록으로 지정하여 활동을 전개한다.

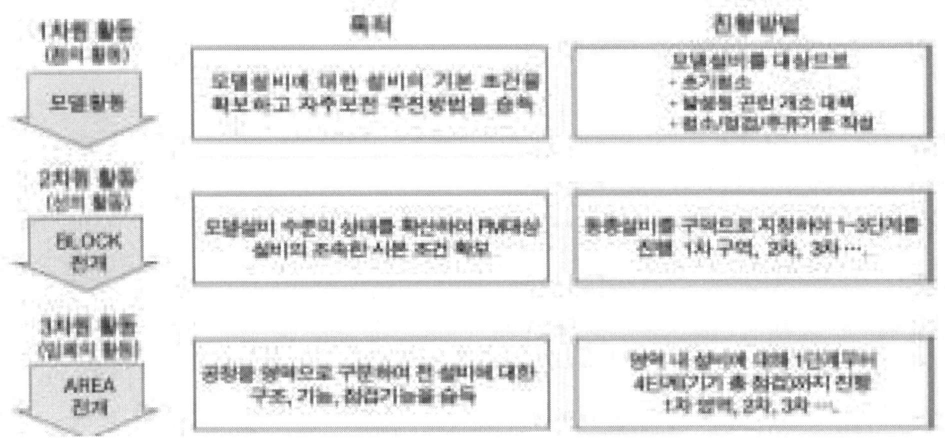

[그림 1-3] 자주보전 전개방법

블록 활동의 결과에 따라 공정을 구역으로 나누어 전 설비에 대해 입체적으로 전개하는 방식이 일반적인 추진방법이다. 기업의 규모에 따라서 자주보전 대상이 되는 설비가 많으나 상대적으로 설비를 사용하는 작업자 수가 적은 경우나, 설비가 구조가 복잡하고 밀집하게 배치된 경우에는 설비별 자주보전을 전개하기가 쉽지 않다. 이러한 경우에는 영역단위로 전개하는 것이 낫다.

설비의 고장이 잦은 편이거나 설비별 의존도가 높거나 품종교체가 많은 현장의 경우는 설비별 전개를 한다.

1. 설비 점검 기준 작성하기 평가(피평가자체크리스트)				
학습 내용	평가 항목	성취수준		
		상	중	하
설비점검표 작성	설비의 점검기준에 맞는 설비점검표 작성			
설비보전계획 수립	설비에 대한 설비보전 계획 작성			
결과 평가 방법; 피평가자체크리스트, 작업장평가중 택일				

작업과제 2. 설비 점검하기

학습 목표

1. 설비 성능을 정확히 이해하여 성능을 향상시키기 위한 개선작업을 할 수 있다.

수행 내용 / 2-1 설비점검 및 성능을 개선하기

재료 · 자료

- 각종 설비 사용 매뉴얼
- 설비관리매뉴얼, 설비점검 체크리스트
- 환경관리규정, 환경관리기준서
- KS 및 ISO 규격집
- MSDS(물질안전보건자료)
- 각종 윤활유, 기계 청소용품

기기(장비 · 공구)

- 측정기류, 조립공구, 급유기

안전 · 유의사항

- 작동 순서를 이해하고, 제어할 수 있는 능력을 갖춘다.
- 설비관리매뉴얼의 인지 유무를 확인할 수 있는 지식을 갖춘다.
- 비상조치 시 대응능력을 갖춘다.
- 작업복과 안전화 및 장갑을 착용한다.
- 손으로 확인할 경우 날카로운 부위나 위험한 부위가 없는지 살펴본다.
- 사용 중인 실습장의 기기는 임의로 손대지 않는다.

수행 순서

❶ 초기청소 단계를 성공적으로 추진하기 위해서 [그림 2-1]과 같은 초기청소

점검 리스트를 이용한다.

□ 초기청소의 목적을 이해 하는가?
□ 구체적인 활동 항목을 이해하고 있는가?
□ 청소의 필요성을 이해하고 있는가?
□ 급유의 필요성을 이해하고 있는가?
□ 나사 더 조이기의 필요성을 이해하고 있는가?
□ 불합리 꼬리표 붙이기의 필요성을 이해하고 있는가?

[그림 2-1] 초기청소 점검 리스트

❷ 설비를 청소할 때 불합리한 현 상태를 모두 찾아내기 위하여 아래와 같은 항목에 착안하여 점검하면 효과적이다.

1. 더러움의 발생원은 무엇인가, 어디인가, 왜 발생되는가?
2. 손이 들어가지 않거나 발 디딜 자리가 나쁘다든가 보이지 않든가, 청소하기 어려운 부위는 없는가?
3. 기름, 쇳가루, 기름 새는 곳의 처리방법은 이것으로 좋은가?
4. 치구, 커버 및 배관 부착 등에 사용되고 있는 볼트·너트의 헐거움, 빠져나감, 나사의 풀림 등이 없는가?
5. 미끄럼부위, 회전부위, 형, 치구 및 조립부위 등에 흠집, 뜯김, 흔들림, 마모 등은 없는가?
   (1) 윤활상태는 좋은가, 발열, 뜯김, 흠은 없는가?
   (2) 유량은 적정하며 기름은 더럽지 않는가?
   (3) 주유구의 덮개는 있는가?
   (4) 윤활유 판의 빠짐, 막힘이나 기름 새는 곳은 없으며, 공급량은 적정한가?
6. 전기장치 명판의 불명, 표시등의 점멸, 배전반의 밀폐장치, 접속부의 볼트·너트풀림, 배선, 지지대의 흔들림 등은 없는가?
7. 진동 회전부의 안전커브가 빠져있거나 변형은 없으며 씌움과 벗김은 간단한가? 진동이나 심한 충격 및 이음 등은 없는가?
8. 불요품의 방치는 없으며 여러 가지 물건이 혼입되어 있지 않는가?
9. 치공구, 도구를 수정 배치하고 있지는 않는가? / 바닥에 떨어져 있지는 않는가?
10. 유공압 배관이나 전기배선이 닳아 없어진 부분은 없는가?

❸ 나사 한 번 더 조이기는 다음의 순서대로 한다.

1. 설비의 나사가 느슨해지기 시작하면 서서히 고장으로 진전하게 된다. 나사를 더 조이기 전에 다음 사항을 우선적으로 확인한다.
   (1) 나사 더 조이기의 대상이 안 되는 볼트, 너트 나사류
   (2) 나사 더 조이기에 사용하는 공구의 바른 사용법
   (3) 확인 마크, 합쳐지는 부위표시 방법
2. 느슨함을 관리할 때 중요한 점은 느슨함을 멈추게 할 것인가, 합쳐지는 부위표식에 의한 관리를 할 것 인가의 판단입니다. 계속 느슨해지면 느슨해진 원인을 파악하는 것이 중요하다. 나사 더 조이기가 끝나면 나사 더 조이기의 총 건수에 대해 느슨해진 것의 건수가 어느 정도인지, 어느 부위가 느슨해진 개수가 많았는지를 정리해 본다. 나사 더 조이기가 끝나면 다음 〈그림 2-2〉 나사 더 조이기 점검 리스트에 의해 점검한다.

□ 필요한 곳의 나사 더 조이기는 모두 되었는가?
□ 확인 마크와 합 마그가 모두 부착되어 있는가?
□ 결과에 대한 정리가 되어 있는가?
□ 느슨한 곳에 대한 원인을 찾았는가?
□ 중요 볼트에 대한 유지관리 기준은 정했는가?
□ 사용 공구는 제대로 정리되어 있는가?

[그림 2-2] 나사 더 조이기 점검 리스트

수행 내용 / 2-2 설비부품의 이상 발견하기

재료 · 자료

- 각종 설비 사용 매뉴얼
- 설비관리매뉴얼, 설비점검 체크리스트
- 환경관리규정, 환경관리기준서
- KS 및 ISO 규격집
- MSDS(물질안전보건자료)
- 각종 윤활유, 기계 청소용품

기기(장비 · 공구)

- 측정기류, 조립공구, 급유기

안전 · 유의사항

- 작동 순서를 이해하고, 제어할 수 있는 능력을 갖춘다.
- 설비관리매뉴얼의 인지 유무를 확인할 수 있는 지식을 갖춘다.
- 비상조치 시 대응능력을 갖춘다.
- 작업복과 안전화 및 장갑을 착용한다.
- 손으로 확인할 경우 날카로운 부위나 위험한 부위가 없는지 살펴본다.
- 사용 중인 실습장의 기기는 임의로 손대지 않는다.

수행 순서

❶ 관리대상을 파악한다.

눈으로 보는 관리를 실행하는데 중요한 것은 무엇을 눈으로 볼 것인가, 무엇을 위해서 볼 것인가, 보기 쉬운 상태로 있는가, 보고 무엇을 판단 할 것인가 등의 주안점을 생각하는 것이다. 이 같은 주안점을 생각하지 않으면 눈으로 보는 관리가 단순히 색칠하기와 표시부착으로 끝나버리고 점검의 효율화와 이상의 조기발견에는 아무런 도움이 되지 않을 수도 있다. 현장에서 눈으로 보이는 관리의 주된 대상은 다음과 같다.

1. 온도계, 유량계, 유면 계, 압력계, 전류계, 주파수계 등의 사용범위 (상, 하한치 규격)
2. 풀리면 이상이 발생할 수 있는 곳, 진동에 의해 풀렸던 적이 있는 곳, 조정하여 고정한 곳 등의 볼트, 너트의 합치선
3. 모터, 베어링부, 온도가 상승하는 것 등 설비의 발열부
4. 주입되는 윤활유 종류 및 주입구를 쉽게 찾도록 하는 각 설비의 주유구

❷ 전개방법을 따라서 합리적이고 실효성 있는 관리 실시한다.

1. 대상물을 현재화한다.
   청소를 실시하여 설비 기능부위인 관리 급소를 찾아내고, 관리 급소의 기본 조건을 정비하여 이상이 보이도록 조건을 만든다.
2. 대상을 가시화한다.
   관리급소의 수명을 늘리고 시각화를 높여서 정상상태와 이상의 상태가 힘들이지 않아도 쉽게 보이도록 한다. 또 관리 급소의 기본적인 조건의 정비 상태를 유지하기 위해 서 자신의 행동규칙을 작성해 스스로 지킨다.
3. 대상을 색채화한다.

정상과 이상의 판단기준을 정하고 이상의 판정기준을 색상으로 정한다. 예를 들면 정상적인 상태는 녹색으로 표시하고, 이상은 노란색 표시하며, 위험한 상태는 붉은색으로 표시한다.

4. 유지와 수준향상을 위해 노력한다.

기본조건의 유지와 사용조건상의 유지 규칙을 정리하여 본 기준으로 만들어 스스로 실천하고, 항상 수준을 더 높이기 위해 연구하고 노력한다.

- ☐ 설비의 불필요한 요소는 제거 되었는가?
- ☐ 회전부, 접합부, 전장부 등을 철저히 청소했는가?
- ☐ 벗길수 있는 커버는 전부 벗기고, 설비의 내부까지 청소했는가?
- ☐ 유압 유니트 등 부속설비도 청소 했는가?
- ☐ 녹을 제거하고 녹슬은 방지제를 칠했는가?
- ☐ 더러움 발생원, 발생량 , 위치는 확인했는가?
- ☐ 청소 곤란개소를 확인했는가?
- ☐ 유지관리 기준은 정했는가?

[그림 2-3] 초기청소 완료 점검 리스트

수행 내용 / 2-3 설비의 계획을 보전하기

재료 · 자료

- 각종 윤활유, 기계 청소용품

기기(장비 · 공구)

- 측정기류, 조립공구, 급유기

안전 · 유의사항

- 위 능력단위는 설비의 일상점검하기, 정기점검하기, 설비유지보수하기, 급유작업하기, 비상조치 등의 업무에 적용한다.
- 설비 점검의 점검 포인트에는 다음과 같은 사항 등을 포함한다.

- 각종 설비의 온도, 진동, 소음 점검
- 각종 유압유 등 오일류의 누유 점검 및 조치
- 교환주기대상의 점검 및 조치
- 급유 주기 대상의 점검 및 조치

- 각종 소모 및 교환부품의 점검 및 조치
- 소요 부품의 현황은 부품의 재고 및 입고일정 등을 포함한다.

수행 순서

❶ 계획보전 7단계 활동을 확인한다.

1. 제 1 단계: 기본조건과 현상 차이 분석한다.

   보전기술의 관점에서 보전담당자의 사고를 말끔히 청소한다.

   (1) 설비의 기능, 구조, 원리를 익힌다.

   (2) 설비의 현재결함과 잠재결함을 찾아내어 결함부위를 복원한다.

   (3) 고장요인의 해석: 기본조건의 미 준수, 복원 불충분, 열화의 방치, 우발고장, 보전행위의 불량 등 요인파악이 가능한 것과 불가능한 것으로 층별한다.

   (4) 위의 내용을 결함 리스트와 예방보전 리스트로 정리한다.

단계	설비단위 7단계	중점부품단위 7단계	자주보전
1단계	기본조건과 현상차이	중점부품 선정	초기청소
2단계	기본조건과 현상차이 대책	보전방법 개선	발생원, 곤란개소대책
3단계	기본조건 기준 작성	보전기준 작성	청소, 주유기준의 작성
4단계	수명 연장	수명연장 약점대책	총 점검
5단계	점검, 정비의 효율화	점검, 진단의 효율화	자주점검
6단계	설비종합 진단	설비종합 진단	공정품질 보증
7단계	설비의 극한 사용	설비의 극한 사용	자주관리

[그림 2-4] 계획보전 추진단계 비교표

2. 제 2 단계: 기본조건과 현상 차이 대책을 확인한다.

   제 1 단계에서 작성한 결함 리스트를 기초로 하여 개선을 실시한다. 동일 고장이 재발하지 않도록 설비를 세밀히 관찰하고 원인을 정확히 찾는다. 활동내용은 다음과 같다.

   (1) 설비의 열화를 복원하고 강제열화를 배제한다.

   (2) 설비 기능을 유지하기 위해 필요한 청소부위, 주유부위를 명확히 한다.

   (3) 기능부위 청소가 설비의 조작 순서의 일부가 되도록 자주보전 실시한다.

   (4) 사용조건을 개선한다.

3. 제 3 단계: 기본조건 기준 작성한다.

   제 2 단계의 성과를 유지하기 위한 기준을 정비하며 활동내용은 다음과 같다.

(1) 종래의 기준과 실제로 발생하고 있는 고장을 비교하여 정확한 예방 보전 기준을 작성하기 위하여 제 1 단계에서 작성한 예방보전 리스트를 참조하여 기준의 누락 및 불명확한 부위를 개선한다.
(2) 라벨, 식별표시, 합 마크 등 설비에 대한 눈으로 보는 관리를 실시한다.
(3) 자주보전 활동과의 업무 분담을 명확히 한다.
(4) 기준에 따라 실시하고 그 결과를 기록한다.
* 유의사항: 제 3 단계 활동 후 기능정지 고장이 대폭 줄어들지 않으면 제 1 단계로 돌아가 활동을 반복해야 한다.

4. 제 4 단계: 수명연장을 확인한다.

수명연장을 위해 개량보전을 실시한다. 개량보전은 설비와 보전방법을 동시에 개선하는 것임을 명심해야 하며 활동내용은 다음과 같다.

(1) 자주보전의 4단계와 전개 항목을 일치시킨다.
(2) 고장 리스트, 예방보전카드, 고장 간 평균시간(MTBF) 기록을 분석한다.
(3) 고장 원인을 철저히 찾아내어 개선한다.
(4) 중점부품단위 분임조 및 자주 보전팀과 정보를 교환한다.
(5) 우발고장을 개선하고 보전능력을 점검하여 향상을 위한 훈련을 실시한다.
(6) 보전일정계획표(보전카렌다)를 작성한다.

5. 제 5 단계: 점검, 정비의 효율화한다.

제 3 단계에서 작성한 보전 기준을 쉽고 효율적으로 개정하여 예방보전을 명확하게 실시하게 하고 보전시간을 줄이며 활동내용은 다음과 같다.

(1) 정확한 점검 실시하고 점검을 쉽게 하기 위해 개선한다.
(2) 열화징후를 연구하고 열화측정장치를 바로 알게 한다.
(3) 간이진단에 의한 내부열화 상태를 검출한다.
(4) 점검대상 항목의 축소 및 집약화한다.
(5) 정비시간을 개선하여 단축시킨다.
(6) 사후보전 시간을 단축시킨다.
(7) 보전기준과 보전일정표를 보완한다.

6. 제 6 단계: 설비종합 진단을 실시한다.

보전담당자에 의한 품질보전활동을 실시하며 활동내용은 다음과 같다.

(1) 품질불량 '0'을 목표로 제 1 단계~제 5 단계를 실시한다.
(2) 보전품질분석 테마를 선정한다.
(3) 설비조건과 품질과의 관계를 조사한다.

(4) 설비와 에너지(전압저하, 소음, 공기압 등)의 품질 영향을 분석한다.
(5) 설비주변 환경이 품질에 미치는 영향을 조사한다.
(6) 품질불량이 발생하지 않는 조건을 찾아내고, 양품조건에 부합하는 설비의 개선과 보전방법을 개선한다.
(7) 양품조건을 유지하기 위한 보전기준을 설정한다.

7. 제 7 단계: 설비의 극한 사용을 실시한다.

설비의 극한 사용을 목표로 하는 예지보전활동을 실시하며 활동내용은 다음과 같다.

(1) 중점설비의 정비시간을 예지한다.
(2) 설비진단 기술을 연구하고 활용한다.

2. 설비 점검하기 평가 (피평가자체크리스트)				
학습 내용	평가 항목	성취수준		
		상	중	하
설비의 점검 및 성능개선	설비 성능을 정확히 이해하여 성능을 향상시키기 위한 개선작업			
결과 평가 방법; 피평가자체크리스트, 작업장평가중 택일				

작업과제 3. 설비 유지보수하기

학습 목표

1. 설비 점검을 실시하고 각 설비별 매뉴얼에 따라 소모품 및 파손품을 교체 할 수 있다.

수행 내용 / 3-1 설비점검 및 수리하기

재료 · 자료

- 각종 윤활유, 기계 청소용품

기기(장비 · 공구)

- 측정기류, 조립공구, 급유기

안전 · 유의사항

- 위 능력단위는 설비의 일상점검하기, 정기점검하기, 설비유지보수하기, 급유작업하기, 비상조치 등의 업무에 적용한다.
- 설비 점검의 점검 포인트에는 다음과 같은 사항 등을 포함한다.
- 각종 설비의 온도, 진동, 소음 점검
- 각종 유압유 등 오일류의 누유 점검 및 조치
- 교환주기대상의 점검 및 조치
- 급유 주기 대상의 점검 및 조치
- 각종 소모 및 교환부품의 점검 및 조치
- 소요 부품의 현황은 부품의 재고 및 입고일정 등을 포함한다.

수행 순서

❶ 고착된 볼트, 너트의 원인을 분석한다.

1. 너트를 조이면 나사부에는 틈이 발생하며, 이 틈새로 수분, 부식성 가스 및 액체가 침입해서 녹이 발생하게 되고, 이것이 고착의 원인이 된다.

2. 철녹의 정체는 산화철이며 산화철이 되면서 그 이전 체적의 몇 배나 팽창하기 때문에 틈새를 메우면서 고착되어 너트가 풀리지 않게 된다.
3. 강하게 가열되었을 때도 산화철이 생겨 풀리지 않게 된다.

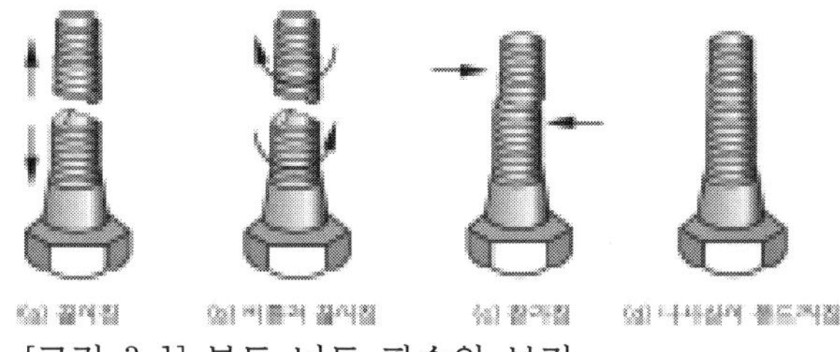

[그림 3-1] 볼트 너트 파손의 보기

❷ 고착된 볼트, 너트를 분해한다.

1. 두 개의 해머를 이용 [그림 3-2]에서와 같이 한 개의 해머는 너트의 각에 약간 비켜 강하게 밀어내어 반대 측을 두드릴 때 튕겨 나가게끔 지지하고, 한편의 해머로 몇 번씩 순차적으로 위치를 바꾸어 가며 두드리면 녹이 많이 난 너트도 풀 수 있다.

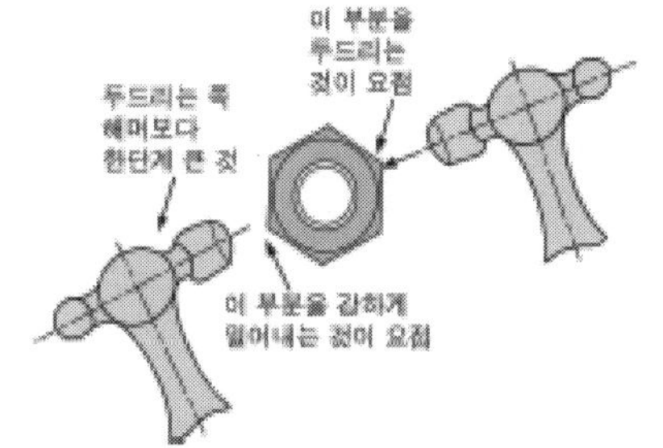

[그림 3-2] 너트를 두드려 푸는 방법

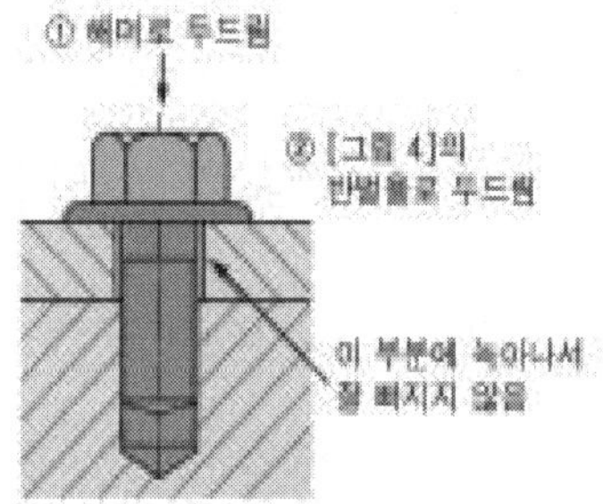

[그림 3-3] 비틀어 넣기 볼트

2. [그림 3-2]과 같은 비틀어 넣기 볼트는 목 밑의 구멍 부분에 녹이 나서 고착된 경우가 많다. 이때에는 먼저 볼트 머리를 해머로 몇 번 두드린 후 빼낸다. 그러나 녹이 심하고 볼트의 6각 두부도 부식돼서 스패너를 이용할 수 없을 때에는 파이프 렌치, 바이스 플라이어 등으로 꽉 물린 후 빼낸다.
3. 부서진 볼트를 빼낼 때에는 스크루 익스트랙터를 사용한다. 이 때 밑의 구멍의 지름은 볼트 직경의 60%정도가 적당하다.

❸ 볼트, 너트의 적당한 죄기는 다음의 순서를 따른다.

1. 볼트 너트의 죔은 스패너를 이용하며, 죔 토크는 다음과 같다.

   죔 토크(T) = F × $\mathcal{L}$(단위: kg-cm, kg-m, lb-inch)

2. 스패너에 의한 적정한 죔 방법을 실시한다.
(생산 현장에서는 볼트 너트를 신속, 확실하게 조이기 위해 전기, 공압식의 토크 렌치, 임팩트 렌치가 많이 사용된다.)

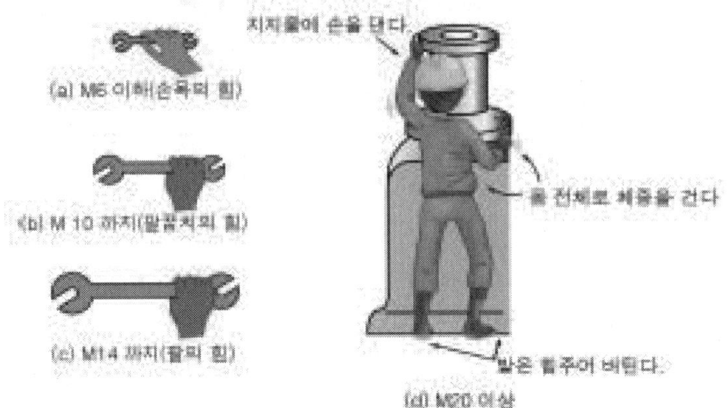

[그림 3-4] 크기에 따른 볼트 조이기

❹ 수작업에 의하여 실시한 3항의 조임 토크를 [그림 3-5]와 같은 토크렌치를 이용하여 확인한다.

1. 토크 렌치의 토크 값을 표준토크 표를 이용하여 설정한다.
2. 조여진 볼트에 토크 값이 설정된 토크 렌치를 이용하여 조임 토크를 확인한다.
3. [그림 3-5]와 같이 지시토크와 실지토크를 비교하여 정밀도를 확인한다.

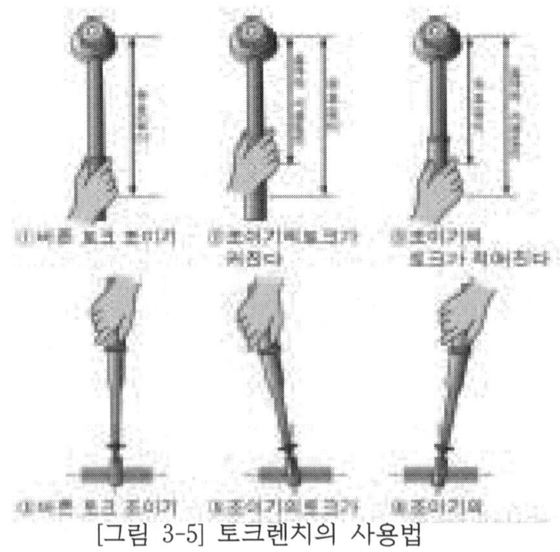

[그림 3-5] 토크렌치의 사용법

❺ 사용한 기계, 공구는 깨끗이 닦고 주위를 청소한 후 정리 정돈을 한다.

수행 내용 / 3-2 설비를 예방 관리하기

재료 · 자료

- 각종 윤활유, 기계 청소용품

기기(장비 · 공구)

- 측정기류, 조립공구

안전 · 유의사항

- 작동 순서를 이해하고, 제어할 수 있는 능력을 갖춘다.
- 설비관리매뉴얼의 인지 유무를 확인할 수 있는 지식을 갖춘다.
- 비상조치 시 대응능력을 갖춘다.
- 작업복과 안전화 및 장갑을 착용한다.
- 손으로 확인 할 경우 날카로운 부위나 위험한 부위가 없는지 살펴본다.
- 사용 중인 실습장의 기기는 임의로 손대지 않는다.

수행 순서

❶ 필요한 것과 불필요한 것을 명확히 구분한다.

정리하기 위하여 우선 필요한 것과 불필요한 것을 구분해야 하는데 필요한 것과 불필요한 것을 판단기준에 따라 구분한다. 필요한 것과 불필요한 것의 판단기준에 따라 구분이 되면 붉은 표찰 작전을 실시하여 현장에서 불필요한 것을 제거한다. 붉은 표찰 작전의 대상은 생산부문은 원재료, 반제품, 완제품과 같은 재고와 기계, 치공구, 운반구 측정구 등과 같은 설비 및 장소를 대상으로 하고 관리부문은 서류, 책상주위 및 회의실 등을 대상으로 한다.

❷ 판단기준에 따라 한꺼번에 과감히 정리한다.

사용빈도에 따라 버리거나, 작업장 주변에 두거나, 판단을 해야 하며, 임시 보관창고에 정돈하거나 사용치 않을 경우는 바로 폐기 처분 한다.

1. 전사적으로 통일하여 일제히 실시한다.
2. 즉석에서 판단하고 즉시 실행한다.

3. 다음으로 연기는 절대로 하지 않는다.

❸ 주의사항을 숙지한다.

1. 숨기려는 자세를 갖지 않도록 교육 한다.
2. 망설이지 말고 냉정하고 과감하게 사물을 판단한다.
3. 1-2일에 모두 끝내라.
4. 부착된 표찰은 임의로 제거하지 않는다.
5. 지금 사용하지 않는 것은 불필요 한 것이다.
6. 1품목 1표찰을 부착한다.
7. 불필요한 수량도 대상이다.
8. 의심스러우면 과감히 부착한다.

❹ 조직책임자는 공장을 순회하여 점검을 실시한다.

1. 정리를 실시하는 날보다 2주일 정도 간격을 두고 점검하는 것이 효과적이다.
2. 반마다 평가해서 불필요한 것을 처분한 반에는 우수반이라는 표찰을 부착한다.
3. 필요 없는 것은 공장 내 반입을 하지 못하게, 필요 없는 것을 둘 공간을 없앤다.
4. 필요 없는 것이 바로 눈에 띄도록 현장을 깨끗하게 한다.

수행 내용 / 3-3 장비 및 공구관리하기

재료 · 자료

- 각종 윤활유, 기계 청소용품

기기(장비 · 공구)

- 측정기류, 조립공구

안전 · 유의사항

- 작동 순서를 이해하고, 제어할 수 있는 능력을 갖춘다.

- 설비관리매뉴얼의 인지 유무를 확인할 수 있는 지식을 갖춘다.
- 비상조치 시 대응능력을 갖춘다.
- 작업복과 안전화 및 장갑을 착용한다.
- 손으로 확인할 경우 날카로운 부위나 위험한 부위가 없는지 살펴본다.
- 사용 중인 실습장의 기기는 임의로 손대지 않는다.

수행 순서

❶ 치공구 종류와 수량을 파악한다.

치공구 계획 시 우선 종류와 수량을 결정해야 하나 일반적으로 공작작업에서의 방법 결정은 제품이 요구하는 기능, 정밀도, 생산량 또는 예정원가 등에 의해서 좌우된다. 그러나 전용공구 계획에 있어서는 전용공구의 제작비에 비중이 크므로 전용공구에 대한 기본설계의 개요가 이루어진 단계에서 제작비에 대한 견적을 실시하고 기준과의 비교 검토에 의해서 결정하게 된다. 다시 말하면 주어진 제품의 생산량에 균형될 수 있는 전용공구의 제작비 C는 아래와 같다.

$$c = \frac{Na(1 + p^1)Nw - s}{i + t + m + \frac{1}{H}}$$

N = 연간 제품생산대수
p^1 = 절약된 노무비에 관한 간접비의 비율
S = 연간 준비 비용 A = 제품 1단위당 절약 노무비
T = 세금, 보험금 등의 고정비에 대한 연이율 W = 제품 1단위당 절약 재료비
M = 상각에 소요되는 연수 I = 전용 공구의 제작비용에 대한 금리 비율

❷ 치공구를 설계한다.

1. 지그와 공정구를 설계한다.
   (1) 제품의 설계도면에 나타난 설계 정보를 정확하게 이해하고, 그것이 요구하고 있는 기능과 정도를 제품 속에 충분히 살릴 수 있는 구조를 갖추도록 한다.
   (2) 피공작물의 부착과 해체가 용이하고 공작작업이 쉬운 구조로 되어야 한다.
   (3) 강성을 갖춘 것으로서 운전 취급을 하기 쉬운 구조로 한다.
   (4) 구조는 될 수 있는 한 단순하면서 균형이 갖추어진 형상으로 해야 한다.
   (5) 작업자가 작업 시 안전성, 신뢰성이 높은 감각을 줄 수 있는 것과 같은

구조, 현상으로 해야 한다.

(6) 경제성이 있는 구조로 되어야 한다.

(7) 지그와 고정구 구성부품의 표준화를 고려해야 한다.

(8) 전(前)작업 단계에서 검사를 설비할 수 있는 것과 같은 구조로 되어야 한다.

(9) 위치결정, 부착방법 등에 관한 고려를 해야 한다.

(10) 절삭에 의해서 생긴 칩(Chip)을 제거하기 쉬운 구조로 해야 한다.

(11) 작업에 절삭제가 사용되고 있는가, 어떤가를 고려할 수 있는 것이어야 한다.

2. 금형을 설계한다.

3. 검사구를 설계한다.

4. 표준화를 한다.

❸ 치공구를 제작한다.

1. 치공구 제작담당 부문을 구성한다.

치공구 제작담당 부문은 업종 혹은 기업의 경영방침에 의해서 설계, 제작 수리담당의 치공구 공장, 보관 대출의 관리업무를 전반에 걸쳐서 취급할 수 있는 구성을 갖춘 것으로부터 단순히 치공구의 수리를 하는 것과 같은 공장조직도 있다.

치공구 공장의 설비내용은 전용공구의 제작수리 혹은 적상공구, 금형 등의 재연삭에 이르는 것이므로 수주(受注)다종소량생산이나 개별 생산형태와 마찬가지로 설비를 구성할 필요가 있다. 다시 말하면 설비는 각종 범용 공작기계와 공구연삭기, 치구, 각종 측정기, 시험 검사기, 경도측정기 기타 열처리관계설비 등으로 이루어진다.

2. 치공구 공장에서의 공정관리를 한다.

치공구 공장에서 공정관리의 주안점은 공구제작을 위한 작업계획 시 공수(工數)견적의 정도 및 설비와 작업자의 기능수준에 의한 부하 혹은 여력상태를 상세히 파악하고 작업구분을 해야 한다.

3. 공구재료를 관리한다.

공구재료의 관리는 재고계획, 구매관리의 기법에 준해서 관리한다.

❹ 치공구를 관리한다.

1. 계획 단계

(1) 공구의 설계 및 표준화

공구는 가능한 공업규격에서 규정하고 있는 것을 채택하고 계획하는 것이 경제적이며, 설계, 제작을 요하는 특수공구도 표준화하는 것이 바람직하다.

(2) 공구의 연구 시험

(3) 공구 소요량의 계획, 보충

생산계획 및 과거의 실적에 근거를 두고 공구 소요량을 계획하고 보충한다.

2. 보전 단계

(1) 공구의 제작 및 수리

(2) 공구의 검사

(3) 공구의 보관과 대출

공구의 보관 및 대출을 위해서는 공구의 대출을 직접 담당하는 공구실과 그 공장 공구실에 공구를 보급하는 중앙 공구실로 나누어 볼 수 있다.

(가) 중앙 공구실

중앙 공구실은 공구의 보관, 정리, 공급보충을 실시하고, 공장 공구실에 공구를 공급할 준비 등을 맡게 된다. 따라서 공구의 재고관리를 실시하고 공구대장에 의해서 공구의 출입을 명백히 하면서 공구의 공급을 원활하게 한다.

(나) 공장 공구실

공장공구실은 가능한 생산현장에 가깝게 작업장에 편리한 위치에 설치하며, 공구의 대출을 신속하게 하면서 대출공구의 소재가 명백히 되도록 해야 한다.

(다) 공구의 연삭

공구를 대량으로 사용하는 공장에는 공구의 집중연삭방식이 효율적이다.

수행 내용 / 3-4 설비급유 및 윤활 관리하기

재료 · 자료

- 각종 윤활유
- 기계 청소용품

기기(장비 · 공구)

- 측정기류, 조립공구, 급유기

안전 · 유의사항

- 설비 점검의 점검 포인트에는 다음과 같은 사항 등을 포함한다.
- 각종 설비의 온도, 진동, 소음 점검
- 각종 유압유 등 오일류의 누유 점검 및 조치
- 교환주기대상의 점검 및 조치
- 소요 부품의 현황은 부품의 재고 및 입고일정 등을 포함한다.

수행 순서

❶ 윤활제의 급유법을 제대로 숙지한다.

1. 윤활 방식을 분류한다.

마찰면의 급유법으로서 윤활유를 어떻게 공급할 것인가는 마찰면의 형상, 미끄럼방향, 하중의 경중과 성질, 미끄럼 속도, 재질, 틈의 대소, 베어링의 정밀도, 공작의 정도, 기름의 종류, 사용 온도, 주위의 상태 관계, 유량의 경제성으로 결정하고, 또 급유하는데 불편하지 않고 확실히 급유할 수 있으며 기름의 소비량이 적은 것이 요망된다. 윤활제의 공급 방식은 [그림 3-6]과 [그림 3-7]과 같이 분류된다.

있는 경우 고온으로 인한 기름의 증발이 생길 경우, 기계의 구조상 순환 급유법을 채용할 수 없는 경우 등에 사용되는데 손 급유법, 적하 급유법, 가시 부상 유적 급유법 등이 있다.

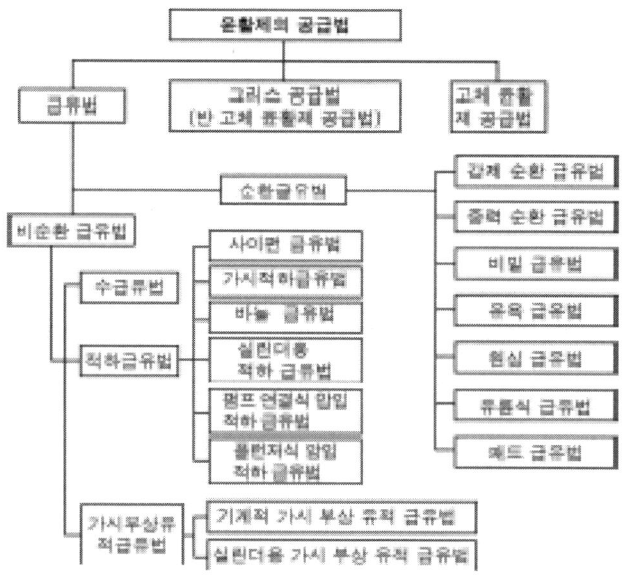

[그림 3-6] 윤활제의 공급 방식 분류 알람 표

2. 비순환 급유를 한다.

이 방법은 순환 급유법 보다는 뒤떨어지는 방법으로 대체로 순환 급유법을 채용할 수 없는 경우에 사용된다.

급유방식		특색	윤활유	기름에 요구되는 성질
비순환식 급유법	수급유	급유량부족	혼성유	유성
	적하급유	윤활양호	석유계윤활유	
순환식 급유법	패드급유	윤활양호	〃	산화안전성
	유륜식급유	〃	〃	산화안전성 항부식성
	유욕급유	〃	〃	산화안전성 열안정성
	비말급유	〃	〃	약간저점도, 산화 열안정성
	중력급유	〃	〃	산화안정성, 열안정성
	강제순환급유		〃	산화 열 항안정성 유성 청정성 점도지수

[그림 3-7] 윤활 급유 방식과 사용 윤활유

즉, 기름의 오손(汚損)이 심할 염려가 있는 경우 고온으로 인한 기름의 증발이 생길 경우, 기계의 구조상 순환 급유법을 채용할 수 없는 경우 등에 사용되는데 손 급유법, 적하 급유법, 가시 부상 유적 급유법 등이 있다.

(1) 손 급유법(hand oiling)

[그림 3-8]과 같은 손 급유법은 사람의 손으로 기름치기를 사용하여 급유하는 가장 간단한 방법으로 기계적 급유법을 사용할 수 없는 곳 또는 마찰면의 미끄럼 속도가 낮고 경하중인 경우에 사용한다. 급유원이 때때로 기름치기로 기름을 마찰면에 직접 급유하는 방법으로서 기름을 공급하였을 때만 다량의 기름이 흐르고 시간 경과에 따라 마찰면의 기름이 건조한 상태로 되기 쉬우므로 점착성이 큰 기름이 요구되고 기름의 소비량이 많고 급유가 불완전하며 가장 불량한 방법이다. 오일 구멍은 보통 베어링의 상부에 설치하고 먼지가 들어가는 것을 방지하기 위한 경우에는 기름 단지를 설치한다. 실제로는 방적용 기게 인쇄기등과 같이 윤활 장치에 의하여 윤활유의 공급을 할 수 없는 경우 사용한다.

(2) 적하 급유법(drop-feed oiling)

이 방법은 급유할 마찰면이 넓고 손 급유법으로 불편한 경우에 사용된다.

손 급유법에 비하면 훨씬 우수한 방법이고 기름의 보충에 주의만 하면 오랫동안 급유를 계속할 수 있으므로 상당히 널리 사용되고 있으나 다른 진보된 방법에 비하면 불완전하고 기름의 소비량이 많아 대체로 기관차 등에 사용된다.

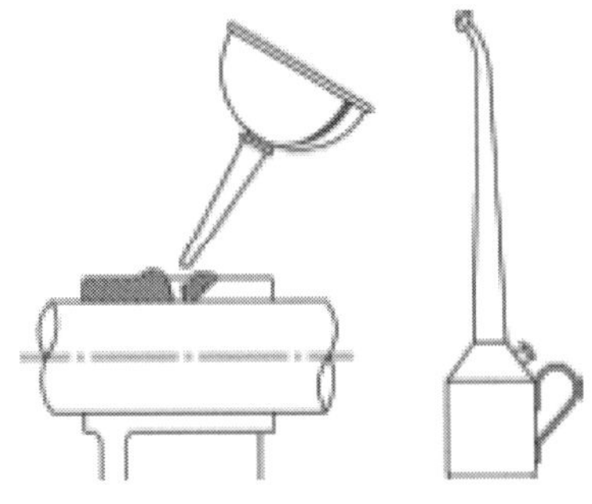

[그림 3-8] 손 급유법

(가) 사이펀(syphon) 급유 방법

[그림 3-9]와 같은 사이펀 급유법은 베어링의 컵에 기름을 저축하는 기름 탱크가 있다. 이 기름 탱크에는 뚜껑을 씌우고 그 속에는 가능 털실 또는 무명실을 감아서 만든 끈을 넣어 기름이 모세관 작용에 의하여 일단 올라가고 다음에 사이펀 작용에 의하여 적하하는 것으로서 기름 탱크의 유면은 되도록 일정하게 유지할 필요가 있다. 이 방법은

축경 부분이 가열되었을 때에는 용기 내 기름의 온도는 올라가고 점도는 감소되므로 급유되는 양이 많아져 기름의 낭비가 많다는 결점이 있다. 또 정지 상태에서도 급유는 계속되므로 기계의 운전을 중지하였을 때에는 끈을 잡아 올려 급유를 중지하여야 하는 불편이 있어 소규모의 급유 장치 이외에는 널리 사용되지 않는다.

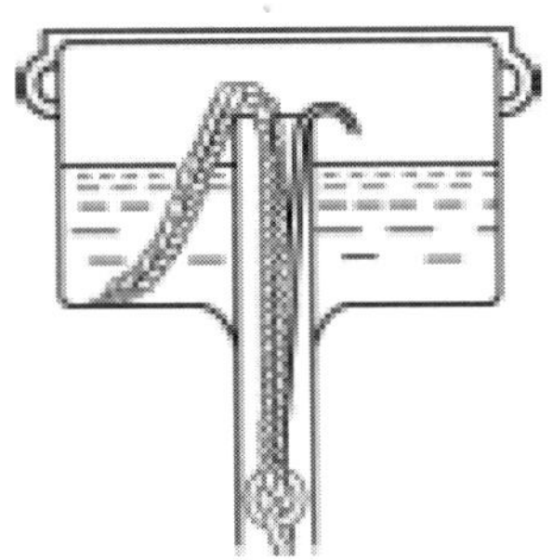

[그림 3-9] 사이펀 급유법

(나) 바늘 급유법(needle oiling)

[그림 3-10]은 바늘 급유법으로서 바늘n을 기름 속에 집어 넣고 축의 회전에 따라 이동시키면 기름이 적하하고 회전이 중지되면 기름도 모세관 현상의 결과 적하를 중지한다.

기름은 유리그릇 a후에 들어 있고 b는 나무마개이다. 급유량은 바늘의 굵기 여하에 따라 가감할 수 있다. 또 이 방법에서는 바늘의 진동에 의하여 급유가 행하여지므로 축의 회전수에 따라 자동적으로 급유량을 조절하는 작용을 한다. 그러나 기름이 사용되고 있는 상황에 주의하지 않으면 불완전 윤활로 될 염려가 있다.

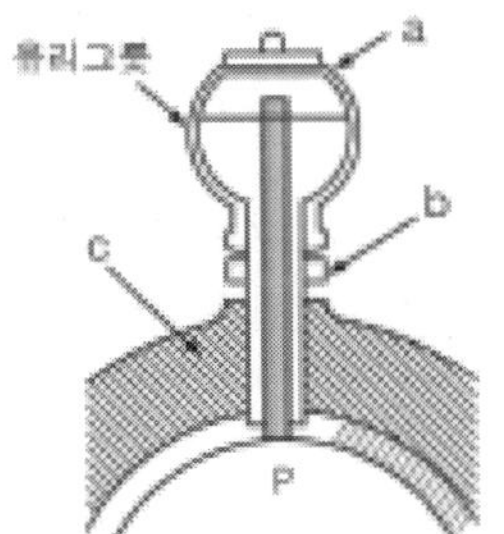

[그림 3-10] 바늘 급유법

(다) 가시적하 급유법(sight feed oiling)

[그림 3-11]은 가시적하 급유법을 도식화한 것으로 기름 단지와 기름이

떨어지는 곳은 유리로 만들어져 있으므로 적하 상태를 바깥에서 볼 수 가 있고 니들 밸브(needle valve)로 적하 구멍을 가감하여 주유량을 조절할 수 있으므로 널리 사용된다. 그러나 마찰면이 지극히 좁은 부분에는 사용할 수 없으며, 유리그릇 g의 속에 기름을 넣고 이 장치 전부를 베어링의 컵에 장치한다.

핸들 k를 넘어뜨리면 니들 밸브 n이 닫혀 급유가 중지되고 k를 일으키면 급유가 시작되고 기름이 적하되는 상태를 볼 수 있다. 이 장치의 결점은 그릇 속에 있는 유면의 높이에 따라서 급유량이 변화한다. 그러나 조정용 나사 s로 가감할 수 있으므로 사이펀식과 같은 급유 소비량이 많지 않다.

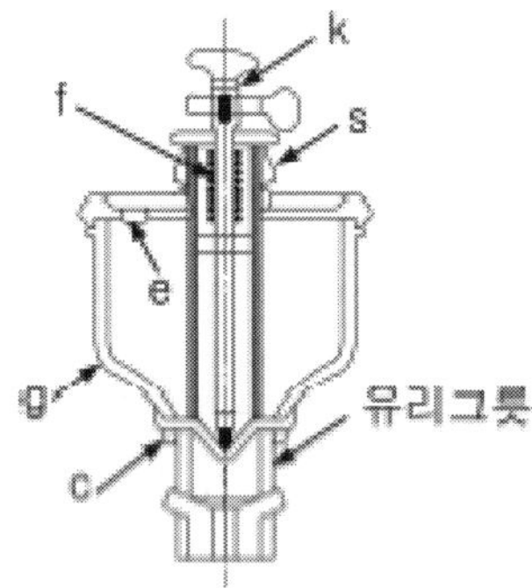

[그림 3-11] 가시 적하 급유법

(라) 실린더용 적하 급유법

[그림 2-12]와 같은 실린더용 적하 급유법은 실린더의 주위에 직접 급유기를 붙여 사용한다. 기름 단지 위아래에 각각 콕이 붙어 있으며 기름을 넣을 때는 위를 열고 아래 콕을 닫고 급유할 때는 위를 닫고 아래 콕을 열도록 하여 급유 중, 중기압 때문에 기름이 압축되지 않도록 한다.

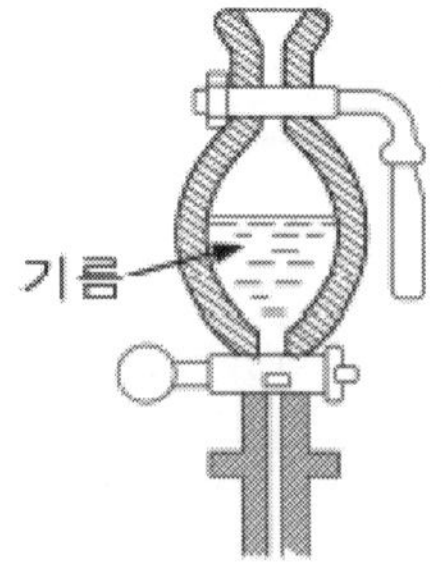

[그림 3-12] 실린더용 적하 급유법

(마) 플런저식 압입 적하 급유법

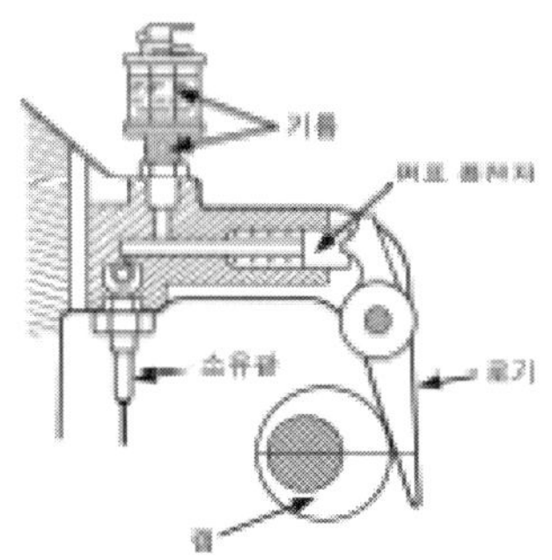

[그림 3-13] 플런저식 압입 적하 급유법

[그림 3-13]과 같은 이 방법도 역시 가시 적하 급유기를 사용하는 방법으로서 송유관보다 먼저 압력이 걸려 있는 특별한 경우에 쓰이고 그림에서 보는 바와 같이 가시 급유기의 기름이 중력에 의하여 적하하면 펌프 플런저는 그 기름을 송유관에 보내게 된다. 이 펌프 플런저는 로커에 의하여 움직이게 되고 또 로커는 기계의 운동부에 연결되어 있는 캠에 의하여 운전된다.

(바) 펌프 연결식 압입 적하 급유법

소형 오일 탱크에 펌프와 유적 가시 유리를 구비한 주유기를 이용하는 방법이고 이것을 기계에 설치하여 주축에서 운동을 취하여 풍차 장치 또는 간헐 장치에 의하여 펌프를 움직여 오일 탱크에서 파이프를 통하여 기름을 각소에 보내는 것으로 그 과정이 간편하다. 이때 보내진 기름은 순환되는 것이 아니고 각소에 소비된다.

(3) 가시 부상 유적 급유법

[그림 3-14]와 같은 이 방법은 유적을 물 또는 적당한 액체를 가득 채운 유리관 속을 서서히 떠올라오게 하는 급유기를 사용한 것으로서 급유 상태를 뚜렷이 볼 수 있는 이점이 있다.

(가) 실린더용 가시 부상 유적 급유법

증기 기관에 사용되던 방법으로 최근에는 사용하지 않는다.

(나) 기계적 가시 부상유적 급유법

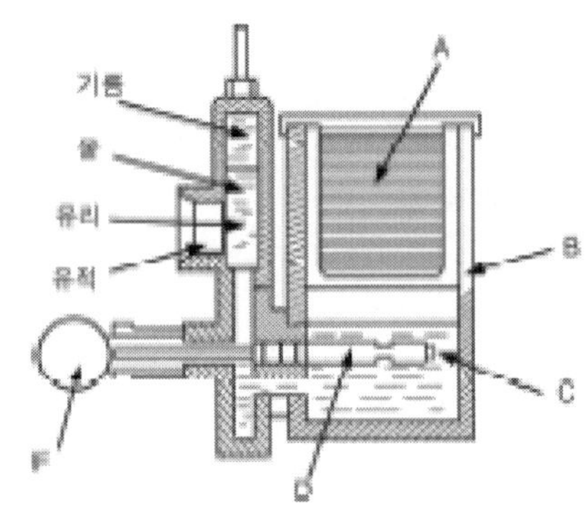

[그림 3-14] 기계적 가시 부상유적 급유법

급유기에 의한 방법으로 윤활유가 [그림 3-25]의 여광막 A에 의해 걸러진 후 기름 단지 B에 들어간다. 이 기름 단지 속에서 캠 C가 저속도로 회전하고, 스프링으로 눌려져 있는 막대 피스톤 D를 밀어 넣는다. 그리고 D는 F에 의하여 C와의 사이에 가감하여 급유의 조절을 할 수 있도록 되어 있다. 기름 단지의 기름은 왼편 아래쪽의 흡입 밸브를 지나서 배출 밸브를 나와 물을 가득히 채우고 있는 가시식 유리부에 떠올라와 위쪽의 유공급관에 보내어 진다.

3. 그리스(grease) 급유한다.

(1) 그리스 패킹

윤활 작용은 윤활유에 대한 액체 윤활을 이상으로 하고 있으나 그리스 윤활에도 여러 가지 좋은 점이 있고 특히 롤러 베어링에서는 오히려 그리스 윤활이 널리 이용된다.

그리스 윤활은 유윤활에 비해 다음과 같은 장단점이 있다.

장점: ① 급유 간격이 길고 ② 누설이 적으며 ③ 밀봉성과 먼지 등의 침입이 적다.

단점: ① 냉각 작용이 적고 ② 질의 균일성 등이 떨어진다.

소형 롤러 베어링에서는 그리스 윤활이 이용되며 최초에 적량의 그리스를 패킹하여 장시간 보급하지 않고 이용하는 예가 많다. 그리스의 충진량이 너무 많으면 마찰 손실이 크고 온도가 상승하며 동력의 손실도 클 뿐만 아니라 그리스의 누설이 많아지고 변질하기 쉽게 된다.

일반적으로 베어링 용적의 약 1/2 정도 충전한다.

그리스를 새로운 것으로 바꿀 때는 묵은 그리스를 완전히 제거하고 용제로 깨끗이 청소한 후에 이물질이 침입하지 않도록 특별히 주의하여 새 그리스를 충전하여야 한다.

롤러 베어링의 그리스 보급 시간은 운전 조건, 그리스의 성상(性狀) 등에 따라서 다르다. 먼지나 모래먼지 등이 들어가는 곳 외로 예를 들면 시멘트 밀(cement mill), 자전거의 외면부분과 같은 요동베어링 또는 저속이고 베어링의 틈새가 커서 기름을 잘 확보할 수 없는 곳 또 직물기와 같이 제품에 기름이 비산할 염려가 있는 경우에 그리스를 사용한다.

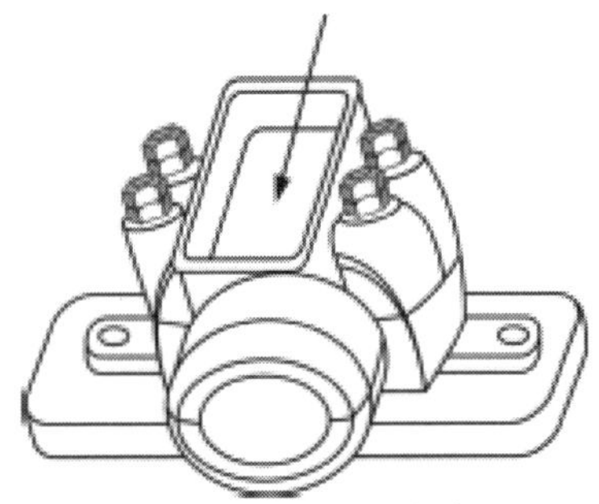

[그림 3-15] 충진 베어링

(2) 그리스 충진 베어링

슬라이딩 베어링의 메탈 상부가 일부 개방되어 여기에 그리스를 충진하여 뚜껑을 덮어 두는 방식으로 별로 중요하지 않은 저속의 베어링에 흔히 사용되나 선박의 저널 베어링과 압연기의 롤 베어링, 분쇄기의 트라니언 베어링에도 이 방법이 자주 사용된다. 이 베어링은 뚜껑을 반드시 닫고 불순물의 침입을 철저히 저지하고 또 베어링이 발열하여 그리스가 적하점(dropping point)이상의 온고로 되면 그리스의 전량이 일시에 유출되어 윤활이 불확실하게 되므로 베어링의 발열에 특히 주의해야 한다. [그림 3-15]는 그리스의 충진 베어링을 도시한 것이다.

(3) 그리스 컵

(4) 그리스 프레스 공급법

나사식의 프레스에 의해 마찰면에 그리스를 압입하는 방법으로 수중에 작용하는 고하중 베어링의 마찰부에 사용된다.

(5) 그리스 건(gun)

베어링에 그리스를 충전하는 휴대용 그리스 펌프로서 베어링에 대하여 그리스의 공급이 반드시 연속적이어야 된다는 것은 없고 1회의 공급으로 수십 분 내시 수 시간 또는 수 일간 운전하더라도 지장이 없는 경우에 그리스 건을 사용하면 좋다.

(6) 그리스 펌프

그리스 펌프는 그리스 주유기(grease lubricator)라고도 부르는데 전동기 직결의 것과 기동 또는 수동의 것이 있다. 이것은 부시형의 기력 윤활기와 거의 유사한 구조로서 그리스 탱크에서 흡입 플런저에 그리스를 밀어 넣기 위하여 부시내에 나사 모양의 날개를 구비한 것만 다를 뿐이다. 이 종류의 그리스 펌프는 [그림 3-16]과 같이 수 개 내지 십여 개의 펌프 유니트를 가지고 상당수의 마찰면에 자동적으로 일정량의 그리스를 압송할 수 있으므로 그리스 건(gun)보다 훨씬 우수한 방법이다. 그러나 이 형식은 마찰면까지의 먼 거리에 대하여 각각 그 수만큼의 배관이 필요하다.

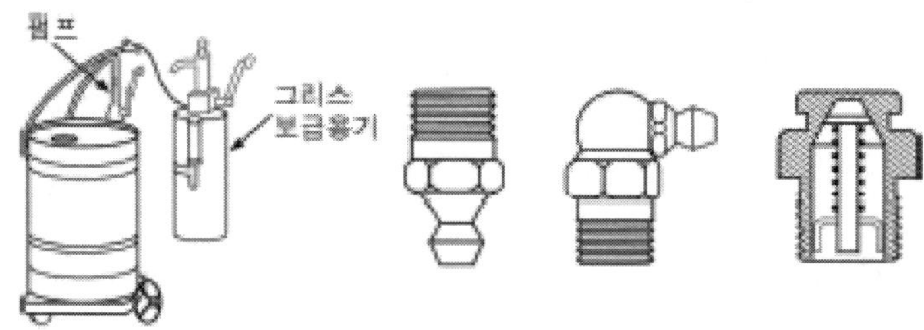

[그림 3-16] 그리스 펌프와 니즐

(7) 집중(集中) 그리스 윤활 장치

센트럴라이즈드 그리스 공급 시스템(centralized grease supply system)으로서 강압 그리스 펌프를 주체로 하여 이로부터 관지름이 2인치 정도의 주관을 시공하고 거기에 지관(支管)을 배열하여 [그림 3-17]과 같이 다수의 베어링에 동시 일정량의 그리스를 확실히 급유하는 방법이다. 주관에서 갈려나간 지관에는 베어링 바로 앞에 분배 밸브를 장치하여 분배 밸브의 조정여하에 따라 임의의 양을 공급할 수 있다. 그리스 펌프는 전동기 직결 또는 수동식인데 큰 계통의 것은 전동기와 타이머 장치에 의해 자동적으로 전동기의 스위치가 단속되어 규정된 시간대로 간헐적으로 급유된다. 또 반자동식은 스위치를 넣는 동안만 작동하도록 설계된 것이다.

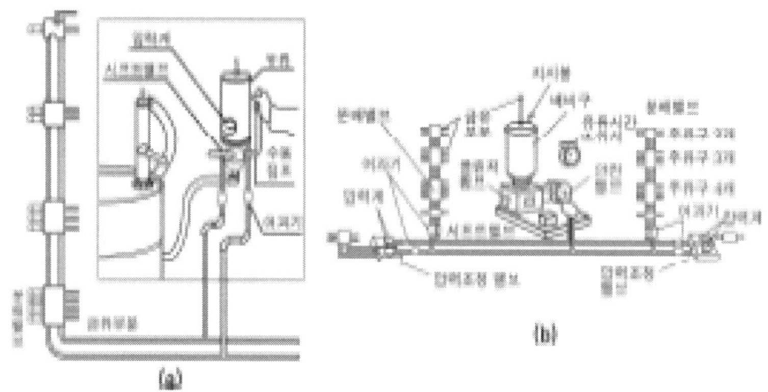

[그림 3-17] 집중 그리스 윤활 장치

3. 설비 유지보수하기평가(피평가자체크리스트)				
학습 내용	평가 항목	성취수준		
		상	중	하
설비의 점검 및 수리	설비 점검을 실시하고 각 설비별 매뉴얼에 따라 소모품 및 파손품 교체			
결과 평가 방법; 피평가자체크리스트, 작업장평가중 택일				

에듀컨텐츠·휴피아
CH Educontents·Huepia

제8장 판금제관 작업장 정리 및 작업안전관리

1. 수공구 정리하기
2. 작업장 정리 정돈 및 자재 정리하기
3. 사고예방 및 안전작업 수행하기
4. 응급조치하기

작업과제 1. 수공구 정리하기

학습 목표

1. 작업이 끝난 후 각종 공구를 정비하여 정해진 위치에 정리할 수 있다.
2. 파손된 공구에 대한 수리 보전여부를 판단할 수 있다.
3. 공구의 마모상태를 파악하여 수리 할 수 있다.
4. 관련 공구의 수급상황을 파악하여 부족현상이 발생하지 않도록 보충할 수 있다.

수행 내용 / 1-1 수공구 정리하기

재료 · 자료

- 사내 작업장 정리 규정
- 작업장 환경 관리 규정
- 유해위험 방지 관리규정
- MSDS(물질안전보건자료)

기기(장비 · 공구)

- 빗자루 및 마포, 재료 보관함, 청소도구 보관함, 정리정돈 리스트, 자재 보관 리스트, 작업환경 측정기

안전 · 유의사항

- 수공구 사용 안전수칙을 준수 한다.
- 공구사용 방법을 알고 올바르게 사용한다.

수행 순서

❶ 사용목적에 적합한 수공구를 선택한다.

1. 사용목적에 적합한 수공구를 사용한다.

수공구는 많은 종류가 있으나 본래의 목적 이외에 사용하는 것은 위험하다. 사용에 알맞은 종류나 크기의 물건은 사용하기 쉬운 곳에 준비하여 둔다.

(1) 작업에 알맞은 종류나 크기의 공구가 준비되어 있지 않으면 대용품을 사용하게 되어 위험하게 된다.
(2) 스패너를 햄머 대신 쓰거나 크기가 맞지 않은 공구를 무리하게 사용하면 위험하다.
(3) [그림 1-1]과 같이 스패너에 파이프를 끼워 손잡이를 길게 개조하여 사용하면 위험하다.

[그림 1-1] 적합한 수공구 사용하기

2. 수공구 점검과 정비를 한다.

[그림 1-2]와 같이 수공구는 항상 점검정비를 한다. 파손, 마모된 불량공구는 폐기하든가 수리하여 사용하고, 타격공구를 단련시켜 재생, 완성 및 수리는 유자격자가 해야 한다.

(1) 햄머, 강철끌, 펀치 등의 타격공구는 머리 부분이 비틀어지거나 틈이 생기는 경우 즉각 적당한 반경으로 연마하는 등 손질을 하지 않으면 떨어지며, 세게 날아가 찔리는 위험성도 있다.
(2) 드라이버의 끝이 닳아지면 볼트가 망가지게 되어, 능률이 떨어지고 위험성도 커진다.

[그림 1-2] 수공구 정비하기

3. 수공구 사용 시 정리 · 정돈을 한다.

수공구의 사용장소는 정리정돈이 잘 되어 있어야 한다. [그림 1-3]과 같이 손이나 발이 불안전상태가 되어 무리한 부자연스러운 자세로 다치기 쉽고, 높은 곳의 작업에서 사용 중 공구가 떨어지거나 추락할 위험성이 있다.

(1) 수공구를 사용하는 곳은 특히, 발 밑을 정리하여 작업위치 선정을 잘 해야 한다.

(2) 기름이 많이 쓰는 작업장에서는 수공구에 기름이 묻어 미끄러지기 쉽고, 햄머 등의 자루에 기름이 묻으면 특히 위험하다.

(3) 높은 곳에서 작업하는 경우 수공구를 떨어뜨리지 않는 방법과 손으로 부터 미끄러져 낙하하지 않게 하는 방법의 대책이 필요하다.

[그림 1-3] 수공구 정리 정돈하기

4. 보관한다.

(1) 사용한 수공구는 방치하지 말고, 소정의 보관장소에 보관한다.

(2) 날이 있거나 끝이 뾰족한 물건은 위험하므로 뚜껑을 씌워 두어야 한다.

(3) 회전 숫돌은 고속 회전상태이므로 보관 중, 금이 가거나 결혼이 생기면 사용 중 파열될 위험이 있다. 전용의 정리대나 상자에 보관할 필요가 있다. 또 숫돌은 수분, 습기가 있는 곳에 보관하면 강도가 떨어진다.

1. 수공구 정리하기 평가(평가자체크리스트)				
학습 내용	평가 항목	성취수준		
		상	중	하
수공구 정리의 이해	파손된 수공구를 수리 보전하고 각종 공구를 정해진 위치에 정리			
결과 평가 방법; 평가자체크리스트, 작업장평가중 택일				

작업과제 2. 작업장 정리 정돈 및 자재 정리하기

학습 목표

1. 환경요인에 따라 오염원 제거 및 폐기물처리에 대한 대책을 수립할 수 있다.
2. 폐기물을 지정 장소 및 처리업체를 통해 처리할 수 있다.
3. 장비주변 및 재사용 가능한 잔여 자재에 묻은 이물질을 제거할 수 있다.
4. 장비 및 재료에 녹이 슬지 않도록 방청 작업을 할 수 있다.
5. 위생적이고 쾌적한 작업 환경을 지속적으로 유지할 수 있다.
6. 잔여 자재가 재사용이 가능한 지 여부를 판단하여 사용할 수 없는 것은 폐기할 수 있다.
7. 사용 가능한 자재 중 사용빈도가 높은 순서에 따라 접근이 용이 한 쪽에 배치할 수 있다.
8. 사용가능 자재의 치수, 상태, 재질, 기준 등을 파악 하여 표시할 수 있다.
9. 작업완성품을 이동이 편리하도록 적재할 수 있다.

수행 내용 / 2-1 작업장 정리정돈하기

재료 · 자료

- 사내 작업장 정리 규정, 작업장 환경 관리 규정, 유해위험 방지 관리규정, MSDS(물질안전보건자료)

기기(장비 · 공구)

- 빗자루 및 마포, 재료 보관함, 청소도구 보관함, 정리정돈 리스트, 자재 보관 리스트, 작업환경 측정기

안전 · 유의사항

- 작업장의 사용 안전수칙을 준수한다.

수행 순서

❶ 작업장을 정리 · 정돈한다.

1. 통로를 확보한다.

작업장의 정리정돈은 안전한 통로의 설정과 확보로부터 시작된다. 통로는 80cm 이상의 폭을 유지하여 표시하고, 장애물이 없도록 한다.

(1) 통로가 없으면 물건을 놓아야할 장소가 잘 보이지 않아 난잡하게 되고, 정리 · 정돈도 지켜지지 않으며 물건의 운반이 곤란하다.

(2) [그림 2-1]과 같이 통로가 없으면 작업과정 중 물건의 위에 올라앉거나, 사이에 들어가거나, 돌아가는 등 비능률적인 행동이 많아져 위험한 작업을 하게 된다.

(3) 통로는 평탄하게 하고 통로 위나 통로 옆에 장애물 · 기름 · 물 등의 더러움이 고이지 않도록 하여 재해를 예방한다.

[그림 2-1] 통로 확보하기

2. 작업장 바닥을 정비한다.

작업장 바닥은 정리정돈에 중점을 두어 설치하지 않으면 [그림 2-2]와 같이 사용한 물건의 잔재, 찌꺼기 등의 필요하지 않는 물건이 모여 물건의 적재가 난잡하고 보기에도 좋지 않다.

(1) 작업장 바닥의 불용품을 처분하지 않으면 소중한 작업장소를 좁게 하며, 불용품이 불안전상태를 만든다.

(2) 작업장 바닥은 요철, 부분적 경사가 있다거나 불안전한 상태의 배관이나 연장코드 · 호스 등이 있으면 넘어지기 쉽고, 공구류나 작업용구의 방치도 마찬가지이다.

(3) 작업장 바닥에 기름이나 물이 쏟아져서 고이면 미끄러지거나 넘어지기 쉽다.

[그림 2-2] 작업장 바닥의 정리 정돈

3. 원자재와 반제품을 구분한다.

원자재와 반제품을 종류별로 구분하여 놓은 장소와 쌓을 장소를 지정하여 출입하기가 쉽게 한다.

(1) 정리정돈이 불량하면, 필요한 물건을 꺼낼 때 주위의 물건을 움직이지 않으면 찾을 수가 없게 되어 불필요한 작업이 많아지며 요통과 같은 재해가 일어난다.

(2) [그림 2-3]과 같이 복잡하고, 불안정하게 쌓아 놓은 것은 허물어져 떨어지고, 쓰러지기 쉬우며 위험하다.

(3) 필요한 물건을 출납할 때 운반이 가능한 통로나 공간이 없으면 무리한 작업을 하게 된다.

[그림 2-3] 원자재와 반제품 정리 정돈

4. 쓰레기, 먼지, 찌꺼기를 추방한다.

작업장은 쓰레기, 먼지, 찌꺼기, 기름 찌꺼기 등이 고이기 쉽고, 더러워지기 쉽다. 청소를 깨끗이 하여 청결한 작업장으로 만들지 않으면, [그림 2-4]와 같이 생각지도 않는 사고나 재해가 생긴다.

(1) 작업장 바닥의 쓰레기, 먼지, 찌꺼기, 잔재, 기름 등의 방치는 미끄러지고, 결국 재해외에도 제품의 오염과 불량의 원인이 된다.

(2) 가연성 먼지의 퇴적은 화재사고의 원인이 된다.
(3) 분진이나 쓰레기, 먼지가 많으면 직업병 발생의 위험이 있다.
(4) 기계설비가 쓰레기, 먼지 등으로 오염되면 트러블이나 고장의 원인이 된다.

[그림 2-4] 쓰레기, 먼지, 찌꺼기의 추방

5. 정리정돈의 진행방법을 숙지한다.

(1) 진행방법의 기본을 안다.

정리정돈을 진행하려면 작업장 모든 사람이 그 중요성을 인식하고, 전원이 연구하고 협력하여 노력할 필요가 있다. 특히, 관리감독자의 열의와 리더도 중요하며, 분위기 조성과 의사소통을 원활하게 하는 것은 안전보건의 발걸음에 중요한 역할을 한다.

(2) 효과적인 진행방법을 이해한다.

정리정돈은 [그림 2-5]와 같이 조직적, 계획적으로 진행하는 것이 효과적이다.

(가) 라인 직제의 조직을 활용하여 진행시키지만 직장별로 진행도의 불균형이 발생하지 않도록 사업장 전체의 지휘명령을 하는 최고 책임자를 정하여 둘 필요가 있다.

(나) 계획적 · 중심적으로 진행한다.

[그림 2-5] 효과적인 정리 정돈

(다) 각 직장의 정리정돈 상태 평가와 비교도 중요하며 이것을 주관할 조직을 만드는 것도 필요하다.

(라) 각 현장의 공동으로 사용할 구역이나 기계 설비와 기구 등에 대하여는 책임자, 책임구역 대상을 명확히 정할 필요가 있다.

6. 작업자의 역할을 숙지한다.

작업장의 정리정돈은 작업자 자신에게 큰 문제이다. 귀중한 인생의 대부분을 직장에서 지내면서 더럽거나 불결한 직장보다 쾌적한 직장에서 보내는 편이 좋은 것은 당연하다. 더욱이 정리정돈은 작업자 스스로의 노력과 연구로 양호하게 할 수 있는 것이 많다. 직장을 자기의 집과 같이 생각하는 기본적 사항에는 다음과 같은 것을 제시할 수 있다.

(1) 더럽히지 않게 대책을 강구한다. 예를 들어 누수, 기름이 흐르는 것, 분진 유기용제의 냄새유출은 장치의 손질이나 약간의 연구로 해결될 수 있는 사항이 많다.

(2) 정리정돈을 양호하게 하려고 생각하여 작업을 한다. 예를 들면 반제품을 놓아둘 때도 다음 공정을 생각해서 어디에 어떻게 놓아야 정리정돈이 양호하게 유지되는가 생각한다.

(3) [그림 2-6]과 같이 매일 정리정돈의 유지 향상에 노력하고 자기가 담당한 기계 설비에 대해 작업 종료 후 청소를 꼭 한다.

(4) 동료와 적극적으로 협력하여 직장의 정리정돈 청소유지 향상에 노력한다.

[그림 2-6] 작업자의 역할

7. 작업장 정리정돈의 체크포인트를 확인한다.

(1) 통로를 체크한다.

(가) 폭 80㎝ 이상의 안전한 통로가 개설되어 있는가?

(나) 백선, 목책, 철책 등으로 작업장소가 구별되어 있는가?
(다) 물건이 방치되어 있지 않은가?
(라) 요철, 부분적 경사 등 불안전한 상태는 없는가?
(마) 기름이나 물은 더럽지 않은가?
(바) 통로에 불안전한 코드나 호스, 배관 따위는 없는가? 또는 완전히 덮어져 있는가?
(사) 출입구의 넓이는 충분한가? 방해물은 없는가?

(2) 작업장 바닥을 체크한다.
(가) 불필요한 물건은 놓여있지 않은가?
(나) 요철이 있지 않은가?
(다) 기름이나 물은 흐르지 않은가?
(라) 코드나 호스, 배관 따위가 불안전하지는 않는가?
(마) 치공구, 작업용구, 청소용구 등은 소정의 장소에 사용하기 쉽게 되어 있는가?
(바) 폐품이나 찌꺼기 등은 버리는 장소가 구분되어 내용물이 표시되어 적절한 용기에 담겨져 있거나, 혹시 지나치게 쌓여 있지는 않은가?
(사) 위험한 유해물은 지정장소의 전용 용기에 담겨져 있는가?
(아) 전원 스위치, 소화기, 방화설비, 비상구 등의 앞에는 물건이 놓여있지 않은가? 표시가 식별하기 쉬운가?
(자) 청소상태는 양호한가? 쓰레기, 먼지, 찌꺼기가 쌓여 있지 않은가?

(3) 원재료와 반제품을 구분한다.
(가) 선반, 상자에 적절하게 구분되어 보관되어 있는가?
(나) 운반이 가능한 통로나 공간이 확보되어 있는가?
(다) 모양이나 중량에 맞는 높이, 배열 등을 정해서 무너지거나 낙하, 쓰러짐의 위험성이 없이 안전하게 놓여 있는가?

(4) 쓰레기, 먼지, 찌꺼기를 추방한다.
(가) 청소가 안되어 쓰레기, 먼지, 찌꺼기가 쌓여있지 않은가?
(나) 기계설비의 주위는 깨끗이 청소되어 있는가?
(다) 폐품이나 오물 등은 버릴 장소가 지정되어 내용물이 표시된 적절한 용기에 담겨졌으나 지나치게 많이 쌓여 있지는 않은가?
(라) 기름걸레는 뚜껑이 있는 불연성 용기에 담겨져 있는가?
(마) 폐품, 오물을 버리는 곳의 정리 · 정돈 상태는 양호한가?
(바) 청소용구는 지정된 장소에 잘 보관되어 있는가?

2. 작업장 정리 정돈 및 자재 정리하기 평가(피평가자체크리스트)				
학습 내용	평가 항목	성취수준		
		상	중	하
작업장 정리 정돈 및 자재 정리하기의 이해	위생적이고 쾌적한 작업환경을 지속적으로 유지			
	잔여자재가 재사용이 가능여부를 판단하여 용이하게 배치			
	자재의 종류와 특성에 관한 지식			
	자재의 경제적 활용 및 재활용법에 관한 지식			
결과 평가 방법; 피평가자체크리스트, 작업장평가중 택일				

작업과제 3. 사고예방 및 안전작업 수행하기

학습 목표

1. 작업개시 전에 규정된 안전 장비 착용 및 안전 교육을 실시한다.
2. 소음 분진 등의 노출에 대한 방지 교육을 실시할 수 있다.
3. 정기적인 현장안전교육을 실시할 수 있다.
4. 위험요소 파악을 위한 안전교육을 실시할 수 있다.
5. 안전기준에 따라 안전보호구를 착용할 수 있다.
6. 안전기준을 준수할 수 있다.
7. 안전사항을 숙지하고 이를 작업자에게 효과적인 방법으로 전달할 수 있다.
8. 주기적 또는 비정기적으로 작업장 내의 안전지침 수행 상황을 점검할 수 있다.

수행 내용 / 3-1 사고예방하기

재료 · 자료

- 사내 안전관리 지침, 응급조치매뉴얼, 유해위험 방지 관리규정, MSDS(물질안전보건자료), 산업안전보건관련 법규

기기(장비 · 공구)

- 안전보호장구(안전화, 작업모, 올바른 옷차림 등)
- DVD, 빔프로젝터, PC 등 교육 보조장비

안전 · 유의사항

- 작업장 정리 · 정돈 안전수칙을 준수한다.

수행 순서

❶ 위험요소를 파악한다.

1. 작업장 위험요인을 확인한다.

작업장 내 잠재위험을 포함하여 작업장의 모든 위험요인을 노 · 사가 자율적으로 발굴 · 도출하는 안전보건 활동이 최우선으로 실행되어야 한다. 근로자 본인이 작업장에 출근하여 작업을 포함하여 움직이는 동선을 기준으로 벌어질 수 있는 모든 현상을 기록하고 상황별로 하루, 일주일, 1개월 동안 발생하게 되는 횟수를 기록 하여 수집된 자료를 감독자 및 전체 근로자가 토론을 거쳐 중복 사항을 제외 하고 허용 불가능 및 가능한 위험을 선정하여 위험도가 높은 순으로 목록화하여 작성한다.

2. 위험요인 목록을 작성한다.

드러난 위험요인에 대하여 모든 위험을 허용 가능한 위험과 허용 불가능 위험으로 분류하여 목록화(List-Up)하여 개선활동을 위한 기초자료로 활용한다. 위험요인목록에 대해 위험성이 크다고 판단되는 항목을 맨 위로부터 나열하고 사업장의 여건에 따라 작업공정별로 구분하여 작성한다. 위험요인 목록 작성 시 개인별 또는 숙련 정도에 따라 위험을 느끼는 정도가 다르므로 타인의 의견을 존중하여 전체 위험목록을 도출한다. 위험요인 목록은 설비의 변경 또는 안전장치 등 설비 개선이 필요한 위험요인 목록과 근로자 개인의 불안전한 행동에 의해 발생할 수 있는 위험요인 목록으로 구분하여 작성한다.

3. 작업장 위험요인을 알려준다.

위험요인 목록을 작업장 근로자에게 신속 · 명확하게 알려주기 위하여 발굴된 위험을 허용 가능한 위험과 허용 불가능 위험에 따라 분류하여 근로자가 위험 상황에 직면되지 않게 알려 주어야 한다.

4. 확인된 위험요인을 표시한다.

작업장 내 위험요인에 대한 안전수칙 표시 및 표지를 근로자가 쉽고, 명확하게 식별하여 불안전한 행동을 유발하지 않도록 장소, 설비, 작업별 위험요인을 표시 및 표지하여 근로자의 위험요인에 대한 경각심 부여한다.

5. 일반적인 위험요인 표시 · 표지방법을 숙지한다.

(1) 작업장: 포스터, X-배너, 금지, 경고, 주의표지, 현수막, 안전수칙 등을 게시

(2) 설비(작업): [그림 3-1]과 같이 재해발생 형태별 금지, 경고, 주의표지, 안전수칙(스티커 형) 등을 부착한다.

(가) 금지표지: 금지표지는 어떤 특정한 행위가 허용되지 않음을 나타낸다. 이 표지는 흰색바탕에 빨간색 원과 45°각도의 빗선으로 이루어진다. 금지할 내용은 원의 중앙에 검정색으로 표현하며, 둥근테와 빗선의 굵기

는 원외경의 10%이다.

(나) 경고표지: 경고표지는 일정한 위험에 따른 경고를 나타낸다. 이 표지는 노란색 바탕에 검정색 삼각테로 이루어지며, 경고할 내용은 삼각형 중앙에 검정색으로 표현하고 노랑색의 면적이 전체의 50% 이상을 차지하도록 하여야 한다. 다만, 인화성물질경고 · 산화성 물질경고 · 폭발성물질경고 · 급성독성물질경고 · 부식성물질경고 및 암성 · 변이원성 · 생식독성 · 전신독성 · 호흡기과민성물질경고의 경우, 바탕은 무색, 기본모형은 적색(흑색도 가능)이다.

(다) 지시표지: 지시표지는 일정한 행동을 취할 것을 지시하는 것으로 파랑색의 원형이며, 지시하는 내용을 흰색으로 표현한다. 원의 직경은 부착된 거리의 40분의 1이상이어야 하며, 파랑색은 전체 면적의 50%이상이어야 한다.

출처: 대한산업안전협회

[그림 3-1] 위험물 표지

6. 작업개시 전에 규정된 안전 장비를 착용한다.

(1) 안전보호구

(가) 보호구의 정의

보호구를 착용하는 목적은 사고의 결과로 오는 상해의 정도를 최소화하기 위하여 작업자가 신체 일부에 부착 또는 착용하는 도구이다.

(나) 보호구 선택시 유의 사항

1) 사용 목적에 맞는 보호구 선택
2) 산업 규격에 합격하고 보호 성능이 보장되는 것을 선택
3) 작업에 불편함이 없는 것 선택
4) 착용이 용이하고 크기가 맞는 것 선택

(2) 작업별 보호구

(가) 안전모: 물체가 떨어지거나 날아올 위험 또는 근로자가 떨어질 위험이 있는 작업

(나) 안전대: 높이 또는 깊이 2m 이상의 떨어질 위험이 있는 장소에서 하는 작업

(다) 안전화: 물체의 떨어짐 · 부딪힘, 물체에의 끼임, 감전 또는 정전기의 대전(帶電)에 의한 위험이 있는 작업

(라) 귀마개 · 귀덮개: 소음발생 작업

(마) 보안경: 물체가 흩날릴 위험이 있는 작업

(바) 보안면: 용접 시 불꽃이나 물체가 흩날릴 위험이 있는 작업

(사) 절연용 보호구: 감전의 위험이 있는 작업

(아) 방열복: 고열에 의한 화상 등의 위험이 있는 작업

(자) 방진 · 방독마스크: 분진, 유독성 물질 등이 발생하는 하역작업

(차) 방한모 · 방한복 · 방한화 · 방한장갑: 섭씨 영하 18도 이하인 급냉동 어창에서 하는 하역작업

(3) 보호구 관리

(가) 상시 점검을 통해 이상이 있는 것은 수리하거나 교환 및 청결 유지

(나) 방진마스크 필터의 주기적 교환

(다) 보호구 공동사용으로 질병 감염이 우려되는 경우 전용 보호구 지급

7. 복장보호구 안전수칙

작업에 알맞은 보호구를 착용한다.

(1) 그라인더작업, 용접작업, 유독물질 취급작업 등에는 눈을 해칠 위험성이 있으므로 적절한 보안경을 착용할 것

(2) 건설업, 광업 등 물체의 낙하 또는 비래의 위험이 있는 작업에는 안전모를 착용할 것
(3) 고소작업자는 안전대를 착용할 것
(4) 중량물을 취급하는 자는 안전화를 착용할 것
(5) 유독물질이나 분진이 발생하는 작업에는 방독마스크나 방진마스크를 착용할 것
(6) 뜨거운 물질, 철판, 주조물을 취급하는 근로자는 안전장갑을 착용할 것
(7) 소음이 많이 발생하는 곳에서는 귀마개를 착용할 것
(8) 기계주위에서 작업할 때는 넥타이를 착용하지 말 것
(9) 너풀거리거나 찢어진 바지를 입지 말 것

❷ 안전 점검을 실시한다.

1. 정기점검(계획점검)을 실시한다.
   일정 기간마다 정기적으로 점검하는 것을 말하며, 일반적으로 매주 또는 매월 1회씩 담당 분야별로 당해 분야의 작업책임자가 기계 설비의 안전상 중요 부분의 피로, 마모, 손상, 부식 등 장치의 이상 유무를 점검한다.
2. 일상점검(수시점검)을 실시한다.
   현장 감독자 및 작업 주임은 자신이 맡고 있는 공정의 설비, 기계, 공구 등을 매일 작업의 시작이나 종료 시 또는 작업 중에 수시로 시설과 사람의 작업 동작에 대하여 점검한다.
3. 특별점검을 실시한다.
   기계 · 기구 또는 설비를 신설하거나 변경 내지는 고장 · 수리 등을 할 경우에 행하는 비정기적인 점검을 말하며, 산업안전보건 강조기간 및 천재지변의 발생 후 점검도 이에 해당한다.
4. 임시점검을 실시한다.
   정기점검 실시 후 다음 점검일 이전에 임시로 실시하는 점검의 형태로써 기계 · 기구 또는 설비의 이상발견 시 실시하는 점검을 말한다.
5. 안전점검의 대상을 확인한다.
   (1) 안전관리 조직 체제 및 조직의 관리 상태
   (2) 안전 활동 계획의 수립 및 추진사항
   (3) 안전교육 계획 및 실시 사항
   (4) 관계법령에 의한 기계설비의 안전장치 적합 여부, 성능유지 및 관리상태
   (5) 온도, 습도, 환기, 소음, 분진 등의 작업장 내 환경

(6) 보호구의 종류, 수량, 성능 및 관리상태
(7) 작업장에서 사용하는 수공구의 정리정돈 상태
(8) 위험물의 표식, 표시, 저장 및 보관상태
(9) 운반설비
(10) 사업장 관련시설물 상태

6. 안전점검의 실시 방법을 숙지한다.

(1) 점검자

안전점검은 라인(line)의 관리감독자 등이 주체가 되어 관계법령에 의한 의무사항 이행여부, 각 라인에 대한 안전점검 실시사항 및 누락사항을 확인한다.

(2) 점검방법

(가) 외관점검

기기의 적정한 배치, 상태, 변형, 균열, 손상, 부식, 볼트 풀림 등의 유무를 시각 및 촉감 등에 의해 조사한다.

(나) 기능점검

간단한 조작을 행하여 대상 기기 기능의 이상 유무를 확인한다.

(다) 작동점검

안전장치나 누전차단장치 등을 정해진 순서에 의해 작동시켜 기능의 정상작동 유무를 확인한다.

(라) 종합점검

정해진 점검 기준에 의한 측정 및 일정한 조건하에서 운전시험을 행하여 그 기계설비의 종합적인 기능을 확인 한다.

7. 점검 시의 재해방지 대책

(1) 자동점검 시스템화, 페일 세이프(fail safe), 부품의 유니트(unit)화 등을 채택하여 안전성을 높인다.
(2) 보호구를 착용하고 점검에 필요한 안전장치, 안전망, 덮개, 승강설비, 개폐기 등의 시설을 구비한다.
(3) 점검 작업을 표준화한다.
(4) 점검자는 필요한 자격 요건을 갖추거나 교육을 이수한다.
(5) 점검 작업에 적합한 지휘감독자를 배치한다.

3. 사고예방하기 및 안전작업 수행하기(평가자체크리스트)				
학습 내용	평가 항목	성취수준		
		상	중	하
사고예방하기 및 안전작업 수행하기의 이해	작업개시 전에 규정된 안전 장비 착용 및 위험요소 파악을 위한 안전교육 실시			
	불안전한 상태 및 행동에 대한 지식			
	위험 기계, 기구의 작업안전에 대한 지식			
결과 평가 방법; 평가자체크리스트, 작업장평가중 택일				

작업과제 4. 응급조치하기

학습 목표

1. 응급조치법에 대한 지식
2. 안전사고 발생 시 행동 요령에 따라 신속히 응급조치할 수 있다.
3. 사고의 원인을 적극적으로 객관적인 관점에서 분석할 수 있다.

수행 내용 / 4-1 가슴 압박하기

재료 · 자료

- 필기도구, 실습지침서, 실습평가지, 실습자가 평가지 기기(장비 ·공구)

기기(장비 · 공구)

- 평가용 마네킹, 실습용 매트, 초침 시계, 개인보호장비

안전 · 유의사항

- 감염 방지를 위한 안전 조치를 취한다.
- 가슴압박 도중 손끝이 가슴벽을 누르지 않도록 유의한다.
- 가슴압박 도중 압박 위치가 이동되지 않도록 유의한다.

수행 순서

❶ 다음의 순서를 따라 가슴을 압박한다.

1. 정확한 가슴압박 위치를 정한다.
   (1) 가슴뼈 가운데 아래 부위를 찾는다.
   (2) 가슴압박을 위해 두 손을 댄다.
   (3) 한 손의 손꿈치(손바닥 아래)를 위치시키고 다른 한 손으로 깍지를 끼거나 손을 편상태에서 손가락을 들어 올린다.
2. [그림 4-1]과 같이 가슴압박 자세를 취한다.

(1) 팔꿈치 관절을 곧게 편다.
(2) 어깨와 팔이 환자의 복장뼈(흉골)와 수직이 되도록 한다.
(3) 가슴압박을 시행한다.
(4)“하나, 둘, 셋” 등으로 압박 수를 센다.
(5) 30회의 압박을 15~18초 이내에 실시한다.
(6) 압박 위치를 유지하면서 5~6cm 깊이로 실시한다.
(7) 매 주기마다 정확한 가슴압박과 이완을 실시한다.

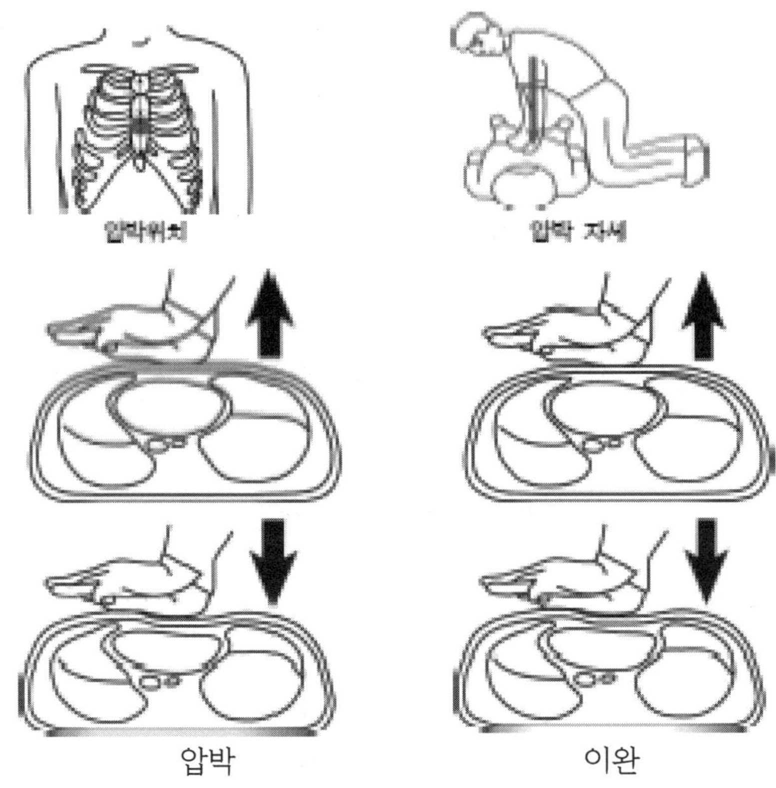

출처: 한국산업인력공단
[그림 4-1] 가슴압박 방법

❷ 성인 심폐소생술은 다음의 순서를 따른다.
1. 1인 심폐소생(pocket mask 사용)을 실시한다.
(1) 환자의 반응과 호흡 상태를 확인한다.
(가) 환자의 어깨를 두드리면서 “괜찮습니까?” 등으로 소리쳐 무반응 상태를 확인한다.
(나) 호흡 없음을 확인한다.

(2) 119 신고 및 자동제세동기를 요청한다.
주위의 한 사람을 지정하여 요청한다.

(3) 목동맥 맥박을 확인한다.
5~10초 동안 목동맥 부위를 갑상연골 융기부에서 구조자 쪽으로 미끄러져 정확하게 검지와 중지로 촉진하면서 맥박을 확인한다.(맥박 없음).

(4) [그림 4-2]와 같이 30회 가슴압박을 실시한다.

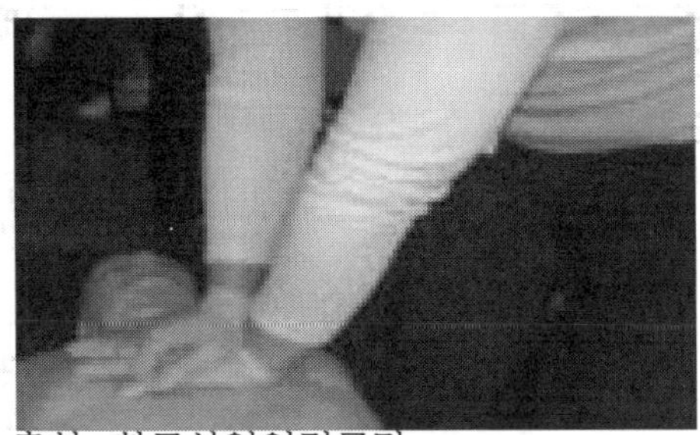

출처: 한국산업인력공단
[그림 4-2] 가슴압박

(5) 기도를 유지한다(외상이 없는 경우).
(가) 환자의 이마에 한 손을 얹어 머리를 뒤로 밀친다.
(나) 다른 손의 손가락 끝을 환자의 아래턱 뼈 가운데를 엄지와 검지로 잡는다.
(다) 환자의 턱이 지면과 90° 이상 되도록 들어 올린다.

(6) [그림 4-3]과 같이 포켓마스크를 사용하여 2회 인공호흡을 시행한다.

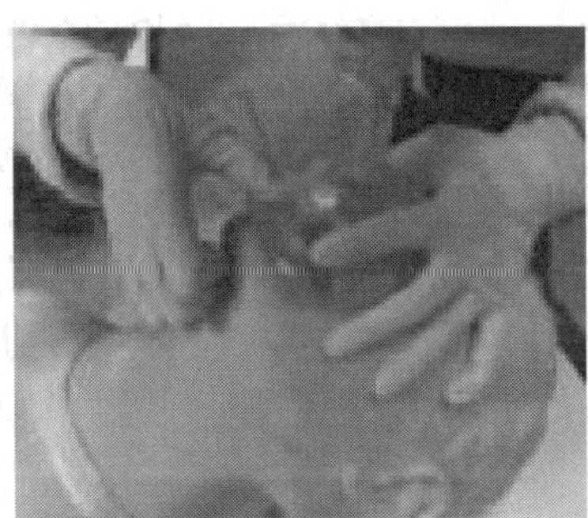

출처: 한국산업인력공단
[그림 4-3] 인공호흡

(7) 30 : 2로 5주기를 시행한다.
(가) 1주기당 가슴압박 중단 시간은 10초 이내로 수행한다.
(나) 가슴압박 중단 시간은 10초 이내이다.

2. 2인 심폐소생 계속(BVM 사용)을 실시한다.
   (1) 가슴압박을 교대한 구급대원 2는 가슴압박을 시작한다.
   (2) 구급대원 1은 BVM을 사용하여 2회 인공호흡을 시행한다.

❸ 구급차량 내에서 심폐소생술하기는 다음의 순서를 따른다.

구급차량 내에서 심폐소생술을 할 경우에는 감염 방지를 위한 안전 조치를 취하고, 가슴 압박 도중 손끝이 가슴벽을 누르지 않도록 유의하며, 압박 위치가 이동되지 않도록 유의하여야 한다.

1. 구급차 뒷 공간에 구급대원이 1인만 있을 경우의 심폐소생술 방법을 숙지한다.
   (1) 구급차 운행 중 안전을 위하여 고정 장치를 이용하여 구급대원을 고정한다.
   (2) 가슴압박만 지속한다.
   (3) 기도유지 및 호흡보조
      (가) 기본 기도유지기가 적용된 경우: 비재호흡마스크로 100% 산소를 분당 15L로 투여한다.
      (나) 전문기도유지가 적용된 경우: 100% 산소를 분당 15L로 투여한다.
2. 구급차 뒷쪽 공간에 구급대원이 2인 있을 경우의 심폐소생술 방법을 숙지한다.
   (1) 구급차 운행 중 안전을 위하여 고정 장치를 이용하여 구급대원을 고정한다.
   (2) 가슴압박 30회를 지속한다.
   (3) 기도유지 및 호흡 보조를 시행한다.
      (가) 기본기도유지기가 적용된 경우
      구급대원 1인이 100% 산소가 연결된 백밸브마스크를 이용하여 2회 양압 환기
      (나) 전문기도유지기가 적용된 경우
         1) 구급대원 1인이 100% 산소가 연결된 백밸브마스크를 이용하여 6~8초에 1회씩 양압 환기
         2) 호기말 이산화탄소를 감시하여 최소 20mmHg 이상이 되도록 심폐소생술의 질 유지

❹ 자동제세동기를 사용한다.

1. 자동제세동기의 구성 요소는 다음과 같다.

(1) 자동제세동기는 일반적으로 제세동기에 심전도 자동 분석 장치가 내장되어 있다.

(2) 흉곽에 부착하는 특수 전극을 통하여 제세동 전류(shock current)를 인체에 전달한다.

(3) 자동제세동기의 전극은 제세동 전류를 인체에 전달할 뿐 아니라, 인체로부터의 심전도 신호를 자동제세동기로 전달하는 기능을 한다.

(4) 대부분의 자동제세동기에는 심전도 분석, 제세동 여부의 판단, 제세동 지시 등의 각 신호를 알려 주는 음성 장치가 있으며, 심전도의 분석 및 제세동 결과 등을 시간별로 기록하는 자동 기록 장치가 있다.

(5) 제세동기의 유형은 체표형과 체내형이 있으며, 전류의 흐르는 방형에 따라 일방형과 양방형 기계가 있다.

2. 자동제세동기 사용상의 주의 사항은 다음과 같다.

(1) 심정지가 확인된 환자에서만 분석한다.

(2) 분석 중이거나 shock 전에 환자와 접촉하거나 환자를 옮기지 말아야 한다.

(3) 분석 중에는 심폐소생술 중단한다(분석 버튼 누르기 전까지 심폐소생술 실시).

(4) 간섭 파형이 있는지 확인한다.

(5) 분석 중에는 송수신기와 라디오를 끄고 무전기나 무선 전화기의 사용을 금한다.

(6) 심실 세동파가 너무 미세하거나 커서 심실세동이 진단되지 않을 수 있음을 고려한다.

(7) 이송 중에 분석이 필요할 때는 구급차를 세우고 시동을 끄는 것이 원칙이다.

(8) 인수인계 시에 충전 상태를 점검한다.

(9) 의복, 물기, 많은 털이 있을 경우 제거하는 것이 원칙이다.

(10) 패드는 가운데에서 바깥쪽으로 단단하게 밀착시켜 공기가 들어가지 않도록 부착한다.

3. 자동제세동기 사용의 특수 상황에 대해 익힌다.

(1) 무수축이 관찰되는 환자는 최소한 2개 이상의 심전도로 관찰하여 심실세동 여부를 정확히 감별해야 한다. 제세동은 부교감신경의 작용을 항진시

켜 무수축의 회복에 악영향을 준다.

(2) 1~8세 소아는 소아용 제세동기를 사용해야 한다. 1세 미만의 영아는 심실 세동 발생 빈도가 극히 낮으므로 자동제세동기 사용은 권장되지 않는다.

(3) 털이 많은 환자는 면도를 하거나 또는 접착 PAD를 붙였다가 순간적으로 떼어 털을 제거하고 새로운 패드를 부착한다.

(4) 익수 환자나 몸에 물기가 많은 환자는 물기를 완전히 제거하고 패드를 부착한다.

(5) 약물 PATCH는 제거하고 패드를 부착한다.

(6) 인공 심박조율기나 체내형 제세동기를 가지고 있는 환자는 패드를 체내형 기기가 삽입된 곳을 피해서 2.4cm 이상 떨어진 곳에 부착한다.

❺ 기도를 유지한다.

1. 도수 기도유지를 유지한다.

(1) 머리 밀치기 - 턱 들기법(head tilt-Chin lift maneuver)

(가) 환자의 이마를 뒤로 밀치고 환자의 턱을 받쳐 주는 방법이다.

(나) 턱을 받쳐 주는 손가락이 턱 주위의 연조직을 압박하지 않도록 주의한다.

(2) 턱 밀치기법(jaw-thrust maneuver)

(가) 환자의 머리 쪽에서 두 손을 사용하여 환자의 아래턱 각을 받쳐 주어 하악골이 앞쪽으로 밀려나도록 한다.(이때 머리 밀치기법을 동시에 사용하면 기도를 효율적으로 확보할 수 있다.)

(나) 목뼈 손상이 의심되는 환자는 아래턱 밀치기법만을 시행하여 목뼈의 추가적인 손상을 예방할 수도 있다.

(다) 환자의 머리 쪽에서 두 손의 손목 부위로 머리 고정을 시행하면서 아래턱 밀치기법과 더불어 엄지로 환자의 입을 열어 주는 방법을 삼중기도조작(triple airway maneuver)이라 한다.

2. 기도폐쇄를 한다.

(1) 임상적 특징

(가) 부분 기도폐쇄의 경우 환자가 기침을 하거나 소리를 낼 수 있으며 협착음 혹은 천명음이 청진된다.

(나) 완전 기도폐쇄의 경우 양손 혹은 한 손으로 목 부위를 감싸 쥐는 '질식 징후'를 보일 수 있으며 기침을 하거나 목소리를 낼 수 없다.

(2) 환자평가 필수 항목

(가) 병력 청취: 이물질에 의한 기도폐쇄의 병력이 있는지 확인한다.

(나) 이학적 검진

1) 의식을 확인한다.

2) 환자가 기침이나 말을 할 수 있는지 확인한다.

3) 청색증, 호흡곤란이 있는지 관찰한다.

(3) 응급처치 절차 및 방법

(가) 의식 있는 환자의 하임리히법: 환자의 칼돌기 직하부에 한 손을 주먹 쥔 채로 대고 다른 한 손으로 그 위를 잡고, 후 · 상방으로 복부를 강하게 압박하는 방법이다.

(나) 의식 없는 환자의 하임리히법: 환자를 눕히거나 앉힌 상태에서 한다.

(다) 임산부나 비만으로 하임리히법이 불가능한 경우에는 심폐소생술의 가슴압박과 같이 복장뼈 중앙부를 압박하여 이물질을 제거할 수 있다.

3. 흡인 한다.

(1) 흡인 장비의 구성

(가) 흡인기

1) 구급차에 구비되어 있는 탑재용 흡인기와 현장에 가져갈 수 있는 휴대용 흡인기가 있다.

2) 흡인기는 수집관의 개방된 끝 부분에서 최소한 분당 30리터의 공기가 흡수될 수 있고, 수집관을 막았을 때 300mmHg 이상의 진공 압력이 생겨야 한다.

(나) 흡인 튜브

1) 흡인 장비에 부착되어 있는 구경이 넓은 관이다.

2) 흡인으로 인해 튜브가 손상되지 않고, 큰 덩어리의 흡인된 물질이 지나갈 수 있으며, 관이 꼬여서 흡인력이 감소되지 않아야 한다.

3) 튜브는 흡인 장비로부터 환자에게까지 편안하게 닿을 수 있을 만큼 길어야 한다.

(다) 흡인 카테터

1) 양카우 팁(Yankauer tip) 또는 톤실 팁(tonsil-tip)

딱딱한 플라스틱 재질로 구성되며 압력을 조절하는 작은 구멍이 나 있어 이 부분을 손가락으로 막을 때 흡인압이 형성되고, 구강 내 큰 분비물을 제거할 때 주로 사용된다.

2) 휘슬 팁(whistle tip)

유연한 플라스틱 튜브로, 프랜치(French: Fr) 번호로 확인이 되는 다양한 크기가 있다. 입인두기도기, 코인두기도기 또는 기관내관과 같은 튜브를 통과하여 흡인하는 데 사용한다.

(라) 분비물 수집 용기

흡인된 물질을 저장하는 파손되지 않는 수집 용기는 쉽게 분리해서 소독할 수 있어야 한다.

(마) 팁 세척 용기

흡인 장비는 가능하면 멸균된 용액이 들어 있는 용기를 준비해야 한다. 부분적으로 흡인 튜브나 흡인 카테터를 막고 있는 물질을 세척하기 위해서 사용한다.

(2) 흡인의 단점

(가) 심근에 저산소증을 유발하여 심부정맥 야기

(나) 미주신경을 자극하여 저혈압/서맥 야기

(다) 기침을 유발하여 뇌내압 증가로 인한 뇌혈류 감소

(라) 경성 흡인관 사용 시 구강 내 점막 손상 및 출혈 발생

(마) 구토 반응 자극

4. 기도기 삽입을 한다.

(1) 입인두기도기

(가) 고무나 플라스틱으로 만들어져 있으며 반원형 형태이다. 혀를 전방으로 이동시켜 기도를 열어 주는 역할을 한다.

(나) 만약 기도기가 너무 길면 후두개를 눌러 기도를 폐쇄하게 된다.

(다) 기도기가 너무 짧으면 적절한 기도유지 기능을 하지 못한다.

(2) 코인두기도기

(가) 커프가 없는 튜브이며 연한 고무나 플라스틱으로 만들어져 있다.

(나) 코인두기는 비인두의 자연 만곡도에 따라 만들어졌으며 콧구멍에서 혀의 기저부 아래인 코인두부까지 들어간다.

(다) 몸 쪽 끝은 깔대기 모양이며, 이것은 환자의 코 안으로 미끄러져 들어가거나 흡입되는 것을 방지한다.

(라) 먼 쪽 끝은 비스듬해서 비강 통로로 통과하기 쉽게 해 준다.

❻ [그림 4-4]와 같이 순서에 따라 지혈을 실시한다.

1. 직접 압박한다.

(1) 장갑을 낀 손으로 직접 상처를 단단히 계속 압박한다.
(2) 혈액으로 흠뻑 젖으면 드레싱을 그 위에 덧대고 계속 압박한다.
(3) 출혈이 계속되면 드레싱을 제거하고 정확한 출혈 부위를 확인한 후 다시 직접 압박을 실시한다.
(4) 지혈이 되면 붕대를 감아 고정한다. 이때 원위부 순환을 확인해 너무 조이지 않는지
확인한다.

2. 거상과 압박점 실시
(1) 거상: 직접 압박으로 지혈되지 않는 경우 심장보다 높게 상처 부위를 올려 지혈한다.
(2) 거상 시 주의 사항: 척추 손상, 박힌 물체 상처, 골절 등이 아닌 경우에 실시할 수 있다.
(3) 동맥점
(가) 동맥점 선택
팔에 출혈이 있는 경우 위팔 동맥을, 다리에 출혈이 있는 경우 대퇴 동맥을 선택한다.
(나) 위팔 동맥점 압박 실시
이두박근과 상완골 사이에 있는 위팔 동맥은 손가락으로 눌러 압박한다. 이때 적절히 눌러졌다면 요골 동맥이 촉진되지 않는다.
(다) 대퇴 동맥점 압박 실시
서혜부에 있는 대퇴 동맥은 많은 근육과 조직이 있어 손바닥으로 눌러 하지 원위부에서 맥박이 촉진되지 않아야 한다.

3. 지혈대 적용한다.
(1) 지혈대 선택
너비 10cm 정도의 삼각건이나 붕대, 혈압계 등의 물품을 확인하여 선택한다.
(2) 지혈대 착용 부위 확인
관절 부위를 제외한 출혈 지점에서 가까운 근위부를 지혈대 착용 지점으로 선택한다.
(3) 지혈대 적용
(가) 지혈대를 한 번 감고 다시 한 번 돌려 감아 매듭을 만든 후, 막대 등을 끼어 지혈이 될 때까지 조인 후 고정한다.

(나) 혈압계 사용 시 환자의 수축기 혈압보다 20~30mmHg 이상 올려 유지한다.

(다) 한 번 적용한 지혈대는 의료진에게 인계하기 전까지는 느슨하게 하거나 풀어서는 안 된다.

(4) 기록과 표시

환자의 이마에 지혈대를 적용한 시간을 표시하고 기록한다.

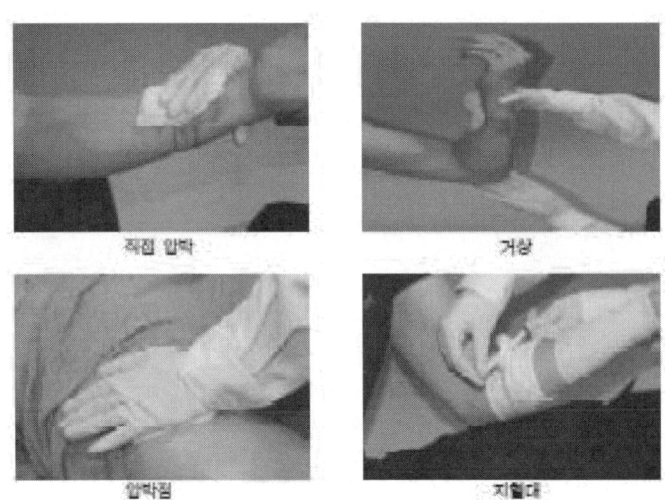

출처: 한국산업인력공단

[그림 4-4] 지혈 순서

4. 응급조치하기(평가자체크리스트)				
학습 내용	평가 항목	성취수준		
		상	중	하
응급조치 요령	전체 공정이 원활하도록 인원배치표 및 가공표 숙지여부			
결과 평가 방법; 평가자체크리스트, 피평가자체크리스트중 택일				

[참고문헌]

1. NCS 학습모듈 : 한국직업능력개발원

2. 판금전개도 실기 : 한국산업인력공단

3. 판금·제관 : 한국산업인력공단

NCS기반 판금제관

저 자 | 정준석 • 著

발 행 처 | 에듀컨텐츠휴피아
발 행 인 | 李 相 烈
발 행 일 | 초판 1쇄 • 2018년 9월 30일

출판등록 | 제2017-000042호 (2002년 1월 9일 신고등록)
주 소 | 서울 광진구 자양로 30길 79
전 화 | (02) 443-6366
팩 스 | (02) 443-6376
e-mail | huepia@daum.net
web | http://cafe.naver.com/eduhuepia
만든사람들 | 기획 • 김수아 / 책임편집 • 이진훈 황혜영 이미지 신수민
디자인 • 유충현 / 영업 • 이순우

정 가 | 19,000원
I S B N | 978-89-6356-244-5 (93580)